"十四五"时期国家重点出版物出版专项规划项目

先进制造理论研究与工程技术系列

黑 龙 江 省 优 秀 学 术 著 作

U0211562

薄壁结构设计
及能量吸收性能研究

李伟伟　张学军　著

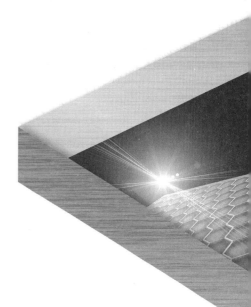

哈尔滨工业大学出版社

HITP　HARBIN INSTITUTE OF TECHNOLOGY PRESS

内 容 简 介

本书主要研究不同构型、不同材质薄壁结构的能量吸收特性，对各种载荷下的耐撞性能进行试验分析、仿真模拟和理论研究。全书共 13 章，涉及的结构形式有多级正六边形结构、分形自相似结构、多级正六边形锥形结构、多层晶体结构、铝制多级薄壁结构、蜘蛛网式薄壁结构等。

本书可作为从事工程力学、结构防护等工作的科研人员的参考用书。

图书在版编目（CIP）数据

薄壁结构设计及能量吸收性能研究 / 李伟伟，张学军著. — 哈尔滨：哈尔滨工业大学出版社，2024.6

（先进制造理论研究与工程技术系列）

ISBN 978-7-5767-1269-8

Ⅰ.①薄… Ⅱ.①李… ②张… Ⅲ.①薄壁结构－研究 Ⅳ.①TU33

中国国家版本馆 CIP 数据核字（2024）第 048368 号

策划编辑　王桂芝　刘　威
责任编辑　宋晓翠　杨　硕
出版发行　哈尔滨工业大学出版社
社　　址　哈尔滨市南岗区复华四道街 10 号　邮编 150006
传　　真　0451－86414749
网　　址　http://hitpress.hit.edu.cn
印　　刷　哈尔滨博奇印刷有限公司
开　　本　720 mm×1 000 mm　1/16　印张 24.5　字数 480 千字
版　　次　2024 年 6 月第 1 版　2024 年 6 月第 1 次印刷
书　　号　ISBN 978-7-5767-1269-8
定　　价　98.80 元

前　言

　　薄壁结构凭借其轻质高效的能量吸收（简称吸能）特性，在航空航天、交通运输和工业防护等诸多领域得以广泛应用。然而，随着科技发展，先进结构对薄壁结构的比吸能提出了新的要求，薄壁结构的吸能行为又与结构形式、载荷工况以及材料特性等因素存在着极为复杂且敏感的联系，薄壁结构的研究面临着新的挑战与思考。基于此，本书通过引入多级的概念，设计了新型吸能薄壁结构。采用试验研究、理论分析和数值模拟方法，揭示在压溃力作用下，多级薄壁管的微观层级与宏观结构之间的关系对结构压溃变形和能量吸收耗散机理的影响。主要研究内容和成果如下。

　　（1）将多级结构引入正六边形薄壁管（简称六方管），以三角形夹芯壁代替实芯薄壁，设计制造了多级六方管。通过试验研究多级六方管的压溃性能，揭示了多级结构存在的整体折叠、子胞元折叠和混合折叠 3 种塑性折叠机制及其能量吸收性能。基于有限元分析探讨结构尺寸参数对结构变形模式和压溃性能的影响。基于超折叠单元理论推导多级正六边形薄壁结构在 3 种折叠模式下平均压溃力的理论预测公式，并准确预测试验管件（简称试件）的平均压溃力。研究表明：多级结构的子胞元折叠模式能够有效减小折叠波长，增加塑性吸能机构，提高薄壁管的平均压溃力和比吸能。试验中，多级正六边形薄壁结构的平均压溃力和比吸能达到了普通六方管的 2 倍。多级薄壁管是一种更轻更有效的吸能结构。

　　（2）采用数值模拟方法，研究多级六方管在斜向压溃力作用下的变形模式和能量吸收性能。研究表明，随着冲击角的增大，压溃模式由轴向压溃向弯曲折叠转变。在此过程中观察到 6 种压溃模式：2 种轴向压溃模式（渐进式折叠和整体折叠）、1

种以弯曲为主的压溃模式和 3 种混合折叠模式。复杂的压溃方式主要源于结构对冲击角、胞元数、壁厚和管长参数的变化的敏感性。结果显示，采用多级结构可以有效提高薄壁管在斜向冲击下的能量吸收效率。

（3）基于顶点替代的分形自相似结构，设计并制备分形自相似结构的六方管。试验研究了分形自相似六方管的压溃特性，揭示出结构的塑性折叠机制。结合有限元仿真，观察分析尺度因子对结构压溃性能的影响规律。采用简化超折叠单元，建立预测分形自相似六方管平均压溃力的理论模型，理论预测与试验测试结果一致。研究表明，分形自相似结构能够有效减小折叠波长，增加塑性吸能机构，基于合理的自相似结构设计，分形自相似六方管的平均压溃力和比吸能将得到有效提升。试验中，分形自相似六方管的平均压溃力和比吸能达到了普通六方管的 2 倍。

（4）为了提高薄壁管结构比吸能并有效减小最大压溃力，结合多级结构和锥形结构的优点，设计多级正六边形锥形薄壁管。基于数值分析，揭示多级正六边形锥形薄壁管的准静态压溃行为，探讨锥角、壁厚和胞元数量对多级正六边形锥形薄壁管吸能性能的影响规律。针对锥形薄壁管的不同折叠模式，提出预测多级正六边形锥形薄壁管平均压溃力的理论模型，理论预测与仿真分析结果一致。研究表明，多级结构有效提高了薄壁管的平均压溃力，而锥形结构有效减小了管状结构的最大压溃力，两者结合，则有效提高了薄壁结构的吸能效率。

（5）提出了一种模拟晶体微观结构，具有宏观尺度的多层晶体结构，即通过晶界把单晶划分成许多区域，每个区域都包含一个与相邻区域不同方向的晶胞。按照能量吸收性能的要求，找出晶体格栅结构的耐撞性规律。这将为提高薄壁管的能量吸收性能提供一种可能性。

（6）采用铝制五边形嵌套的多级薄壁结构，研究其在轴向压溃力作用下薄壁结构的能量吸收性能，利用仿真软件研究其比吸能、平均压溃力、最大压溃力和压溃力效率的变化规律。这种研究方法对于优化结构设计、提高能量吸收性能具有重要意义。

（7）考虑中低速载荷下蜘蛛网式薄壁结构的耐撞性能，采用有限元仿真软件对结构的能量吸收性能进行研究对比。在中低速载荷下，多级蜘蛛网式薄壁结构在结构吸能方面依然有较大的竞争优势。

（8）通过研究，设计了 5 种新型多级薄壁吸能结构；通过试验和仿真结果揭示多级薄壁结构压溃过程中存在的 3 类典型变形模式；建立了预测多级薄壁吸能结构平均压溃力和比吸能的理论模型。制备的多级结构的平均压溃力和比吸能达到常规薄壁管的平均压溃力和比吸能的 2 倍，为工程防护结构提供了较理想的轻质高效吸能结构设计方案。

感谢河南省高等学校重点科研项目（项目编号：22B560013）和南阳理工学院博士科研启动基金项目（项目编号：NGBJ-2022-22）对本书研究内容的资助。

由于作者经验和水平有限，书中难免存在疏漏之处，望读者提出宝贵意见。

作　者

南阳理工学院

2024 年 3 月

目　　录

第1章 绪 论

1.1 研究背景与意义

随着国防建设、科学技术和农业工业的发展，碰撞的应用越来越广泛，例如航天飞行器的着陆、弹体对装甲的侵彻与贯穿、固体颗粒或液体对表面的冲蚀、交通车辆碰撞安全、工程结构抗冲击设计、冲压加工和商品的包装等。因而世界各国都很重视对于碰撞方面的研究。在所有关于这方面的研究中，结构在压溃力下的能量吸收和防护问题显得尤为重要。这促使工程师和科研工作人员研发了各种能量吸收器，以提高飞行器、船舶、桥梁等结构的耐撞性，从而减轻碰撞对结构和人员的伤害。

对于不同的应用范围，能量吸收器应该有着不同的具体性能指标与其使用环境相适应，但是在开发设计中仍然有以下一些普遍适用的设计准则。

（1）在结构和材料的大变形过程中，能量的转换应当是不可逆的，即将大部分输入动能转换为摩擦、断裂、塑性耗能或者黏性变形能等非弹性性能，以此减少因为弹性性能的释放而造成的伤害或损失。

（2）理想的能量吸收器应具有一个近似矩形的力-位移曲线特征，即碰撞过程中的最大压溃力应当保持一个较低的阈值，并且应力平台在大变形能量吸收过程中应尽可能保持平稳。从生物学角度看，人体头部的忍受度即 Gadd 严重性指数（Gadd severity index，GSI）为

$$\text{GSI} = \int_0^T a^{2.5} \mathrm{d}t_1 < 1\,000 \qquad (1.1)$$

式中，T 为加速度（或者减速度）脉冲的总作用时间，以 ms 为单位；a 为加速度（或者减速度），以 m/s^2 为单位；t_1 为碰撞时间，以 ms 为单位；1 000 为正常成人颅

脑损伤的门槛值。

从这里可以看出，在给定碰撞距离和初速度的条件下，使减速过程的 GSI 取极小值的方法即为常数的匀减速过程。

（3）"用时间换距离"，即撞击力作用的时间越长越柔和，能量吸收结构所应具有的变形行程越长，人员所遭受撞击的伤害越小。

（4）为了确保能量吸收器在复杂环境下的能量吸收能力，结构的变形方式和能量吸收能力应该具有可靠性和可重复性。

（5）能量吸收器应该具有自重轻、比吸能（（specific energy absorption，SEA）即单位质量的能量吸收器所吸收的能量，是表征能量吸收过程中结构利用效率的度量）高的特点，尽可能地减少燃料的消耗和对环境的污染。

（6）一般来说能量吸收装置在遇到较大的变形和损耗时，通常会被替换或抛弃，从经济限制角度来说，它应该具有较低的生产和使用成本，且便于安装和维护。

金属薄壁结构因为其低廉的造价、稳定的性能和成熟的技术而被广泛应用于船舶、汽车和航天器等几乎所有交通工具的动能耗散系统中，其中低碳钢和铝合金的使用最为普遍。在承受较大的压溃力时，金属薄壁结构通过其自身的塑性变形、断裂等损坏方式来耗散能量，是一种非常有效的吸能装置。

随着科学的进步和工业技术的发展，单纯以增加材料用量来提高结构的能量吸收性能已经变得不可行，如何设计出更加轻质高效的薄壁吸能装置正成为设计者和研究人员所追求的目标。

生物进化的历程是一个令人惊叹的过程，各种生物在长时间的环境适应中发展出了独特的结构和生活习性。肌肉组织、骨头和肌腱等是生物内部复杂的层级结构的例子，这些结构对于生物的运动、支撑和保护等方面都起着至关重要的作用。图1.1 所示为肌腱分层结构示意图，它是连接肌肉和骨骼的重要组织，其复杂的分层结构为其提供了出色的力学特性。从纳米尺度的胶原蛋白分子到微米尺度的纤维，再到纤维束，这种多层次的结构设计使得肌腱既坚韧又富有弹性。在纳米尺度上，胶原蛋白分子通过特定的化学键合方式相互连接，形成了一种强大的基础结构。这些分子在纵向和横向的聚集方式对于肌腱的整体性能至关重要。通过精确控制这些分子间的相互作用，肌腱能够在不同的方向上承受拉伸和压缩力。当进入微米尺度时，胶原蛋白分子聚集形成纤维。这些纤维在空间中紧密排列，形成了肌腱的基本骨架。由于纤维的高度有序排列和紧密的结合方式，肌腱在这一尺度上表现出了出色的力学稳定性，这使得肌腱能够承受较大的外力而不易断裂。

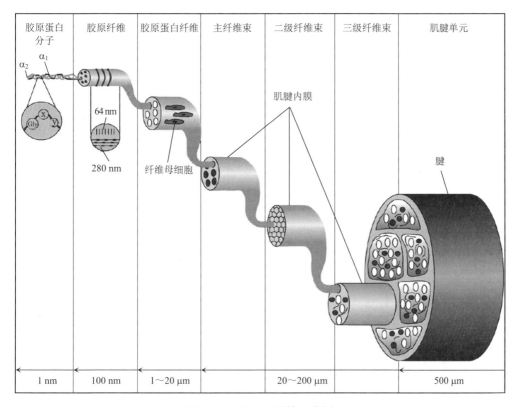

图 1.1　肌腱分层结构示意图

在更高的尺度上，即毫米尺度，这些纤维束进一步排列组合，形成了复杂的结构体系。尽管这种结构在本质上是单向的，但它通过不同层级的协同作用，实现了对损伤过程的精细调控。这种调控机制涉及了所有层级的结构，使得肌腱在受到外力作用时能够发生适当的形变以吸收能量，并在必要时通过牺牲部分结构来保护整体不受损。

总体来说，肌腱的强度和韧性来自于其独特的分层结构和多尺度协同作用。这种设计使得肌腱能够在承受外力的同时保持一定的柔韧性，从而实现了对人体运动的高效支持和保护。

受天然材料的层次结构和力学性能的启发，大量研究人员利用它们的形态-结构-功能关系开发出具有优异宏观性能的材料或结构。比如，骨骼、牙齿或软体动物外壳包含大量的矿物质，可以产生足够高的硬度；而它们中的较弱界面，可以产生非线性变形和孔道裂纹，从而形成强大的增韧材料。根据在结构内部穿插弱界面的这个概念，Malik 等人在薄氧化铝片上雕刻有深度的沟槽，以此引导裂纹的扩展从而实现增韧机制和异常变形机制。Mirkhalaf 等人在透明玻璃内部引入弱界面，以增加它的韧性和抗冲击能力。为了提高蜂窝的力学性能，将层级结构作为子结构引入蜂窝，如 Taylor 等人探讨了在六边形、三角形和正方形蜂窝中加入子结构蜂窝后的层级力学效果，Fan 等人认为二级蜂窝的机械性能得到了显著的提高（甚至是数量级的提高）。此外，层级还被用于桁架结构、晶格结构、夹芯波纹板结构、珍珠状结构等，如图 1.2 所示。

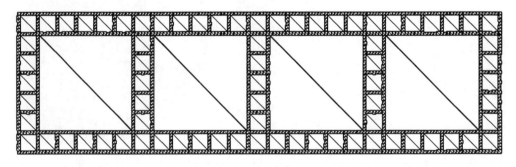

（a）多级桁架结构

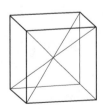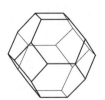

（b）多级晶格结构

图 1.2　几种典型的多级结构

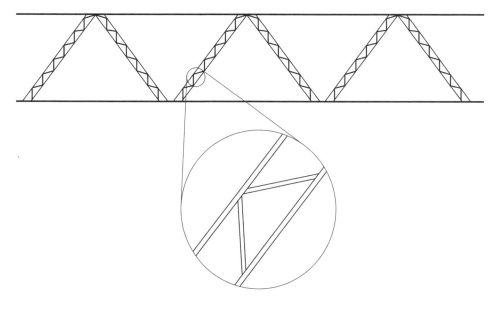

（c）多级夹芯波纹板结构

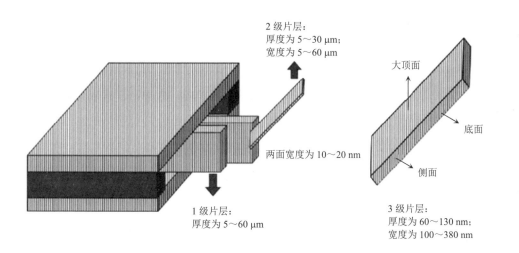

2 级片层：
厚度为 5～30 μm；
宽度为 5～60 μm

大顶面

底面

两面宽度为 10～20 nm

侧面

1 级片层：
厚度为 5～60 μm

3 级片层：
厚度为 60～130 nm；
宽度为 100～380 nm

（d）多级珍珠状结构

续图 1.2

结构生物材料的研究为轻质、高效的能量吸收器开发制造提供了一种新的思路。本书考虑将多级结构的概念引入薄壁结构，建立结构和机械性能之间的关系，研究其能量吸收机制。这为以生物灵感设计为方法的薄壁结构的耐撞性研究提供了参考依据，具有重要的科学意义和工程实用价值。

1.2 多级薄壁结构耐撞性研究现状

1.2.1 薄壁结构耐撞性研究现状

由于薄壁管的能量吸收性能主要与其材料属性、截面形状、结构尺寸、变形引导、承载形式和速度等因素有关，因此国内外大部分研究主要是通过改变薄壁管截面形状（开口、闭口）、应用新材料（铝合金、竹纤维、复合材料、泡沫等）、变换结构形式（锥形、帽形、管壁添加图案、加横隔板、变厚度、金字塔形波纹板等）、组合多种材料（铝-泡沫铝、嵌套等）、引导处理（裂纹、开槽、诱导圆角等）和加载方式（轴向、横向、斜向）等几个方面进行。

其中通过改变薄壁管截面形状进行研究的较多，由于开口结构（Z 型、H 型、槽型等）在轴向压溃下容易产生翘曲，承载能力较低，能量吸收性能较差，所以大部分的研究都聚焦在闭口结构上。Nia 等研究人员通过数值模拟和试验验证的方法研究了各种闭口截面形状（圆形、三角形、方形、矩形、六边形、锥形）的薄壁管能量吸收性能和变形方式，并由此说明截面形状对能量吸收具有很大的影响，其中圆形的能量吸收能力最优。Alexander 对圆管轴向耐撞性能进行试验研究，并最先建立了薄壁金属圆管在渐进式压溃模式下的塑性模型。Yamazaki 和 Han 采用响应面近似技术对圆形截面薄壁铝管进行了抗撞性优化设计，并通过轴向压溃力作用下的铝管试验来验证有限元结果的可靠性。Kurtaran 等人采用基于优化方法、有限元仿真和逼近方法集成的耐撞性设计优化方法对圆柱壳进行了抗撞性优化设计。

Mamalis 等人通过对比圆形与矩形两种截面形式的复合材料管，发现方管的能量吸收效果较差，仅能达到圆管的 50% 左右。Langseth 等人对不同管壁厚度的铝方管进行了轴向静态和动态冲击试验，结果显示动态下的平均力明显高于相应的静态力，存在较高的惯性效应。Abramowicz 等人对不同宽厚比的方形钢管进行了轴向压缩试验分析，发现方管的宽厚比对结构的变形模式有很大影响。Wierzbicki 等人基于能量平衡假定推导出矩形和方形截面平均压溃力（mean crushing force，MCF）是表示整个能量耗散过程中载荷的平均值，其表征与能量吸收和变形距离有关的刚塑性模型，再现了试验中所观察到的折叠特征。Nagle 等人对轴向压溃力作用下，不同壁厚、不同锥角、不同锥边数的直壁和锥形薄壁矩形钢管的能量吸收性能进行了研究。Cho 等人针对不同宽厚比下的简单矩形和圆形诱导孔的汽车前梁进行了耐撞性研究。Fan 等人对凸截面薄壁管的能量吸收效果进行了仿真模拟并采用试验验证，发现薄壁管的能量吸收随着凸多边形拐角数目的增加而增加。Zhang 等人同样认为角单元在轴向压溃过程中可以消耗大量的能量，通过应用非线性显示有限元 LS-DYNA 对正多边形柱的角单元的能量吸收性能进行对比分析，得出单元角度对平均压溃力的预测公式。Tang 等人通过研究多胞方形柱来提高其能量吸收性能，发现壁厚和胞元数对薄壁管的能量吸收有显著影响。Zhang 等人对不同截面多胞方形柱管进行轴向压缩试验与模拟，验证了多胞截面具有较好的能量吸收效率，比吸能甚至比单胞管高 120%～220%。

为了降低结构的最大压溃力，减小载荷的波动，Song 等人提出一种折纸形状的薄壁管结构，试验结果表明折纸结构对薄壁管的最大压溃力有降低作用，且能够获得更平稳的载荷曲线。随后他们又通过拓扑图案设计，引入了窗口图案的概念，此种结构在保持普通圆管机械特性的基础上降低了薄壁管的质量，使得最大压溃力不仅较普通圆管降低了 63%，而且比吸能提高了 54%。万育龙等人也对多胞薄壁结构进行研究，证明了锥形方管能量吸收特性优于普通直管。

大多数薄壁构件的能量吸收研究都集中在轴向压溃力作用下，另一些学者针对横向和斜向的能量吸收性能也开展了广泛的研究。Kecman 等人首先从理论和试验方面综合研究方形和矩形截面梁的弯曲特性，并给出一个经验性的横向弯曲模型。Gupta 等人研究了聚合物泡沫填充梁和空心方形薄壁梁在楔形冲头作用下的弯曲效应，发现支撑跨度对结构变形模式具有很大影响，并通过试验观察，提出了薄壁梁后屈曲阶段力-位移曲线理论预测模型。亓昌等人提出轴对称锥形多胞方管结构，采用有限元方法分析其在斜向压溃力冲击下的能量吸收性能，拟合得到比吸能预测公式，结果表明在斜向冲击下结构参数对其耐撞性具有明显影响。Sun 等人以能量吸收最大化为设计目标，在峰值压溃力和结构质量约束下，采用遗传算法对斜向压溃力作用下多胞元薄壁管进行优化设计。

1.2.2 多级薄壁结构能量吸收性能研究现状

来源于自然界生物结构的灵感，将多级的概念引入薄壁结构，用以提高耐撞性效率，是一种极为重要且新颖的方法，很多学者对此开展了结构设计和分析。

几种常见的多级点阵吸能结构如图 1.3 所示。Fan 等人采用玻璃纤维增强纺织物夹层结构，设计加工了层级复合材料三角锥多级点阵结构，夹层杆单元的逐步压溃使它具有较长的稳定变形平台，试验结果证实这种层级结构具有良好的能量吸收性能。Zheng 等人设计了编织多级点阵板，认为这种结构具有更小的相对密度和更大的致密应变，能有效提高能量吸收能力。Yin 等人设计的金字塔多级点阵板的强度几乎是低阶矩形点阵板的 5 倍（相对密度为 0.01）。

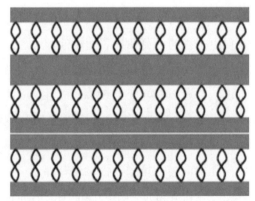

（a）三角锥多级点阵结构　　　　　　　　（b）编织多级点阵板

图 1.3　常见的多级点阵吸能结构

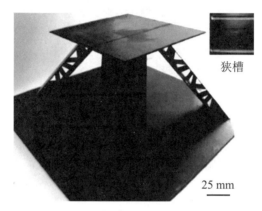

狭槽

25 mm

（c）金字塔多级点阵板

续图 1.3

　　图 1.4 所示为几种常见的多级薄壁吸能结构。Sun 等人将多级的概念引入三角形薄壁管中，发现多级三角形薄壁结构可以大大提高薄壁管的抗冲击能力，与传统三角形相比，平面内的平均压溃力提高了 3～5 倍，平面外的平均压溃力提高了 3～4 倍。多级的概念还被大量引入蜂窝结构设计，并由此产生了各种各样的多级蜂窝结构。Che 等人设计了一种新型的多级蜂窝状结构，这种结构是用三角形网格结构代替普通蜂窝的胞元壁而形成的，在平面内轴向压缩下呈现出一种渐进的破坏模式，改善了传统蜂窝的刚度和能量吸收性能。受"蜘蛛网"结构启发，Mousanezhad 等人设计出一类新型层级蜂窝，在小变形中蜘蛛网层次结构中的平面弹性模量受尺寸比的控制，在大变形中蜘蛛网层次结构与以拉伸为主的三角形蜂窝结构相比强度有所提高。Zhang 等人通过将正六边形蜂窝的每一个三棱顶点替换为一个较小的六边形，构造了层次结构的蜂窝，在相同的相对密度下，四阶结构蜂窝的平均压溃力较普通蜂窝可提高 309%。

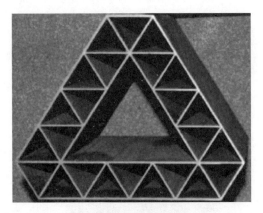

（a）多级三角形薄壁结构

（b）多级蜂窝状结构

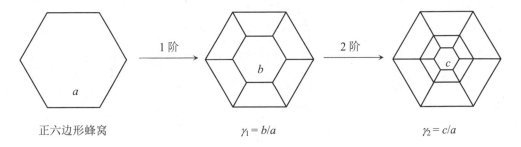

正六边形蜂窝　　　　　　　　　$\gamma_1 = b/a$　　　　　　　　　$\gamma_2 = c/a$

（c）多级蜘蛛网结构

图 1.4　常见的多级薄壁吸能结构

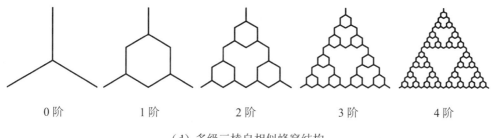

0 阶　　　1 阶　　　2 阶　　　3 阶　　　4 阶

（d）多级三棱自相似蜂窝结构

续图 1.4

1.3　薄壁结构耐撞性分析理论基础

1.3.1　圆形薄壁管

1. 轴对称变形模式的圆形薄壁管

对于金属薄壁结构的理论研究，最早开始于轴对称变形模式的圆形薄壁管，它是 Alexander 基于壁厚系数为 $D/t = 28 \sim 29$ 的金属管轴向压溃试验数据，提出的符合试验结果的理论计算模型，如图 1.5（a）所示。假设材料是理想的刚塑性，从整体上看，外力所做的功近似等于三个圆形周向塑性铰处弯曲和塑性铰之间金属的周向拉伸变形所做的功之和。基于此，可得圆形薄壁管在对称变形模式下的平均压溃力 P_m 的理论方程：

$$P_m = 6.08\sigma_0 t\sqrt{Dt} \tag{1.2}$$

式中，σ_0 为材料的屈服应力；t 为圆形薄壁管的厚度；D 为圆形薄壁管的直径。

Alexander 的理论公式虽然简单，但成功地表述了圆形薄壁管压溃过程中的物理特性。

因此，大量的科研人员以此为起点对 Alexander 模型进行了修正。Abramowice 和 Jones 认为管壁的中性线为直线这一假定与实际情况不符，他们尝试引入实际的褶皱几何形状，如图 1.5（b）所示，用两段相反方向弯曲的圆弧表示变形的管壁中性线，并且 Abramowice 引入有效压溃距离的重要概念，由此提出平均压溃力的计算公式如下：

$$P_\mathrm{m}=8.91\sigma_0 t\sqrt{Dt}\left(1-0.61\sqrt{\frac{t}{D}}\right) \qquad (1.3)$$

1990 年，Grzebieta 认为两段圆弧并不是直接相连的，将中性线的形状修改为中间由一段长度为折叠半波长三分之一的直线段连接，并且利用平衡解法求解出力-位移曲线，如图 1.5（c）所示。

1992 年，Wierzbicki 发现管的向内和向外变形并不对称，由此引入偏心因子（即变形向外部分占整个变形长度的比例（试验结果显示大约为 0.65））的定义，并进一步修改中性线，如图 1.5（d）所示。

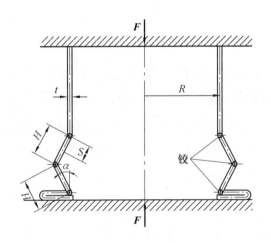

（a）Alexander 模型

图 1.5　圆形薄壁管轴对称的理论计算模型（仅起简单示意作用，因此不对图中各量进行说明）

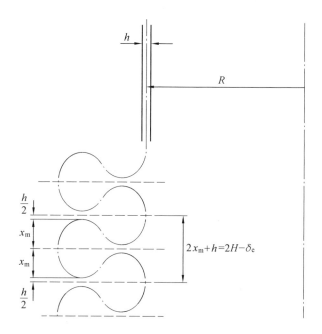

（b）Abramowice 和 Jones 模型

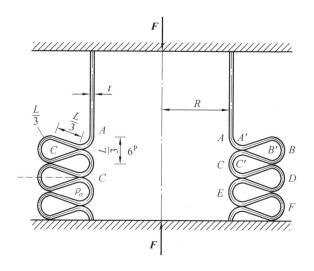

（c）Grzebieta 模型

续图 1.5

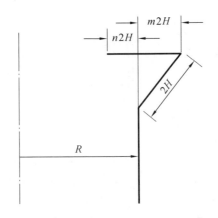

（d）Wierzbicki 模型

续图 1.5

2. 非轴对称变形模式的圆形薄壁管

对非轴对称变形模式（也称钻石变形模式）的研究开始于 1960 年，由 Pugsley 等人假定钻石模式下中性线不可伸长，能量的消耗主要依靠单元铰链的塑性弯曲和初始弧形单元的压平。其平均压溃力计算公式如下：

$$\frac{P_{\mathrm{m}}}{\sigma_0 \pi D t} = 10\frac{t}{D} + 0.13 \tag{1.4}$$

Jones 等人根据试验结果提出圆形薄壁管非轴对称变形模式的平均压溃力公式为

$$\frac{P_{\mathrm{m}}}{2\pi M_0} = 1 + n_1 \cos\frac{\pi}{2n_1} + n_1 \cot\frac{\pi}{2n_1} \tag{1.5}$$

式中， M_0 是且单位宽度的塑性弯矩值， $M_0 = \frac{1}{4}\sigma_0 t^2$ ； n_1 是周向叶数，当叶数等于 3 时，非轴对称变形模式的铰链分布如图 1.5（b）所示。

Singace 等人再次引入偏心因子，得出圆环钻石变形模式下的平均压溃力：

$$\frac{P_{\mathrm{m}}}{M_0} = -\frac{3}{\pi}n_1 + \frac{2\pi^2}{n_1}\tan\frac{\pi}{2n_1}\frac{D}{t} \tag{1.6}$$

由于以上结论均需预先确定 n_1 值，所以非轴对称理论模型不如轴对称理论模型成功。

另外，圆形薄壁管受几何尺寸（壁厚、直径）的影响，还有可能发生介于轴对称变形模式与非轴对称变形模式之间的混合压溃模式，以及欧拉（Euler）压溃模式，如图 1.6 所示。

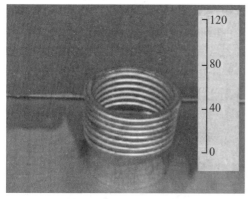

（a）轴对称压溃模式

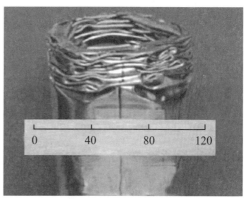

（b）非轴对称压溃模式

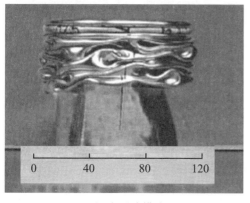

（c）混合压溃模式

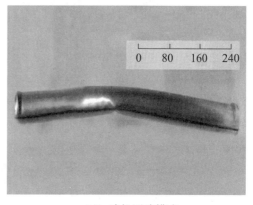

（d）欧拉压溃模式

图 1.6 轴向压溃下圆形薄壁管的压溃模式（单位：mm）

Gullow 和 Andrews 认为：当圆形铝管直径与管壁厚度的比值大于 80 时发生非轴对称压溃模式；当直径与厚度的比值大于 2 时发生混合压溃模式；当直径与厚度的比值小于 50 且长度（L）与厚度（D）的比值大于 2 时，发生轴对称压溃模式；对于长细薄壁管，则发生欧拉压溃模式。图 1.7 所示为圆形铝管失效模式分类。欧拉压溃模式最初的变形受横向弯曲变形的控制，塑性铰一般发生在结构中部，并伴随着较大的横向位移。这种变形模式产生的耗能铰链有限，因此能量吸收效果最差，在工程上应尽量避免。

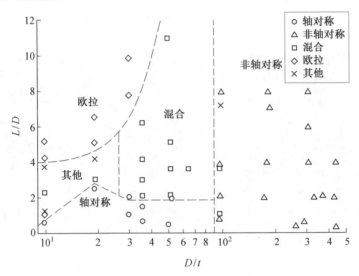

图 1.7　圆形铝管失效模式分类

1.3.2　方形薄壁管

方形薄壁管作为防撞构件在交通工具中应用较广。在轴向压溃力作用下,方形薄壁管的破坏模式与圆形薄壁管不同,可以分为渐进式折叠失效模式(包括紧凑失效模式和非紧凑失效模式)和欧拉失效模式,如图 1.8 所示。

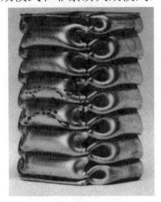

（a）紧凑失效模式　　　　（b）非紧凑失效模式　　　　（c）欧拉失效模式

图 1.8　方形薄壁管塑性失效模式

Abramowicz 等人通过试验分析认为，构件的几何尺寸（宽度 C、厚度 t 和长度 L）对方形薄壁管的破坏模式影响较大，如图 1.9 所示。薄壁构件的渐进式折叠变形所产生的耗能铰链，可以充分发挥材料的性能，耗散较多的碰撞能量，对于吸能装置来说是一种优良的变形模式。

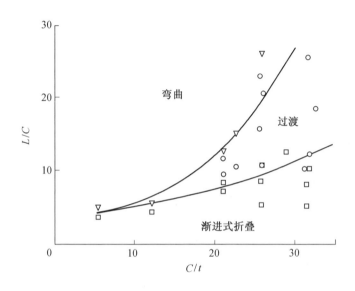

图 1.9　方形薄壁管塑性破坏模式分类

超折叠单元（super folding element，SFE）理论是由 Weirzbicki 和 Abramowicz 提出的一种理论预测方法，用于估算方形薄壁管在轴向压溃下的平均压溃力。这种方法基于试验观察和结构分析，它假设在压溃过程中，薄壁结构会形成一系列规则的折叠模式，这些折叠模式在结构长度上是周期性的。如图 1.10 所示，假设塑性变形仅发生在阴影的范围内，四个梯形面在变形过程中以刚体形式运动，两个圆柱面以两条直塑性绞线为界线，从中间开始分别向上下两个相反方向移动，两个相邻的梯形面通过一个以两条直线为界的锥形面连接。由此得出基本折叠单元的能量消耗，继而可得总的耗散能量，最后根据能量守恒原理，外力做功等于内能增量的原则，得出结构不同失效模式下的平均压溃力。

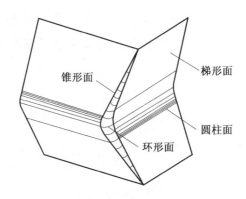

图 1.10　方形薄壁管轴向压溃下的折叠单元

方形薄壁管在轴向压溃下的平均压溃力 SFE 理论解如下：

$$\frac{P_{\mathrm{m}}}{M_0} = 3\sqrt[3]{A_1 A_2 A_3} \cdot \sqrt[3]{\frac{b}{t}} \tag{1.7}$$

式中，A_1、A_2、A_3 是较为复杂的系数；b 是截面边长；t 是壁厚。

此时认为，SFE 能量耗散的 2/3 是由锥形面区域的移动铰链和圆柱面区域的静态铰链的弯曲变形完成的，另外的 1/3 是由环形面的延展变形完成的。

随后，Chen 等人在此基础上提出一种简化超折叠单元（SSFE）理论。以方形薄壁管的非轴对称变形中的紧凑折叠模式为例，SSFE 如图 1.11 所示。折叠单元是由 3 个受到拉伸或压缩的三角形单元和三条静态塑性铰链组成。

方形薄壁管在轴向压溃下的平均压溃力 SSFE 理论解如下：

$$\eta \frac{P_{\mathrm{m}}}{M_0} = \frac{n_2 H}{t} + \pi \frac{L}{H} \tag{1.8}$$

式中，L 表示所有单元的总长度；η 表示有效压溃距离系数；H 表示半波长；n_2 表示耗能单元的个数。

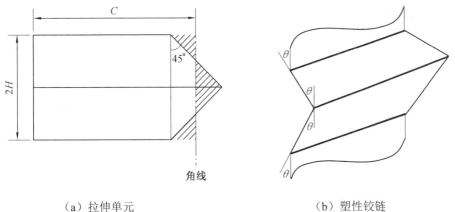

（a）拉伸单元　　　　　　　　　　　（b）塑性铰链

图 1.11　简化超折叠单元

C—周长；2H—波长

1.3.3　结构耐撞性评价指标

如何评价一个结构的耐撞性是结构吸能研究的一项十分重要的工作，也是相关研究人员一直为之努力的目标。对于一个吸能装置，通常需要综合多个因素来评价其能量吸收性能的优劣。

一个吸能结构首先必须满足吸收能量的要求，即能够将动能充分吸收。那么，比吸能 S 的值越高越好，S 的定义如下：

$$S = \frac{E}{m} \tag{1.9}$$

式中，m 是吸能结构的质量；E 是吸能结构所吸收的内能，

$$E = \int_0^d F(x)\,\mathrm{d}x \tag{1.10}$$

其中，d 是能量吸收过程中的撞击位移（也称有效位移）；F 是撞击作用力。

平均压溃力 P_m 值越大越好，P_m 定义如下：

$$P_m = \frac{E}{d} \tag{1.11}$$

最大压溃力（peak force，PF）$P_{\max}$ 是整个能量吸收过程中最大的作用力，它与人员的伤害和物品的损坏有密切关系，这一指标的值越低越好。

压溃力效率（crush force efficiency，CFE）C 是评价结构载荷一致性的指标，最佳状态是平均压溃力与最大压溃力相等，则压溃力效率为100%，C 定义如下：

$$C = \frac{P_{\mathrm{m}}}{P_{\max}} \times 100\% \qquad (1.12)$$

此指标也可用能量吸收稳定系数（energy absorption stability factor，EASF）ξ 表达，ξ 是 C 的倒数，即能量吸收稳定系数达到 1.0 时，处于最理想的吸能状态。

对于吸能结构，一方面要能够吸收所有的冲击动能，并且为了避免重大的人身伤害或物品损坏，冲击力也不能超过一个特定的阈值；另一方面对于高能耗的载运工具来说，减轻结构质量对于减少燃料消耗和环境污染至关重要。因此，追求轻质高效的吸能结构，一直是研究人员追求的目标。

1.4　ABAQUS/Explicit 算法简介

薄壁结构耐撞性研究的各项参数对管状结构屈曲行为具有明显影响，如材料性质、加载条件和几何尺寸等。单纯采用试验测试已无法满足对科技发展的要求。随着计算机科学的高速发展，显式有限元的数值仿真技术，为结构的耐撞性研究提供了一个更加理想的工具。它不仅可以分析在理论和试验中无法实现的复杂情况，而且设计成本较低、设计周期较短。1957 年，Belytschko 等人首次采用显式时间积分法对车身碰撞进行了有限元分析；1984 年，Benson 等人首先完成整车碰撞的显式有限元分析。此后，随着有限元分析技术日趋成熟，薄壁吸能结构的研究也得到崭新的发展。Yamazaki 等人、Kurtaran 等人和 Redhe 等人通过响应面法对圆形薄壁管进行耐撞性优化设计，优化后的圆管的能量吸收性能有了进一步的提高。Chen 等人和金汉均等人采用遗传算法，对受撞击载荷作用的薄壁结构进行抗撞性优化，实例表明此种方法具有较高的计算效率和计算速度。Lanzi 等人和王自力等人采用神经网络算法分别对直升机和船体结构进行碰撞性优化设计。Borvik 等人和 Reyes 等人对泡沫填充圆管在斜向压溃力作用下的吸能破坏模型进行了有限元分析。Avalle 等人以最大压溃力与平均压溃力之比作为目标函数，提出端部锥形的正方形截面薄壁构件的最佳几何吸能构型。

对于大型的、高度非连续性的问题，如接触和失效问题，即使是准静态响应，有限元软件 ABAQUS/Explicit 一般也会很容易地予以模拟。以下简单介绍 ABAQUS/Explicit 有限元技术以及准静态试验模拟分析方法。

ABAQUS/Explicit 是以一个增量步的动力学条件为计算下一个增量步的动力学条件，采用中心差分法对运动方程积分进行求解。

从上一个增量步开始推出动力学平衡方程：

$$M\ddot{u} = P - I \tag{1.13}$$

式（1.13）表示为所施加的外力 P 与单元内力 I 之间的差值等于节点质量矩阵 M 与节点加速度 $\ddot{u}$ 之积。

在 t_1 时刻，即当前增量步开始时，加速度 $\ddot{u}$ 计算如下：

$$\ddot{u}_{t_1} = M^{-1}(P_{t_1} - I_{t_1}) \tag{1.14}$$

假设计算速度变化值时加速度为不变量，对加速度 $\ddot{u}$ 在时间上进行中心差分法积分，即用这个速度变化值与前一个增量步中点的速度之和来确定当前增量步中点的速度：

$$\ddot{u}_{t_1 + \frac{\Delta t}{2}} = \ddot{u}_{t_1 - \frac{\Delta t}{2}} + \frac{\Delta t_{t_1 + \Delta t} + \Delta t_{t_1}}{2} \ddot{u}_{t_1} \tag{1.15}$$

增量步结束时的位移 $u_{t_1 + \Delta t}$ 是由增量步开始时的位移 u_{t_1} 与速度 $\dot{u}$ 对时间的积分之和来确定，计算如下：

$$u_{t_1 + \Delta t} = u_{t_1} + \Delta t_{t_1 + \Delta t} \dot{u} \tag{1.16}$$

由此可知，增量步在起始时刻就提供了满足动力学平衡的加速度，随之可以显示速度和位移。但是显示中心差分法如果要保持对问题的精确描述，就必须满足时间步长 Δt 小于稳定时间步长 Δt_{stable}：

$$\Delta t \leqslant \Delta t_{\text{stable}} = \frac{2}{\omega_{\max}} \tag{1.17}$$

式中，$\omega_{\max}$ 为最大自然角频率；稳定时间步长 Δt_{stable} 计算如下：

$$\Delta t_{\text{stable}} = \frac{l}{c} \tag{1.18}$$

式中，l 为单元长度；c 为材料波速，且

$$c = \sqrt{\frac{E}{\rho}} \tag{1.19}$$

其中，E 为弹性模量；ρ 为材料密度。

从式（1.18）和式（1.19）中可以看出，增大材料的密度，临界时间步长也会随之增大，从而可以减少计算花费的时间。采用显示有限元技术模拟准静态试验过程，其中一种方法就是使用质量缩放技术，调整材料密度，提高时间效率；另一种加速问题模拟的方法是不改变稳定时间步长，而通过减少加载时间来提高效率，以此提高加载速率。如一般在准静态试验中加载速率为 2 mm/s，而在使用有限元模拟准静态加载时如果将速度设置为 2 m/s，理论上计算效率提高了近千倍。但随之而来的问题是静态平衡的状态将会因此进入动力学的状态，伴随着加速度的增加，结构惯性力将成为主导作用力。为了减小惯性力的影响，一般要求在模拟的过程中保持动能与内能的比值很低（一般认为小于 2%）。对于这两种模拟准静态试验的方法，王青春等人认为在等精度计算下，采用提高加载速率的方法要比质量缩放方法更加有效。

本书将采用 ABAQUS/Explicit 的提高加载速率方法对准静态加载试验进行模拟。

1.5 本书研究内容

综上所述，传统薄壁管存在最大压溃力高、平均压溃力低等特点，影响了结构的吸能效率，而新型多级结构在能量吸收方面具有巨大的潜力。然而针对这种新型薄壁管的研究尚处于起步阶段，多级的结构特点和能量吸收性能之间的关系尚需进一步研究。鉴于此种现状，本书将通过理论分析、数值模拟和试验测试等方法对多级薄壁管在轴向压溃力下和斜向压溃力下的变形模式、塑性折叠机制及能量吸收性能进行研究，为多级薄壁结构在防护结构中的应用提供参照。本书的主要研究内容如下。

第 1 章，绪论。

第 2 章，设计并制造多级正六边形薄壁管（简称六方管），采用试验研究、数值模拟和理论分析等方法，揭示多级正六边形薄壁管的压溃变形模式、吸能机制和能量吸收效率。

第 3 章，针对多级六方管在斜向冲击载荷作用下的压溃模式和能量吸收性能，采用经试验验证的数值分析技术，对不同加载角度下的薄壁管进行参数化研究，揭示斜向压溃力作用下多级六方管的压溃变形模式、吸能机制和能量吸收效率。

第 4 章，根据分形自相似结构可以有效提高薄壁结构能量吸收性能这一机理，基于顶点替代的分形自相似结构设计并制备多级六方管，采用试验研究、数值模拟和理论分析等方法，揭示分形自相似六方管的压溃变形模式、吸能机制和能量吸收效率。

第 5 章，为改善薄壁管状结构的能量吸收能力，同时减少最大压溃力，结合多级结构和锥形结构，设计多级正六边形锥形薄壁管。通过数值模拟和理论分析，研究多级正六边形锥形薄壁管的压溃变形模式、吸能机制和能量吸收效率。

第 6 章，提出一种模拟晶体微观结构，具有宏观尺度的多层晶体结构，即通过晶界把单晶划分成许多区域，每个区域都包含一个与相邻区域不同方向的晶胞。按照能量吸收性能的要求，找出晶体格栅结构的耐撞性规律。这将为提高薄壁管的能量吸收性能提供一种可能性。

第 7 章，采用铝制五边形嵌套的多级薄壁结构，研究其在轴向压溃力作用下薄壁结构的能量吸收性能，利用仿真软件研究其比吸能、平均压溃力、最大压溃力和压溃力效率的变化规律。对于五边形嵌套结果具有良好的能量吸收性能。

第 8 章，考虑中低速载荷下蜘蛛网式薄壁结构的耐撞性能，采用有限元仿真软件对结构的能量吸收性能进行研究对比。在中低速载荷下，多级蜘蛛网式薄壁结构在结构吸能方面依然有较大的竞争优势。

第 9 章，针对 6061 铝合金薄壁管在动静状态下的能量吸收性能进行研究。首先利用轴向拉伸试验，研究 6061 铝合金的力学性能及本构参数；其次利用分离式霍普金森压杆，研究 6061 铝合金薄壁材料的动态变形效果；再利用万能材料试验机对材料进行准静态压缩测试，得到材料的载荷-位移曲线，研究材料的能量吸收性能；最后通过 ABAQUS 建立有限元薄壁构件模型进行仿真，与试验结果进行对比，得出 6061 铝合金的吸能表现。

第 10 章，拟采用轻质高强的 4340 钢薄壁管分别研究其在静态和动态荷载作用下的能量吸收性能。利用万能材料试验机对材料进行光滑圆棒单向拉伸试验，通过试验得到的应力-应变曲线计算 4340 钢的本构模型参数。使用万能材料试验机和分离式霍普金森压杆装置分别对 4340 钢薄壁管进行准静态和动态轴向压缩试验，通过计算得到试验过程中试样薄壁管的各项吸能参数。使用 ABAQUS 有限元分析软件构建薄壁管的数值仿真模型，分别模拟钢薄壁管在准静态压缩和动态冲击作用下的吸能过程，对比发现数值模拟的结果与实际的试验结果吻合度较高。分析钢薄壁管在不同加载状态下能量吸收的特点，所获得的结果可为 4340 钢薄壁管的吸能元件设计提供有重要价值的技术参数。

第 11 章，对横向压溃力作用下的结构能量吸收性能进行分析，通过 ABAQUS 有限元软件进行仿真试验，分析其在不同厚度不同截面形状下的能量吸收性能，通过对其力-位移曲线、比吸能、压溃力效率进行对比分析得出较为良好的构件参数，以实现构件的吸能性和轻量化。在本章中的 12 组构件的有限元分析中，其压溃力效率最大的是厚度为 t_3 的 A4 构型，压溃力效率为 0.38。同样，该种构型的折叠多，压溃后的褶皱多，更加利于吸收能量，因此，本书构型中吸能性最好的构型

就是厚度为 t_3 的 A4 构型。通过对比分析得出较为良好的构件参数，以实现构件的吸能性和轻量化。

第 12 章，围绕薄壁结构吸能方面展开试验，以 3D 打印技术为依托，研究 3D 打印出来的材料在吸能方面的性能。首先通过拉伸试验得到 3D 打印材料的力学性能以及 3D 打印薄壁结构的压溃曲线。然后，运用 ABAQUS 有限元分析软件对试件进行仿真模拟，得到平均压溃力、最大压溃力、压溃力效率、比吸能等吸能指标。最后，将 3D 打印薄壁结构吸能指标的试验结果和仿真结果作对比。结果显示，仿真和试验具有良好的一致性。

第 13 章，采用 3D 打印成型的类蜘蛛网金属薄壁管，研究其在受轴向准静态载荷下的耐撞性能。试件能量吸收性能研究从试验与仿真两方面分析，用万能材料试验机对试件进行准静态轴向压缩，用 ABAQUS 有限元分析软件，对试件准静态轴向压缩过程进行仿真模拟。通过分析仿真与试验数据分别得到比吸能、平均压溃力、吸能能量、最大压溃力、压溃力效率 5 个吸能评价指标，研究其金属薄壁管的能量吸收性能。将有限元仿真与压溃试验结果进行对比分析，发现其变形模式一致，且平均压溃力的误差在允许的范围之内。

第2章 轴向压溃力作用下多级六方管的能量吸收性能

2.1 概 述

薄壁管作为能量吸收器，在防护工程中具有广泛的应用。因此，众多科研工作者对金属薄壁结构的撞击行为进行了大量的研究工作，尤其是结构在塑性阶段的响应，这有助于更好地理解薄壁吸能结构的失效模式和能量耗散方式。1969 年，Alexander 首次提出圆形薄壁管在轴向压溃下的对称变形模式，并建立了预测能量吸收的理论模型。Wierzbicki 和 Abramowicz 随后提出了薄壁管的折叠机理，计算各构件的能量耗散，并建立了超折叠单元理论。接着，Sun 和 Fan 提出了三角形薄壁管的内收缩折叠单元理论。

基础理论的应用与有限元技术的发展，使得各种复杂薄壁材料和结构的能量吸收性能得到了广泛的研究。Kim 研究了复合材料方形薄壁管在轴向压溃下的能量吸收性能。Zhang 等人采用理论预测与数值模拟的方法研究了方形多胞薄壁管（MT）的变形模式，并指出 MT 的能量吸收能力是传统六方管（ST）的 1.5 倍。Qiu 等人采用同样的方法研究了形式更为复杂的 MT 耐撞性能。Najafi 等人研究了内-外嵌套、角-角连接、角-边连接、边-边结构四种不同 MT 在轴向压溃下的能量吸收性能，并采用超折叠单元理论成功推导出平均压溃力的预测公式。以上研究人员都认为 MT 比 ST 具有更高的耐撞性能。

来源于生物学灵感的多级结构通常被认为具有优良的力学性能和较小的质量。Fan 等人证明了多级结构在提高薄壁结构刚度和强度方面的有效性。Fan 等人用纺织夹层复合材料制作了多级蜂窝结构，发现其比吸能甚至比金属结构更大。Sun 等人和 Hong 等人采用试验方法验证了三角形多级薄壁结构抗压的优越性。在他们的研究中，多级六方管（HT）甚至比多胞薄壁管（MT）具有更好的比吸能。

本章通过数值模拟、试验验证和理论分析，研究了简单六方管和多级六方管的耐撞性能，并揭示多级薄壁管状结构在能量吸收中的优越性。

2.2　多级六方管

由于传统六方管（ST）的吸能能力受到较低的平均压溃力（MCF）的限制，因此在传统六方管的基础上，设计多级六方管（HT）来改善其平均压溃力和比吸能，如图 2.1 所示。多级六方管的侧壁由三角形网格构成。每边分为 N 个节段，即每侧包含 $2N-1$ 个等边三角形胞元。六方管包含两个尺度的胞元，一级胞元是由薄壁组成的正六边形，二级胞元是由三角形胞元代替薄壁形成夹芯正六边形。这种层次结构使得多级六方管具有大量的子胞元，这将改变薄壁管的压溃行为。

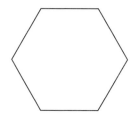

（a）传统六方管（ST）

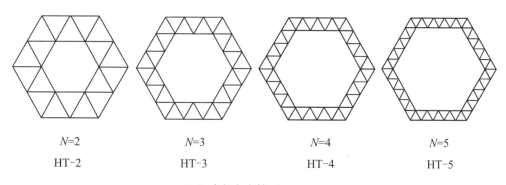

| $N=2$ | $N=3$ | $N=4$ | $N=5$ |
| HT-2 | HT-3 | HT-4 | HT-5 |

（b）多级六方管（HT-N）

图 2.1　传统六方管和多级六方管

按照实芯壁等横截面面积等质量的原则，设计 ST 和 HT-N，尺寸见表 2.1。

表 2.1　ST 和 HT-N 的尺寸

薄壁管	侧壁段数/N	胞元数	胞元尺寸 b/mm	壁厚 t/mm	管长 h/mm	横截面面积 S/mm²
ST	1	1	60	3	100	1 080
HT-2	2	18	30	1	100	1 080
HT-3	3	30	20	0.9	100	1 080
HT-4	4	42	15	0.857	100	1 080
HT-5	5	54	12	0.833	100	1 080
HT-6	6	66	10	0.818	100	1 080

所有的薄壁管长度 h 均为 100 mm，外蒙皮总边长 b_6 均为 60 mm。ST 的厚度 t_6 取 3 mm。对于 HT，其每一外侧边则被分为 N 等份，由此可以给出 HT-N 的壁厚 t：

$$t = \frac{N}{4N-2} t_6 \tag{2.1}$$

可推导出夹芯壁厚 d_1：

$$d_1 = \frac{\sqrt{3}}{2} \frac{b_6}{N} = \frac{\sqrt{3}}{2} B \tag{2.2}$$

其中，三角形子胞元的边长 $B = \frac{b_6}{N}$。随着胞元数量 N 的增加，子胞元的壁厚也变得越来越小，当胞元数量增大到 6 时，壁厚已经减小到约 0.8 mm。

薄壁管采用 Q235 钢，采用线切割电火花加工（WEDM）工艺制造，试样如图 2.2 所示。

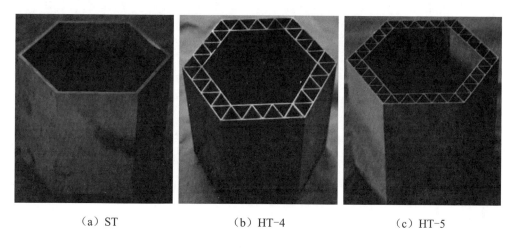

<table>
<tr><td>（a）ST</td><td>（b）HT-4</td><td>（c）HT-5</td></tr>
</table>

图 2.2 ST 和 HT-N 试样

图 2.3 所示为通过材料的拉伸试验得出的 Q235 钢的应力-应变曲线，由此曲线可得材料的力学性能参数：弹性模量 E = 210 GPa、屈服强度 σ_y = 206 MPa、极限强度 σ_u = 294 MPa、泊松比 ν = 0.25。

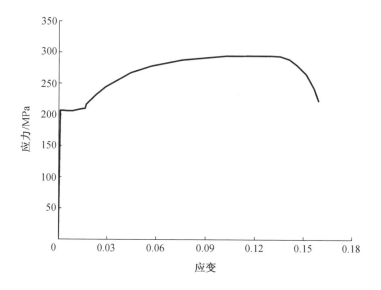

图 2.3 Q235 钢的应力-应变曲线

2.3 有限元分析

2.3.1 有限元模型

本书采用 ABAQUS/Explicit 进行数值模拟准静态轴向压溃下薄壁管的压溃行为。Q235 钢的材料属性采用修正过的真实应力-应变曲线来进行弹塑性有限元分析，具体数值见表 2.2。由于钢的应变率敏感性不强，在计算模型中未考虑材料的应变率效应。

表 2.2 Q235 钢真实应力-应变

塑性应变	应力/MPa
0	205.8
0.016	216.513
0.022	232.054
0.027	244.328
0.043	267.259
0.056	277.931
0.074	287.812
0.101	294.462
0.134	293.791
0.140	288.917
0.144	279.954

在薄壁管的上下两端各放置一块刚性盖板，底端盖板平面被固定，通过顶部刚性平面对管道加载使其向下位移 80 mm。将刚性盖板与薄壁管之间的接触定义为表面-表面接触，在碰撞变形过程中薄壁管也会产生自身的内外表面接触，为了防止由于过度变形而造成的单元间的渗透，将其取为自接触，接触摩擦系数设置为0.2，加载方式如图 2.4 所示。

在准静态轴向压缩试验中，加载速度通常小于 2 mm/s。这个速度对于数值模拟来说太慢，这是由于显式时间积分法只是在一定条件下稳定的，因此通常必须使用非常小的时间增量。为了克服这一问题，本章所有的模拟均采用了速度为 8 m/s 的动态压缩。通过后处理分析，发现在弹性变形阶段，动能与内能之比控制在 1.0%以内。随着内能的不断增加，这一比例迅速下降到 0.01%以下。所以整个过程可以被认为属于准静态过程。

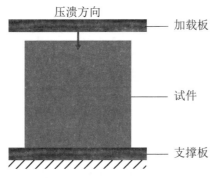

图 2.4　多级六方管加载示意图

仿真模型选用性能稳定的 S4R 单元，它是一种通用的四节点四边形壳单元。对于材料的沙漏及体积黏性控制则采用软件本身的默认值。为了选择合适的模拟单元尺寸（即边长），以 HT-5（$S = 1\,080$ mm^2，$h = 100$ mm）为例，测试单元尺寸对模拟平均压溃力和计算时间的影响，如图 2.5 所示。选择单元尺寸 2 mm 对于模拟薄壁管的变形量精度是足够的，耗时也是合理的。

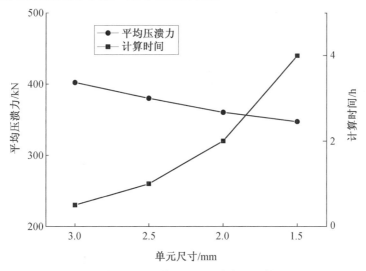

图 2.5　HT-5 单元尺寸对模拟平均压溃力和计算时间的影响

2.3.2 有限元分析

仿真模型试件的有效压溃距离暂均选取 70 mm，一方面在此位移范围内完全可以呈现出薄壁管的吸能变形特点，另一方面便于各个结构之间的分析对比。

图 2.6（a）所示为薄壁管在压缩过程中的力-位移曲线，横坐标表示压缩距离，纵坐标表示压溃力，不同的曲线表示不同结构构型的压溃力。压溃力随着压缩变形，首先经过弹性阶段迅速上升到一个最大的峰值，然后急剧下降，这是第一个折叠周期，在这个周期里多级薄壁管（HT-N）HTs 的力-位移曲线具有明显的应变硬化阶段，导致其具有较高的最大压溃力。随后的折叠变形和第一个变形周期相似，压溃力始终围绕在平均力附近振荡，只是峰值力要比第一个折叠周期的最大压溃力低一些。在这个阶段，曲线的幅度越小，越光滑，位移量越大，结构的能量吸收性能越优异。最终，由于结构受到较大的挤压力而到达压实阶段，压溃力急剧上升，此时结构能量吸收达到变形极限。从整体上看，在渐进式折叠阶段 HT-N 的压溃曲线平台要高于 ST。

但也有些特例，如图 2.6（b）所示，即多级结构胞元的数量 N 对结构能量吸收性能的影响。横坐标表示胞元的数量 N，双纵坐标分别表示结构所受的力和能量吸收稳定系数，三条曲线分别表示结构耐撞性的三个指标。可以看出，随着 N 值的增加，MCF 值也逐渐增大，转折点出现在 $N = 5$ 时，此时 HT-5 的最大压溃力（PF）不断提高至 312.0 kN；对于 HT-6，最大压溃力则提高到 316.9 kN，与之相反，PF 增高后稳定平台消失，力持续下降。当位移超过 30 mm 时，HT-5 平台小于 HT-4，而 HT-6 的最小压溃力甚至降至 57.7 kN。从图 2.6 中可以看出，多级薄壁管的最大压溃力是单调增加的，而平均压溃力是先增加后减少的。当 $N = 4$ 时，平均压溃力达到最大值 252.8 kN，此时的能量吸收稳定系数值仅为 1.175。

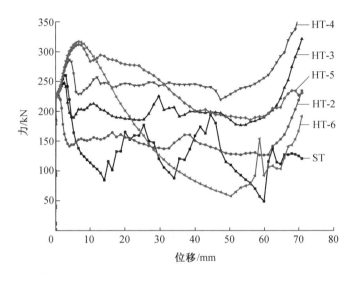

（a）力-位移曲线

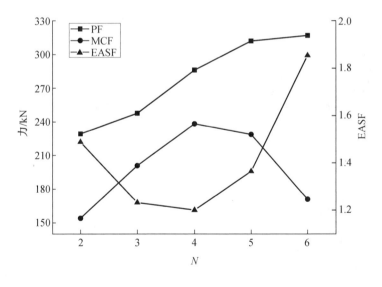

（b）N 值对能量吸收性能的影响

图 2.6 多级六方管耐撞性能

通过轴向压溃的仿真过程，发现薄壁管除了有子胞元折叠（局部折叠）模式，还有混合折叠模式和整体折叠模式，如图 2.7 所示。多级薄壁管 HT-2、HT-3、HT-4 的压溃方式相同，均为子胞元一层一层的逐步折叠模式。叶瓣的大小受到子胞元的限制，使得其折叠波长较短，吸能效果较强，完整折叠次数随 N 值的增加而增加。如图 2.7（b）所示，子胞元式折叠的 HT-3 有 6 层完整的折叠。

HT-6 的折叠方式与 ST 相似，如图 2.7（a）和（d）所示，它们均有一个完整的褶皱，波长较大，可以认为是整体折叠模式。对于 HT-6 来说，胞元的增加使得其夹芯壁长度减少到 8.66 mm，而等面积的原则又使得肋部厚度仅为 0.818 mm。夹芯壁的抗弯刚度不够大，从而不可避免地在塑性变形时发生了整体弯曲，无法有效地利用子胞元提高耐撞性能。一级六方管也是整体折叠，仅伴随一个折叠，力-位移曲线平台波动较大，平均压溃力降至 171.0 kN。由于折叠壁为夹层结构，因此 HT-6 的平均压溃力仍然高于 ST。

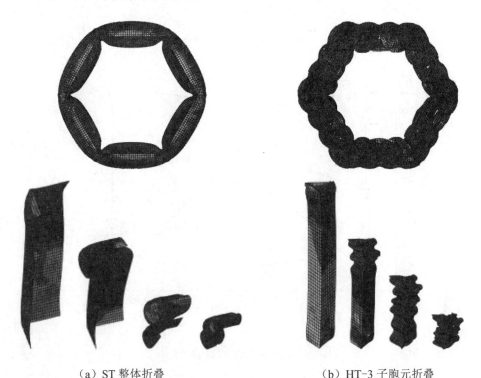

（a）ST 整体折叠　　　　　　　　　　　　（b）HT-3 子胞元折叠

图 2.7　多级薄壁管的有限元折叠模式

（c）HT-5 混合折叠　　　　　　　　（d）HT-6 整体折叠

续图 2.7

HT-5 表现出介于子胞元折叠和整体折叠之间的混合折叠方式，如图 2.7（c）所示。可以看出随着 N 的增加，子胞元数量增加，褶皱波长也逐渐减小。这是因为多级薄壁管结构一方面增加了多角单元的数目，大大提高了能量吸收能力；另一方面为了保持质量不变，HT 的夹芯壁厚逐渐减小，弯曲刚度的降低使得夹芯壁的整体塑性屈曲抗力也有所降低。当整体塑性屈曲抗力小于子胞元折叠抗力时，压溃模式将由整体折叠控制。HT-5 只是这两种折叠模式之间的过渡。

从有限元仿真结果来看（表 2.3），混合折叠变形 HT-5 的比吸能和平均压溃力略小于渐进式折叠变形 HT-4，但比整体折叠变形 HT-6 大得多。

· 35 ·

表 2.3　多级六方管的有限元能量吸收性能

薄壁管	ST	HT-2	HT-3	HT-4	HT-5	HT-6
P_{max}/kN	250.3	229.2	247.6	297.0	312.0	316.9
P_m/kN	140.7	154.0	200.9	252.8	238.1	171.0
S/(kJ·kg^{-1})	11.7	12.8	16.7	21.0	19.8	14.2

Abramowicz 等人通过研究碰撞速度引起的圆形薄壁管褶皱模式转变，发现折叠模式的转变是由子胞元数量的变化引起的。从有限元仿真的结果来看，子胞元确实可以使多级六方管比常规薄壁管具有更高的能量吸收效果。另外，为了防止吸能效率较低的整体折叠模式出现，需要确定一个合适的 N 值。

2.4　试验研究

2.4.1　压缩试验

为了验证有限元分析结果，本书在 600 kN 的万能材料试验机上以 2.0 mm/min 的加载速率进行压缩试验。

选用 2 个 ST、1 个 HT-4 和 1 个 HT-5 共 4 个薄壁管，其轴向变形方式如图 2.8 所示。在理想情况下，ST 将以一种外延式折叠的方式被压实，就像有限元分析的那样。事实上，试件的缺陷和不对称载荷会引起不对称变形和非外延式折叠的方式。如图 2.8（a）和（b）所示，本书对简单六方管的两个试件的测试中，ST-b 以外延式折叠方式被压溃，角单元被完全展开，这赋予 ST-b 更大的平均压溃力。而 ST-a 在折叠时是以包含外延和非外延折叠元素的混合模式压溃的，角单元的耗能能力未完全发挥，塑性力逐渐减小，呈凹形。

从压溃结果可以看出，多级薄壁管的压溃方式与普通薄壁管不同，如图 2.8（c）和（d）所示。子胞元叶瓣首先从两端出现，当 N=4 时，多级薄壁管的每个折叠层的每一侧有 4 个子叶片；当 N=5 时，每个折叠层的每一侧均有 5 个子叶片。但有些折叠层的子叶片还没有完全发育，继而就会形成一个整体剪切带，如图 2.8（d）所示的 HT-5，剪切模态非常明显，剪切角为 30°。另外，在 HT-5 的压缩试验中均观察到子胞元折叠和整体折叠，HT-5 的一侧整体折叠，其余 5 条边仍产生 5 层子胞元折叠。HT-4 和 HT-5 均以混合折叠方式压溃。将试验变形图 2.8 与有限元分析图 2.7 进行对比，可以看出二者结果一致。

（a）ST-a

（b）ST-b

（c）HT-4

（d）HT-5

图 2.8　薄壁管在压缩试验中的压缩模式

2.4.2 试验分析

薄壁管在压缩试验中的变形曲线如图 2.9 所示。

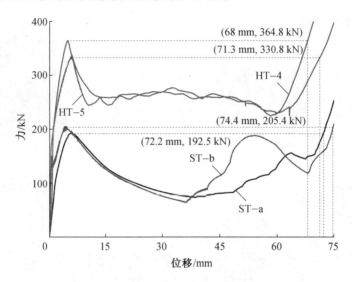

（a）压缩试验力-位移曲线

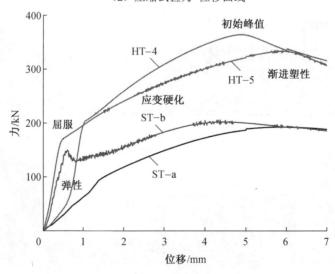

（b）屈服硬化阶段力-位移曲线

图 2.9 薄壁管在压缩试验中的变形曲线

薄壁管在轴向压溃过程中均经历了弹性阶段、屈服阶段、渐进式折叠阶段和密实阶段。其中多级薄壁管的硬化导致其有较高的最大压溃力，使其折叠平台要比简单六方管高且稳定。对于薄壁管的有效压溃距离 d，这里取压密阶段达到最大压溃力时所对应的变形尺寸，如 ST-a，载荷值二次达到最大压溃力 364.8 kN 时，所对应的 68 mm 即为其有效压溃距离。

对比传统六方管与多级结构薄壁管的试验吸能效力，见表 2.4。结果表明，两种结构的管材屈服力（P_y）具有可比性。但 HT-4 和 HT-5 的最大压溃力（P_{max}）要大得多，这主要是由应变硬化效应引起的，如图 2.9（b）所示。

表 2.4　薄壁管试验数据

试件	P_m/kN	P_y/kN	P_{max}/kN	P_y/P_m	P_{max}/P_m	$S/(kJ\cdot kg^{-1})$	d/mm	κ
ST-a	114.2	192.5	192.5	1.69	1.69	9.48	72.2	0.722
ST-b	131.7	205.4	205.4	1.14	1.56	10.93	74.4	0.744
HT-4	269.1	197.6	363.6	0.73	1.35	22.34	71.3	0.713
HT-5	257.5	173.3	330.8	0.67	1.28	21.37	68.0	0.68

最重要的是，传统六方管 ST 的平均压溃力（P_m）分别为 114.2 kN 和 131.7 kN。而对于正六边形结构，HT-4 的平均压溃力最大为 269.1 kN，而 HT-5 的平均压溃力略有下降，为 257.5 kN。其中 HT-4 的 MCF 大约是 ST 的两倍，且 HT-4 和 HT-5 的 MCF 甚至大于它们的屈服力。HT-4 的比吸能为 22.34 kJ/kg，远高于 ST 比吸能的 9.48 kJ/kg 或 10.93 kJ/kg。多级结构 HT 的能量吸收稳定系数 P_{max}/P_m 具有良好的表现，其中 HT-5 达到了 1.28，接近完美系数 1.0。有效压溃距离（d）与有限元假设一致，基本上围绕在 70 mm 附近，验证仿真模拟结果是合理有效的。

将试验数据与有限元结果进行对比，见表 2.5。在试验和模拟中，不同的压溃方式导致 ST-a 产生较大的误差。在有限元模拟中，对 ST 未考虑材料的初始缺陷或者轴向压溃力的偏心误差，使得其按照最理想的外延式折叠方式被压溃，而在试验中 ST-a 具有外延式和非外延式折叠的混合模式，导致其压溃吸能的效率较低，出现和有限元相比较大的误差。除此之外，其他薄壁管试件的对比误差均控制在8%以内，误差处于合理的范围，与仿真模型具有一致性。

表 2.5　多级六方管试验数据与有限元结果的对比

试件	平均压溃力/kN		
	有限元	试验	误差/%
ST-a	140.7	114.2	18.9
ST-b	140.7	131.7	6.4
HT-4	252.8	269.1	−6.0
HT-5	238.1	257.5	−7.5

2.5　理论模型

尽管有限元仿真能够很好地模拟薄壁管的抗压溃行为，但是对于任意复杂截面的薄壁结构仍然需要通过理论分析，研究其吸能原理。

自 Chen 等提出对于薄壁结构能量吸收平均压溃力计算的简化超折叠单元（SSFE）理论后，大批学者均采用此方法分析验证多胞多边形薄壁管的渐进式压溃性能，但对于多级结构的多种压溃模式的理论分析则很少。本书应用 SSFE 理论，旨在揭示多级六方管的吸能机理。

2.5.1　子胞元折叠模式

SSFE 假设在压溃过程中，每个板和角单元的作用是相同的，且薄板的壁厚和不同叶的波长 $2H$ 均认为是常数。

在子胞元折叠模式中，基于薄壁管的整体能量平衡原则，载荷所做的功 $2HP_m\kappa$ 是由胞元塑性薄膜的膜能量和塑性铰的弯曲能构成：

$$2HP_m\kappa = E_b + E_m \qquad (2.3)$$

式中，E_b 和 E_m 分别表示弯曲能和膜能；H 表示折叠的半波长；κ 表示有效压溃距离系数，等于有效压溃距离与薄壁管总高度的比值，可按照表 2.4 选取。

如图 2.10 所示，每一个平面所消耗的弯曲能 E_b 等于塑性弯曲铰链吸收能量之和，即

$$E_b = \sum_{i=1}^{6} \theta_i M_0 L = \frac{1}{2}\pi\sigma_0 tS \qquad (2.4)$$

式中，θ 为弯曲铰链的旋转角度，对于完全折叠结构可认为其旋转角度之和为 2π；M_0 为塑性弯矩，$M_0 = \dfrac{\sigma_0 t^2}{4}$；$L$ 为塑性铰链的总长度；t 为薄壁板的壁厚；S 为钢材实心壁的横截面面积，且 $S = Lt$；σ_0 为塑性应力，可以近似取屈服应力与极限应力的平均值。

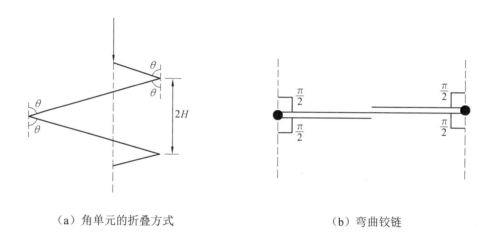

（a）角单元的折叠方式　　　　　　　　（b）弯曲铰链

图 2.10　子胞元折叠的塑性模型

为了分析压溃变形过程中的塑性薄膜能量耗散，将薄壁管截面分为如下基本单元：两平面角单元、三平面角单元、四平面角单元和五平面角单元，如图 2.11 所示。

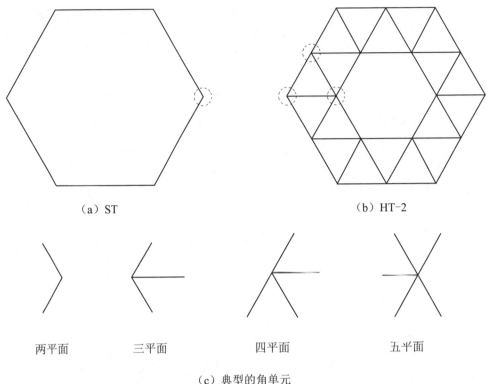

（a）ST   （b）HT-2

两平面   三平面   四平面   五平面

（c）典型的角单元

图 2.11　薄壁管的横截面几何形状和典型的角单元

膜能量 E_m 在一个波长压溃过程中的能量耗散，可以通过对拉伸或压缩区域的积分来获得。本章基于有限元建立数学模型，考虑了四种角单元，则多边形角单元的 j 个平面的扩展区域阴影面积如图 2.12 所示，由此可得出膜能量为

$$E_m = \int_s \sigma_0 t \mathrm{d}s = \sum_{i=1}^{j} \Delta S_i t_i \sigma_0 \qquad (2.5)$$

对于外延式两平面角单元，如图 2.12（a）所示，是由两块平板和 120° 的角组成的，角单元在外力作用下，被均匀地延展出两个三角形面，则膜能量 E_m^{2p} 的计算如下：

$$E_m^{2p} = \sum_{i=1}^{2} \Delta S_i t_i \sigma_0 = \sqrt{3} H^2 t \sigma_0 \qquad (2.6)$$

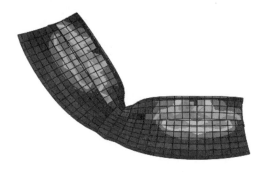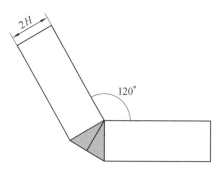

（a）两平面角

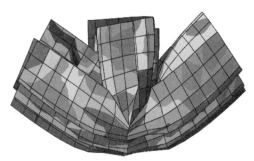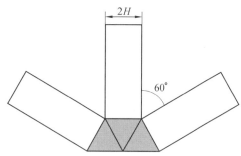

（b）三平面角

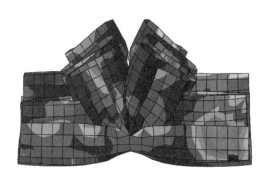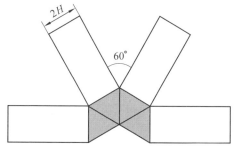

（c）四平面角

图 2.12　多边形角单元的塑性模型

 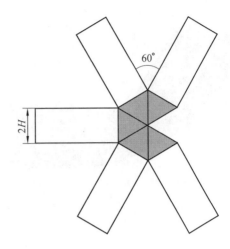

（d）五平面角

续图 2.12

在 ST-a 压缩试验中，观察到薄壁管为非外延式折叠压溃模式，如图 2.13（a）所示。对于非外延式两平面角单元，角单元分别被拉伸和压缩成两个三角形形状，如图 2.13（b）所示，则非外延式两平面角的膜能量 E_m^2p 的计算如下：

$$E_\mathrm{m}^\mathrm{2p} = \sum_{i=1}^{2} \Delta S_i t_i \sigma_0 = \frac{2\sqrt{3}}{3} H^2 t \sigma_0 \tag{2.7}$$

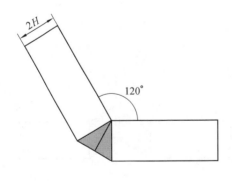 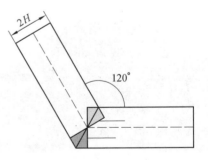

（a）外延式角单元　　　　　　　　　（b）非外延式角单元

图 2.13　六方管的两平面折叠元素

对于三平面角单元，如图 2.12（b）所示，它是由三个平板和一个角单元组成，在载荷作用下，公共角被拉伸出三个三角形面，则膜能量 $E_{\mathrm{m}}^{3\mathrm{p}}$ 计算如下：

$$E_{\mathrm{m}}^{3\mathrm{p}} = \sum_{i=1}^{3} \Delta S_i t_i \sigma_0 = 3\sqrt{3} H^2 t \sigma_0 \tag{2.8}$$

对于四平面角单元，如图 2.12（c）所示，它是由四个平板和一个角单元组成，公共角被载荷拉伸出四个三角形面，则膜能量 $E_{\mathrm{m}}^{4\mathrm{p}}$ 计算如下：

$$E_{\mathrm{m}}^{4\mathrm{p}} = \sum_{i=1}^{4} \Delta S_i t_i \sigma_0 = 4\sqrt{3} H^2 t \sigma_0 \tag{2.9}$$

对于五平面角单元，如图 2.12（d）所示，它是由五个平板和一个角单元组成，公共角被载荷拉伸出五个三角形面，则膜能量 $E_{\mathrm{m}}^{5\mathrm{p}}$ 计算如下：

$$E_{\mathrm{m}}^{5\mathrm{p}} = \sum_{i=1}^{5} \Delta S_i t_i \sigma_0 = 5\sqrt{3} H^2 t \sigma_0 \tag{2.10}$$

将上述公式代入薄壁结构的平均压溃力计算式（2.3）。

对于一级六方管 ST：

$$P_{\mathrm{m}}^{\mathrm{p}} = \frac{E_b + E_{\mathrm{m}}}{2H\kappa} = \frac{\frac{1}{2}\pi\sigma_0 tS + 6E_{\mathrm{m}}^{2\mathrm{p}}}{2H\kappa} \tag{2.11}$$

对于二级六方管 HT：

$$P_{\mathrm{m}}^{\mathrm{p}} = \frac{E_b + E_{\mathrm{m}}}{2H\kappa} = \frac{\frac{1}{2}\pi\sigma_0 tS + 6E_{\mathrm{m}}^{3\mathrm{p}} + 6(2N-3)E_{\mathrm{m}}^{4\mathrm{p}} + 6E_{\mathrm{m}}^{5\mathrm{p}}}{2H\kappa} \tag{2.12}$$

根据 H 值应使力 P_{m} 取极小的思想，可以求出波长 H，即 $\frac{\partial P_{\mathrm{m}}^{\mathrm{p}}}{\partial H}=0$。$\kappa$ 见表 2.4，各构件的平均压溃力按式（2.12）计算的结果见表 2.6。从表中可以看出，简单六方管的外延式压溃模式的理论与试验的误差较小，仅有 1.59%。

表 2.6　理论预测和试验测试的平均压溃力之间的对比

试件	理论/kN	试验/kN	误差/%	失效模式
ST-a	97.5	114.2	-14.6	整体折叠（非外延式）
ST-a	117.7	114.2	3.5	整体折叠（三边非外延式三边外延式）
ST-b	133.8	131.7	1.59	整体折叠（外延式）
HT-4	268.9	269.1	-0.07	混合折叠
HT-5	259.5	257.5	0.78	混合折叠

　　许多研究人员也采用 SSFE 理论，对各种不同角单元的膜能量进行推导计算，Chen 等人认为直角两平面角单元，如图 2.14（a）所示，在外延式压溃模式下，一块面板的角单元产生的膜能量计算如下：

$$E_\mathrm{m}^{2\mathrm{p-sym}} = 4M_0 \frac{H^2}{t} = H^2 t \sigma_0 \tag{2.13}$$

　　对于直角两平面角单元，如图 2.14（b）所示，在非外延式压溃模式下，其中一块面板的角单元产生的膜能量计算如下：

$$E_\mathrm{m}^{2\mathrm{p-asym}} = 2M_0 \frac{H^2}{t} = \frac{1}{2} H^2 t \sigma_0 \tag{2.14}$$

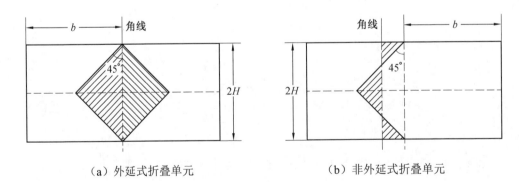

（a）外延式折叠单元　　　　　　　（b）非外延式折叠单元

图 2.14　直角单元变形模型

Tran 等人假设每个角单元在结构中起着相似的作用，如图 2.15 所示，在上述 90° 两平面角单元的基础上对不同平面角单元的膜能量进行叠加计算。

对于四平面角单元，如图 2.15（a）所示，Tran 认为是由两平面角单元和两个附加面板组成，其膜能量计算如下：

$$E_{\mathrm{m}}^{4\mathrm{p-T}} = 8M_0 \frac{H^2}{t}\left(1+\frac{1}{\cos\beta}\right) \tag{2.15}$$

对于两平面角单元，Zhang 等人认为角度从 30° 到 120° 增加的过程中，角的膜能量逐渐增大，如图 2.15（b）所示，Tran 据此认为两平面膜能量计算如下：

$$E_{\mathrm{m}}^{2\mathrm{p-T}} = 8M_0 \frac{H^2}{t}\frac{1}{\cos\beta} \tag{2.16}$$

对于三平面角单元，如图 2.15（c）所示，Tran 采用 Zhang 等人的膜能量计算公式，如下：

$$E_{\mathrm{m}}^{3\mathrm{p-T}} = 4M_0 \frac{H^2}{t}\left(1+\tan\frac{\phi}{2}\right) \tag{2.17}$$

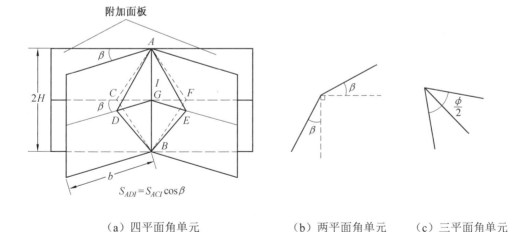

（a）四平面角单元　　　　（b）两平面角单元　　（c）三平面角单元

图 2.15　角单元变形模型

由此可得，五平面角单元是由一个四平面角单元与一个对称面板组成，则膜能量计算如下：

$$E_m^{5p-T} = E_m^{4p-T} + E_m^{2p-sym} = 8M_0 \frac{H^2}{t}\left(\frac{3}{2} + \frac{1}{\cos\beta}\right) \qquad (2.18)$$

式（2.18）即 Tran 公式。将式（2.18）代入薄壁结构的平均压溃力计算公式（2.3）。

对于一级六方管 ST：

$$P_m^{p-T} = \frac{E_b + E_m}{2H\kappa} = \frac{\frac{1}{2}\pi\sigma_0 tS + 12H^2 t\sigma_0 \frac{1}{\cos\beta}}{2H\kappa} \qquad (2.19)$$

对于二级六方管 HT：

$$P_m^{p-T} = \frac{E_b + E_m}{2H\kappa} = \frac{\frac{1}{2}\pi\sigma_0 tS + 6E_m^{3p-T} + 6(2N-3)E_m^{4p-T} + 6E_m^{5p-T}}{2H\kappa} \qquad (2.20)$$

在子胞元折叠模式下，将上面两种平均压溃力的塑性理论与有限元法（FEM）进行对比分析，如图 2.16 所示。从理论上来说，随着胞元数量的增加，平均压溃力也随之增加，呈直线上升的状态。但在有限元模拟中发现当 N 超过 4 时，结构开始出现混合折叠模式，波长逐渐增大，直到完全进入整体折叠模式，结构的耗能特性也随之消失，平均压溃力呈现先上升后急速下降的走势。另外，对于一级薄壁管，两种理论方法的预测与有限元法相比误差均未超过 1%，Tran 理论的预测比本章理论预测结果略高；对于二级薄壁管，Tran 理论预测和本章采用的塑性理论相比基本上均偏低 15%。在子胞元折叠阶段，HT-2 和 HT-3 采用本章理论预测的误差仅有 5% 左右，而此时若采用 Tran 理论预测，误差分别为 11% 和 22%。在 Tran 的模型中，角的膜能量被认为是基本单元的简单叠加，可能是问题所在。当 N 值大于 4，Tran 理论和本章理论对于子胞元折叠模式的预测失效，主要原因是结构的破坏模式发生了质变。

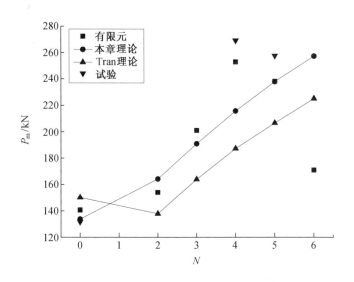

图 2.16　本章理论与 Tran 理论的比较

2.5.2　整体折叠模式

对于 HT 结构，当 N 值足够大时，其结构在压溃时会出现整体弯曲，折叠模式与 ST 结构非常相似，即仅一个折叠，此时的折叠波长 h 恰等于薄壁管的整个波长，如图 2.17（a）所示。

外力所做的功被两部分吸收：表皮和三角形夹芯胞元。表皮部分的能量吸收又分为内表皮和外表皮两部分。正六边形的两平面元素的能量吸收等于通过拉伸和压缩阴影区域吸收的能量（图 2.17（b）），由此可得

$$E_{sk}^{c} = \frac{\sqrt{3}}{2} h^2 \sigma_0 t \qquad (2.21)$$

塑性铰链吸收的能量 E_{sk}^{h}（仍然假设结构发生完全折叠）可表示为

$$E_{sk}^{h} = 4\pi M_0 NB = N\pi \sigma_0 t^2 B \qquad (2.22)$$

式中，B 表示三角形胞元的边长。

三角形夹芯胞元的能量吸收如图 2.17（c）所示。等边三角形胞元的高为 $d\left(d=\dfrac{\sqrt{3}B}{2}\right)$，肋芯的一侧吸收的能量 E_{sa} 可表示为

$$E_{sa}=\frac{\sqrt{3}}{2}NB^2\pi\sigma_0 t+\frac{\sqrt{3}}{2}(2N-1)B^2\pi\sigma_0 t=\frac{3\sqrt{3}}{2}NB^2\pi\sigma_0 t-\frac{\sqrt{3}}{2}B^2\pi\sigma_0 t \qquad （2.23）$$

结合式（2.21）～（2.23），可得多级正六边形结构轴向压溃下整体折叠模式的平均压溃力 P_m^G：

$$P_m^G=\frac{E_{sk}+E_{sa}}{h\kappa}=\frac{1}{h\kappa}\left(3\sqrt{3}h^2\sigma_0 t+6N\pi\sigma_0 t^2 B+9\sqrt{3}NB^2\pi\sigma_0 t-3\sqrt{3}B^2\pi\sigma_0 t\right) \quad （2.24）$$

可以看出，夹芯肋可以有效地增加结构的平均压溃力，提高多级六方管的能量吸收效率。

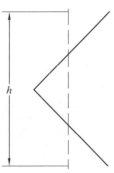

（a）整体折叠单元

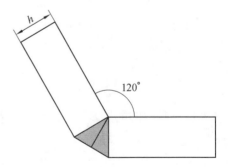

（b）角单元

图 2.17　多级正六边形结构整体折叠的塑性模型

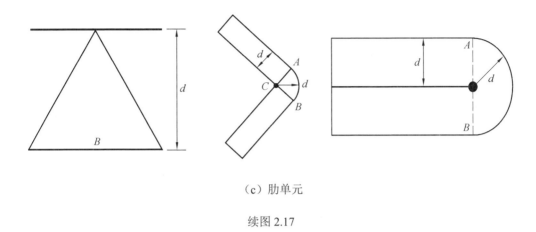

（c）肋单元

续图 2.17

2.5.3　混合折叠模式

混合折叠模式是由子胞元折叠模式向整体折叠模式的过渡。其平均压溃力 $P_{\mathrm{m}}^{\mathrm{M}}$ 可表示为

$$P_{\mathrm{m}}^{\mathrm{M}} = xP_{\mathrm{m}}^{\mathrm{P}} + (1-x)P_{\mathrm{m}}^{\mathrm{G}} \tag{2.25}$$

式中，$x = \dfrac{n}{6}$ 且 $n=$1, 2, 3, 4, 5，表示以子胞元变形模式而压溃的边数；$P_{\mathrm{m}}^{\mathrm{P}}$ 表示子胞元折叠理论值。

HT-4 和 HT-5 在轴向压缩试验中，整体弯曲在大多数边缘都能观测到。按照式（2.25），当 $x = \dfrac{1}{6}$ 时，HT-4 和 HT-5 的理论平均压溃力分别为 268.9 kN 和 259.5 kN，见表 2.6，此时的误差低于 1%，与试验观察结果一致。

测试的 ST 和 HT 的平均压溃力的理论预测与有限元和试验结果如图 2.18（a）所示，图中显示出良好的一致性，这表明模型成功捕捉到六方管的压溃机理。

ST-a 是以混合折叠模式压溃的，所以基于外延式折叠单元的压溃模式不再适用于 ST-a。纯非外延式变形模型低估了其平均压溃力。3 个外延式折叠单元和 3 个非外延式折叠单元的混合模型预测使得 ST-a 的平均压溃力值与试验结果一致，见表 2.6。

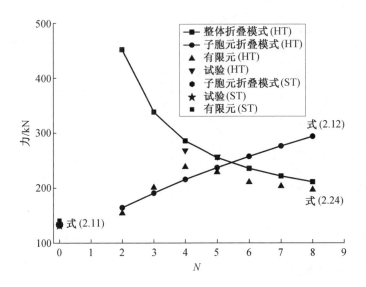

（a）整体折叠模式和子胞元折叠模式

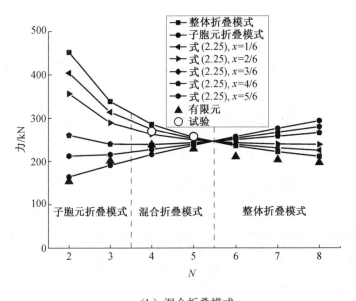

（b）混合折叠模式

图 2.18　平均压溃力的理论预测

HT-4 和 HT-5 混合折叠模型的预测误差在 ±1% 以内，如表 2.6 所示。纯子胞元折叠模式低估了多级薄壁结构的平均压溃力。

如图 2.18（b）所示，随着 N 的增加，HT 结构在子胞元折叠（$N \leqslant 3$）、混合折叠（$N = 4，5$）和整体折叠（$N \geqslant 6$）时被压溃。

2.6　本章小结

本章设计制备了多级六方管。基于试验和数值分析，研究了结构的压溃行为，建立了预测平均压溃力的理论模型。本章结论如下。

（1）分形自相似结构有效提高了六方管的平均压溃力和比吸能，提高了薄壁结构的能量吸收性能，在试验研究中，多级六方管的比吸能达到了单胞管的两倍。

（2）多级六方管的折叠方式有子胞元折叠、混合折叠和整体折叠三种。子胞元折叠大大减小了塑性折叠的波长，增加了塑性折叠机构的数目，有效提高了结构的平均压溃力和比吸能。当混合折叠出现时，平均压溃力达到顶点，它是子胞元折叠向整体折叠的过渡模式。合理选择胞元数量能有效地提高吸能效率。

（3）本章建立了三种折叠模式的塑性模型，对管的平均压溃力进行了理论预测，理论结果与试验和仿真数据具有良好的一致性，该理论还反映了折叠方式由子胞元折叠向整体折叠的转变。

第 3 章　斜向压溃力作用下多级六方管的能量吸收性能

3.1　概　述

薄壁结构以其高效、节能、轻量化、低制造成本等特点，被广泛应用于机械、航空、防护等领域。在斜向冲击下，这些结构的耐撞性受到限制。如何提高这些结构在斜向冲击作用下的性能是研究人员关注的问题。

Tran 等人研究了多胞薄壁管状结构的能量吸收（EA）。Qiu 等人认为，多胞薄壁管可以提供良好的能量吸收性能，并且推导出了给定冲击角为 15°的多胞元六方管的理论公式。除此之外，研究人员还研究了多胞正方形、多胞圆形等其他不同的横截面。在斜向冲击载荷作用下，为了使结构变形从渐进式向弯曲式平稳地过渡，Nagel 等人研究了锥形方管的斜向冲击性能，并得出结论：与直管相比，锥形薄壁管的峰值力（PF）、平均压溃力（MCF）和 EA 对冲击角的敏感性较低。Alkhatibet 等人利用在锥形薄壁管上添加波纹的方式也得到了相同的结论。Qi 等人结合多胞薄壁管和锥形薄壁管的特点，对斜冲载荷作用下多胞锥形方管进行了多目标耐撞性优化设计。对于泡沫填充管，Ahmad 等人和 Yang 等人认为在整体折叠下填充泡沫的薄壁管具有更强的抗弯和旋转能力，从而提高了吸能能力。Tarlochan 等人采用此种方法，将传统锥形薄壁管的碰撞性能平均提高 10%。

近年来，研究人员利用新的设计理念，如开放窗口结构、嵌套结构、功能梯度结构、自相似结构等，在降低最大压溃力方面取得了显著进展。然而，对多级薄壁管（HT）的斜向冲击行为的研究很少。本章采用经试验验证的有限元法，对斜向冲击载荷条件下多级六方管（HT）的破坏行为和能量吸收性能进行了数值研究。

3.2　有限元法适用性验证

本节基于 ABAQUS 进行有限元建模。为了验证有限元模型的正确性，首先对 Ahmad 等人完成的斜向冲击试验进行了模拟和验证。在试验中，钢的屈服应力 σ_y=401.4 MPa，弹性模量 E=200 GPa，泊松比 v=0.3，密度 ρ_0 =7 809 kg/m^3。表 3.1 给出了材料的真实应力-应变数据。由于锥形薄壁管的试样是通过旋转加工实心圆棒得到的，所以避免了任何类型的几何不连续点，没有考虑最初的缺陷。

表 3.1　有限元仿真中低碳钢的真实应力-应变数据

σ_t/(N·mm^{-2})	401.40	473.04	521.10	552.94	563.94	576.99
ε_p	0.000	0.021	0.046	0.086	0.106	0.141

圆锥薄壁管的小直径端的半径为 20 mm，半锥角为 5°，管长 h 为 200 mm，厚度为 2 mm。斜压模型如图 3.1 所示。

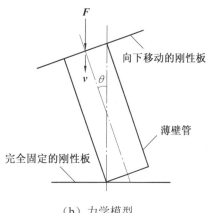

（a）试验装置　　　　　　　　　（b）力学模型

图 3.1　斜压模型

图 3.1（a）所示为斜向压缩试验装置，管的大直径端部被固定在倾斜的刚性板上，在压缩过程中，刚性板以 10 mm/min 的速度垂直向下移动，施加的冲击角分别为 10°和 30°。图 3.1（b）所示为有限元分析斜向压溃仿真示意图，它是将锥形薄

壁管试件的大直径底端通过捆绑约束（tie）连接在刚性板上，通过向上刚性板上施加竖直向下位移载荷，使其对完全固定的下刚性板产生挤压。薄壁管本身采用自接触，而薄壁管对上下刚性体之间分别采用面对面接触。有限元中采用了切线方向的有限滑动摩擦公式和法向的"硬接触"来反映相互作用的性质。

为了保证整个仿真过程的准静态特性，控制计算时间，采用平滑分析步将动能控制在整个能量的 1%以内。锥形薄壁管被线性 4 节点壳单元 S4R 分割，单元尺寸在 2 mm 以内。假定管与刚体接触界面的摩擦系数为 0.15。

如图 3.2 所示，有限元法分别准确地预测了两种情况下圆锥管的压溃模式。在冲击角为 10°时，如图 3.2（a）所示，由于构造的原因，最先压溃的边缘在周长最小的顶端，随后相邻的叶瓣也相继被折叠，薄壁管体呈现以渐进式折叠为主的压溃模式。

试验　　　　　　　　　　　　　仿真

（a）10°冲击角

图 3.2　圆锥管在不同冲击角下的准静态变形模式

　　试验　　　　　　　　　　　　　　　　　　　仿真

（b）30°冲击角

续图 3.2

　　在冲击角为 30°时，如图 3.2（b）所示，薄壁管同样在小端出现一个叶瓣，之后在靠近固定端处形成了一个塑性铰链，它们之间连接的管壁相对未发生变形，这是典型的以弯曲主导的压溃模式，模拟结果与试验结果吻合较好。

　　将有限元最大压溃力和平均压溃力与试验数据进行对比，见表 3.2。平均压溃力的误差分别为 0.3%和 2.3%，最大压溃力的误差分别为 4.9%和 4.7%。验证了有限元方法的正确性，该方法可用于研究多级六方管的斜向冲击行为。

表 3.2　薄壁锥形薄壁管的试验结果与有限元数值结果对比

加载	最大压溃力/kN		平均压溃力/kN	
	试验	有限元	试验	有限元
冲击角 10° （有效压溃距离 140 mm）	85.14	81.16	80.89	81.11
冲击角 30° （有效压溃距离 70 mm）	59.70	62.51	41.71	40.79

3.3 几何参数

多级六方管（HT）具有三角格夹芯壁，如图 3.3 所示。薄壁的每一面被平均分成 i 段，使得每一面夹芯壁都有 $2i-1$ 个等边三角形胞元。

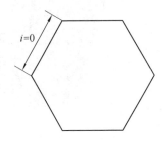
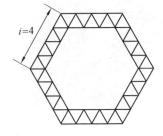

（a）单胞管（HT-N0）　　　（b）分级管（HT-Ni, $i \geqslant 2$）

图 3.3　多级六方管

采用 HT-Ni 对每根管进行识别，设计参数见表 3.3。钢管的几何参数和冲击角涵盖了耐撞应用中常用的典型尺寸范围。

表 3.3　薄壁管设计参数

薄壁管	i	横截面面积/mm^2	厚度/mm	管长/mm	冲击角/（°）
HT-N0	0	S_1=1 080	3.0		
		S_2=1 440	4.0		
HT-N2	2	S_1=1 080	1.0		
		S_2=1 440	1.333		0
HT-N3	3	S_1=1 080	0.9		10
		S_2=1 440	1.2	L_1=300	20
HT-N4	4	S_1=1 080	0.857	L_2=400	30
		S_2=1 440	1.143		40
HT-N5	5	S_1=1 080	0.833		
		S_2=1 440	1.111		
HT-N6	6	S_1=1 080	0.818		
		S_2=1 440	1.091		

为了模拟冲击载荷，试件的底端被完全固定在下钢板上，如图 3.4 所示。集中质量 $M = 400$ kg 附着在与水平方向成 θ 角度的上刚性板，并且给予垂直向下的初始速度 v，以使试件受到冲击载荷作用。这样的加载配置已经被广泛应用于各类管材的压缩研究。

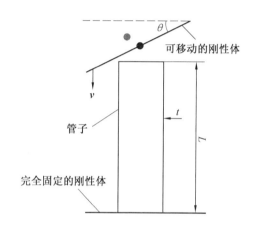

图 3.4 动态斜加载挤压薄壁管的原理图

在冲击过程中，考虑应变速率对钢的影响引入 Cowper-Symonds 的本构方程：

$$\dot{\varepsilon}_{\mathrm{p}} = D\left(\frac{\sigma_0'}{\sigma_0} - 1\right)^q \qquad \sigma_0' \geqslant \sigma_0 \tag{3.1}$$

式中，σ_0' 是在单轴塑性应变率为 $\dot{\varepsilon}_{\mathrm{p}}$ 时的动态流动应力；σ_0 是相应的静态流动应力；常数 $D=6\,844$ s^{-1} 和 $q=3.91$ 是材料参数。材料采用第 2 章的 Q235 钢。

移动刚性体的位移和速度均为垂直方向。构件的有效压溃距离计算到管长的 2/3 处，这个距离保证了每根薄壁管都被充分压溃，且能够有效地比较各个薄壁管之间的能量吸收状况。

以最为简单的六方管 HT-N0（$S_1=1\,080$ mm^2，$L_1=300$ mm，$\theta= 0°$）为例，观察网格大小对构件平均压溃力（P_m）的影响，如图 3.5 所示。可以看出网格选取 2.0 mm 时，既能达到较好的精度又能合理利用时间。对于较为复杂的构型，计算时间会更长。

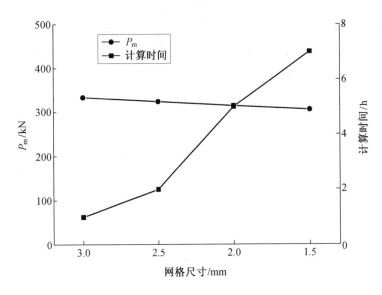

图 3.5　多级六方管网格尺寸的影响

3.4　斜向冲击行为

3.4.1　压溃模式

以 HT-N0 结构（S_1=1 080 mm^2，L_1=300 mm）为基准，研究初始冲击速度为 15 m/s 时的位移曲线和变形模式。这是汽车碰撞应用的一个典型例子。

如图 3.6 所示，在正常冲击下，筒体被整体折叠压溃，并伴有"之"字形变形曲线。最大压溃力大于 600 kN，平均压溃力大于 300 kN。当冲击角增加到 10°时，最大压溃力减小到 400 kN，而力-位移曲线仍然保持"之"字形。但是平均压溃力变化很小，仅有 300 kN。此时观察到一种整体折叠与弯曲折叠的混合模式（混合折叠Ⅲ）。

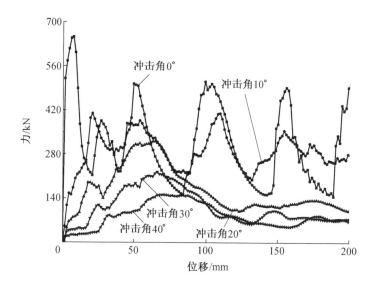

（a）力-位移曲线

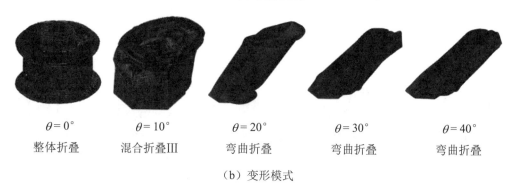

$\theta = 0°$	$\theta = 10°$	$\theta = 20°$	$\theta = 30°$	$\theta = 40°$
整体折叠	混合折叠Ⅲ	弯曲折叠	弯曲折叠	弯曲折叠

（b）变形模式

图 3.6　HT-N0 的压溃变形

　　多级六方管 HT-N2、HT-N3、HT-N4 与 HT-N0 的折叠方式不同，如图 3.7～3.9 所示。在垂直冲击下，压溃是渐进的且微折叠波长与胞元数相对应。薄壁管的最大压溃力最高值超过 600 kN。变形平台应力分别降至 350 kN、450 kN 和 550 kN。

　　值得注意的是，在斜向冲击下，最大压溃力大大减小。当冲击角增加到 10° 时，HT-N2、HT-N3 和 HT-N4 的最大压溃力分别降低到 350 kN、450 kN 和 550 kN。变形平台稳定，应力接近最大压溃力，且在 10° 冲击角时能量变化不大。

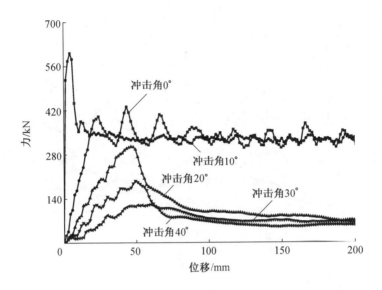

（a）力-位移曲线

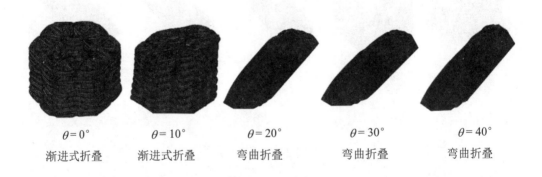

| $\theta = 0°$ | $\theta = 10°$ | $\theta = 20°$ | $\theta = 30°$ | $\theta = 40°$ |
| 渐进式折叠 | 渐进式折叠 | 弯曲折叠 | 弯曲折叠 | 弯曲折叠 |

（b）变形模式

图 3.7 HT-N2 的压溃变形

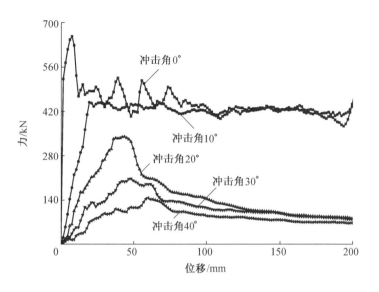

（a）力-位移曲线

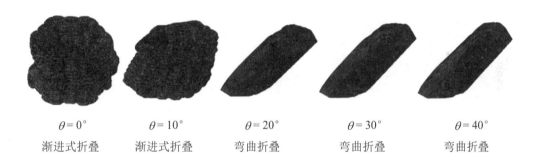

$\theta = 0°$	$\theta = 10°$	$\theta = 20°$	$\theta = 30°$	$\theta = 40°$
渐进式折叠	渐进式折叠	弯曲折叠	弯曲折叠	弯曲折叠

（b）变形模式

图 3.8　HT-N3 的压溃变形

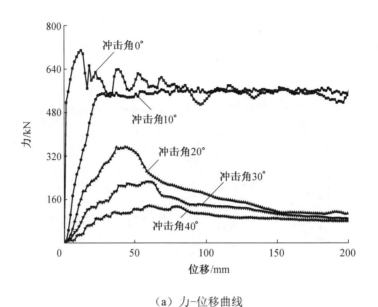

（a）力–位移曲线

θ = 0°	θ = 10°	θ = 20°	θ = 30°	θ = 40°
渐进式折叠	渐进式折叠	弯曲折叠	弯曲折叠	弯曲折叠

（b）变形模式

图 3.9　HT–N4 的压溃变形

当冲击角大于 20°时，总能量迅速下降，并形成以弯曲为主的压溃模式。经过最大压溃力后，曲线迅速下降，无变形平台存在。

HT-N5 与其他多级六方管的压溃方式不同，如图 3.10 所示。在垂直的冲击下，它有两种折叠方式，一种是微波长，另一种是宏观波长，这就是混合褶皱模式 I。在 10° 的冲击角下，变形平台初始状态保持稳定，然后逐渐下降，并伴随着渐进的折叠弯曲，即混合折叠模式 II。

当冲击角大于 20° 时，能量迅速下降，并形成以弯曲为主的压溃模式。经过最大压溃力后，曲线迅速下降，无变形平台存在。

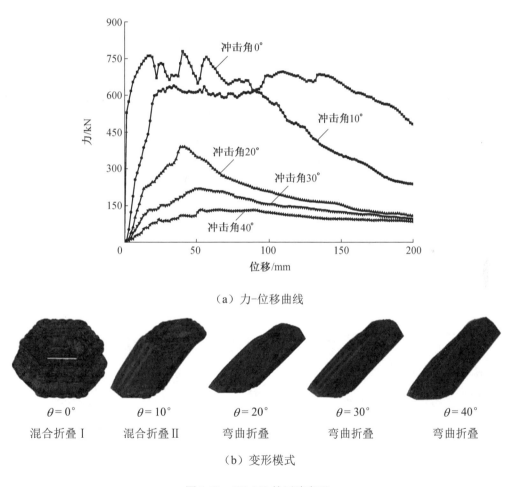

（a）力-位移曲线

θ = 0°　　　θ = 10°　　　θ = 20°　　　θ = 30°　　　θ = 40°

混合折叠 I　　混合折叠 II　　弯曲折叠　　弯曲折叠　　弯曲折叠

（b）变形模式

图 3.10　HT-N5 的压溃变形

如图 3.11 所示，HT-N6 的变形模式与 HT-N0 相似。在竖向冲击下，由于夹芯壁不厚，导致结构发生整体折叠变形，折叠波长远大于微胞尺寸。当冲击角增大到 10° 时，出现混合折叠模式Ⅲ，如图 3.11 所示。它是整体折叠模式和弯曲模式的混合变形模式。

当冲击角大于 20° 时，总能量迅速下降，并发生以弯曲为主的压溃模式。经过最大压溃力后，曲线迅速下降，无渐进式折叠平台存在。

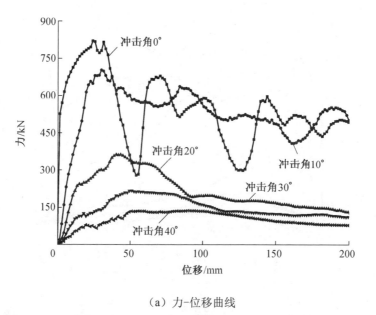

（a）力-位移曲线

$\theta = 0°$　　$\theta = 10°$　　$\theta = 20°$　　$\theta = 30°$　　$\theta = 40°$

整体折叠Ⅰ　混合折叠Ⅲ　弯曲折叠　　弯曲折叠　　弯曲折叠

（b）变形模式

图 3.11　HT-N6 的压溃变形

　　如图 3.12 所示，可以观察到六种折叠方式，包括两种轴向压溃模式（渐进式折叠模式和整体折叠模式）、一种弯曲为主的压溃模式和三种混合折叠模式。虽然Ⅰ型和Ⅱ型混合模式的位移曲线非常相似，但它们的变形机理完全不同。在斜向冲击下，混合Ⅰ模式比混合Ⅱ模式能提供更好的能量吸收。

　　渐进式折叠、整体折叠和混合折叠模式Ⅰ，一般只出现在轴向压溃薄壁管的过程中，变形模式取决于夹芯壁的胞元数量。弯曲主导模式只出现在冲击角超过 20°的薄壁管中。混合折叠模式Ⅱ和混合折叠模式Ⅲ出现在冲击角为 10°的薄壁管中，变形模式同样取决于夹芯壁中的胞元数量。

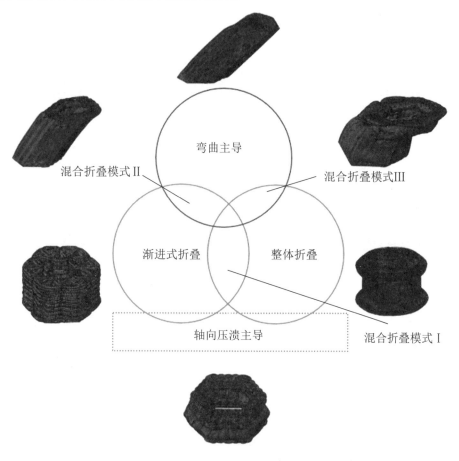

图 3.12　变形模式分类

3.4.2　冲击角的影响

图 3.13 所示为斜向冲击管受力示意图，其中冲击力可分解为水平分量 F_x 和轴向分量 F_y。$\boldsymbol{F}$ 是冲击力，F_y 是薄壁管的轴向渐进压溃力，F_x 产生弯矩 M，如下：

$$F_y = \boldsymbol{F} \cos \theta \tag{3.2}$$

$$M = \boldsymbol{F} \sin \theta \cdot y = \boldsymbol{F} \sin \theta \left(L - \frac{a-t}{2 \tan \theta} \right) \tag{3.3}$$

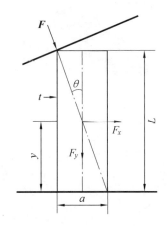

图 3.13　斜向冲击管受力示意图

从式（3.3）可以看出，随着冲击角的增大，结构的受力从轴向力主导型逐渐过渡为弯曲主导型。

以 HT-N4（t=0.86 m，S_1=1 080 mm^2，L_1=300 mm，a=105 mm）受到 10° 冲击角为例，如图 3.9（b）所示，此时薄壁管属于渐进式折叠模式，结合第 2 章准静态轴向压溃下平均压溃力的预测式（2.12），F_y 计算如下：

$$F_y = \frac{\frac{1}{2}\pi \sigma_0 tS + 6E_m^3 + 6(2N-3)E_m^4 + 6E_m^5}{2H\kappa} \tag{3.4}$$

式中，σ_0 表示塑性应力，近似取 250 MPa；κ 表示有效压溃距离系数，取 0.7；$E_m^3 = 3\sqrt{3}H^2t\sigma_0$、$E_m^4 = \sqrt{3}H^2t\sigma_0$、$E_m^5 = 5\sqrt{3}H^2t\sigma_0$ 分别表示三平面、四平面和五平面膜能量，则

$$F_y = \dfrac{\dfrac{1}{2}\times 3.14 \times 250 \times 0.86 \times 1\,080 + 6 \times 3\sqrt{3}H^2 \times 0.86 \times 250}{2\times 0.7H} +$$

$$+\dfrac{+6\left(2\times 4 - 3\right)\times 4\sqrt{3}H^2 \times 0.86 \times 250 + 6 \times 5\sqrt{3}H^2 \times 0.86 \times 250}{2 \times 0.7H} \tag{3.5}$$

半折叠波长 H 可由稳态条件 $\dfrac{\partial P_m^p}{\partial H}=0$ 确定：

$$H = 2.4 \text{ mm} \tag{3.6}$$

将式（3.6）代入式（3.5）可得

$$F_y = 216 \text{ kN} \tag{3.7}$$

将式（3.7）代入式（3.2）和式（3.3），斜向 10° 准静态冲击角下 HT-N4 的平均冲击力和弯矩如下：

$$F = 219 \text{ kN} \tag{3.8}$$

$$M = 178 \text{ kN} \tag{3.9}$$

然而，这些计算结果仅适用于准静态加载的情况下，对于动态，加载下斜向平均压溃力 F_d 为

$$F_d = \lambda F \tag{3.10}$$

式中，λ 是考虑惯性效应和应变率效应在内的动态放大效应系数，显然，很难确定 λ 的精确值。假设将 10° 冲击角下 HT-N4 的仿真冲击力平均值 $F_d = 520$ kN 代入式（3.10），此时 $\lambda = 2.3$。

冲击角对多级六方管的能量吸收性能的影响如图 3.14 所示。随着冲击角的增大，钢管的平均压溃力、最大压溃力随之减小。如图 3.14（a）所示，当冲击角不大于 10° 时，这种趋势不明显，因为压溃主要是以轴向折叠为主。然而，在正常冲击下，多级六方管的平均压溃力较简单六方管增加了 52%。在混合折叠模式下，当

冲击角从 10° 增加到 20° 时，平均压溃力明显下降，其中 HT-N4 的降低比例达到 66%，但多级管的平均压溃力仍比简单管大得多。当冲击角大于 20° 时，弯矩大到足以使管在弯曲模式下发生压溃，多级薄壁管的优势逐渐丧失。当冲击角为 40° 时，平均压溃力中简单管与多级管的最大差异仅为 22%。

如图 3.14（b）所示，随着冲击角的增大，薄壁管的最大压溃力逐渐减小。在轴向压溃下，简单管与多级管之差达到 26%。当冲击角为 40° 时，差异减小到 19%。

图 3.14（c）用冲击角描述薄壁管 HT-Ni 的比吸能随冲击角的变化。从图中可以看出，在 0° 到 10° 范围内，比吸能仅略微下降。斜向冲击下多级管的比吸能仍然比轴向压溃下简单管的比吸能大得多，斜向冲击下 HT-N4 的比吸能大约是轴向压溃下简单管的 1.75 倍。冲击角超过 20° 时，比吸能大大减少，但是多级管仍然大于简单管。

总之，冲击角改变了薄壁管从轴向到弯曲的破坏模式，极大地改变了薄壁管的吸能能力。

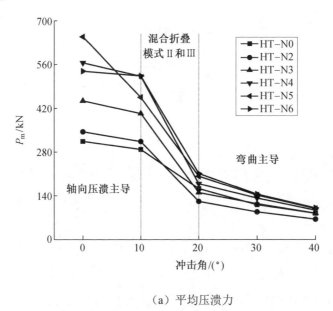

（a）平均压溃力

图 3.14　冲击角对多级六方管的能量吸收性能的影响

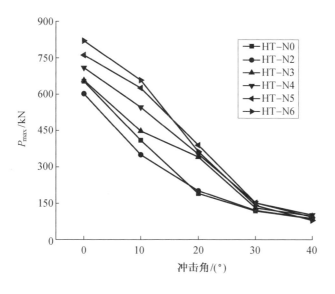

（b）最大压溃力

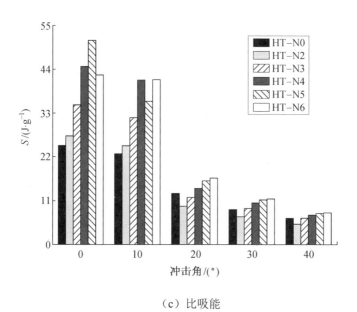

（c）比吸能

续图 3.14

3.4.3 胞元数量的影响

为保持管的质量不变，当胞元数量增加时，胞元的尺寸变得更小，导致夹芯壁变薄。最初，随着胞元数量的增加，微波长变短，最大压溃力、比吸能和多级管的比吸能随之增加，并伴随有渐进式压溃模式。但是变薄的夹芯壁有向整体折叠的趋势。当 $i=5$ 时发生过渡模式，薄壁管 HT-N5 具有混合折叠模式Ⅰ，此时平均压溃力开始下降，如图 3.15（a）所示。

随着胞元数量的增加，最大压溃力也随之增加，如图 3.15（b）所示。当冲击角大于 20° 时，最大压溃力随单元数的改善可以忽略不计。

斜向冲击时，仍可观察到与轴向压溃相似的压溃模式的转变。当冲击角不大于 10° 时，比吸能的变化不大，如图 3.15（c）所示，此时弯曲效应影响不大。当 $i=5$ 时，比吸能随冲击角增加而增大，并达到顶点，然后比吸能变小。当冲击角大于 10° 时，弯曲压溃模式使得多级管 HT 的比吸能大大减少。随着胞元数量的增加，比吸能略有改善，如图 3.15（c）所示。

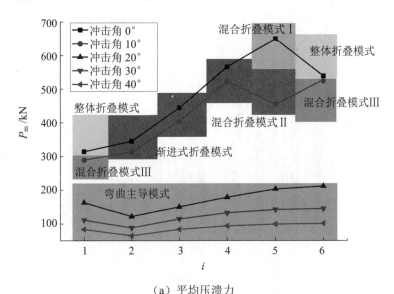

（a）平均压溃力

图 3.15 多级管 HT-Ni 的能量吸收性能随胞元数的变化

S_{N0}—S_1=1 080 mm^2，L_1=300 mm 的传统六方管的比吸能

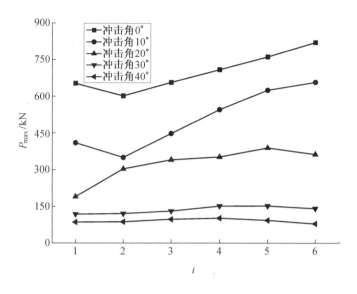

（b）最大压溃力

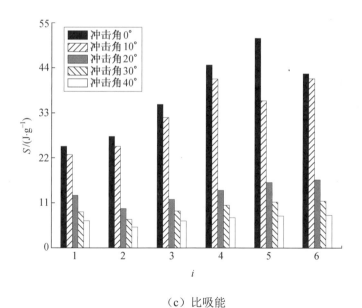

（c）比吸能

续图 3.15

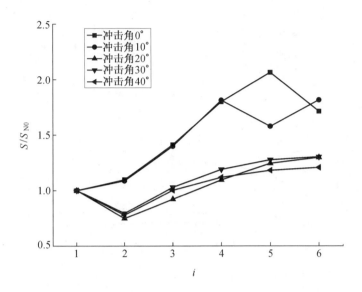

（d）不同胞元数量薄壁管的比吸能与 HT-N0 的比较

续图 3.15

以 S_1=1 080 mm^2，L_1=300 mm 的传统六方管的比吸能 S_{N0} 作为参照，反映胞元数量对比吸能的影响，如图 3.15（d）所示。结果表明，斜向碰撞时多级管比简单管具有更好的抗冲击性能。多级管的最高比吸能甚至翻了一倍。

3.4.4 壁厚的影响

选取 S_1=1 080 mm^2 和 S_2=1 440 mm^2 的薄壁管，研究壁厚对其能量吸收性能的影响。管长设为 L_1=300 mm，壁厚按质量相同、边长相同的原则确定，见表 3.3。

如图 3.16（a）所示，对于所有的薄壁管，MCF 均随着壁厚的增加而增大。在 10° 冲击角下，HT-N3 的平均压溃力增加 70% 以上，壁厚增加 33.3%。当冲击角大于 10° 时，平均压溃力的改善接近壁厚增长率。

此外，当 S_1=1 080 mm^2 时，HT-N5 的胞元数量 i=5 时出现混合折叠模式 I 和 II，而当 S_2=1 440 mm^2 时，HT-N4（i=4）也出现此种混合折叠模式。当夹芯壁的刚度与 $(t_2/t_1)^3$ 成正比时，壁厚明显提高了微胞折叠力。当夹芯壁的刚度与 (t_2/t_1)

成正比时，壁厚对于宏观折叠力的改善较小，从而使折叠方式的过渡提前到 $i=4$，如图 3.16（b）所示。

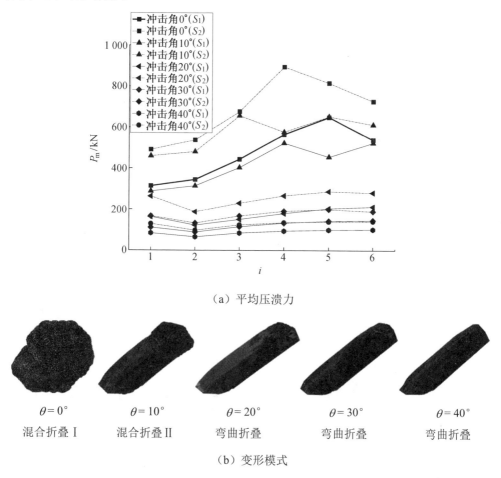

（a）平均压溃力

$\theta=0°$　　　$\theta=10°$　　　$\theta=20°$　　　$\theta=30°$　　　$\theta=40°$

混合折叠 I　　混合折叠 II　　弯曲折叠　　　弯曲折叠　　　弯曲折叠

（b）变形模式

图 3.16　HT-N4（S_2=1 440 mm^2，L_1=300 mm）平均压溃力及变形模式随壁厚的变化

因此，多级管 HT 的所有最大压溃力均随壁厚的增加而增加，如图 3.17（a）所示。当冲击角为 10° 时，HT-N6 的最大压溃力随壁厚而增加 37%，与此同时壁厚也恰好增加了 33.3%。随着冲击角的增大，最大压溃力的改善量也随之减小。

斜向冲击下，壁厚对多级管 HT 的比吸能影响较大，如图 3.17（b）所示。加大薄壁管的壁厚可以有效地改善比吸能。冲击角在 0°～10° 范围内改善较明显，在 20°~40° 范围内改善较小。在 10°~20° 的范围内，比吸能急速下降，管壁厚度的增加也不能阻止混合折叠模式Ⅱ和Ⅲ的发生。

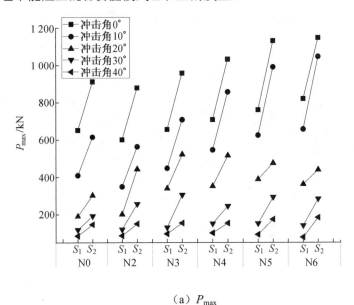

（a）P_{max}

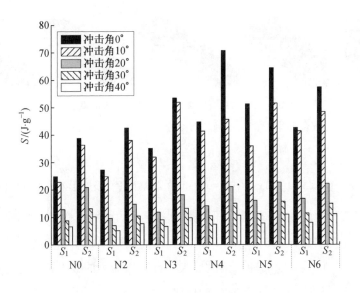

（b）S

图 3.17　HT-N4（S_2=1 440 mm²，L_1=300 mm）的 P_{max} 和 S 随壁厚的变化

3.4.5　管长的影响

选取 S_1=1 080 mm^2 的薄壁管,研究其管长对薄壁管能量吸收性能的影响,长度分别设置为 L_1=300 mm 和 L_2=400 mm。

如图 3.18 (a) 所示,在正常冲击下,所选长度对平均压溃力影响不大,这种影响主要体现在斜向冲击上。当 $i<4$ 时,冲击角为 10°,平均压溃力不受影响。随着长度的增加,混合折叠出现在如图 3.18 (b) 所示的 HT-N4,弯曲模式大大降低了平均压溃力和比吸能。

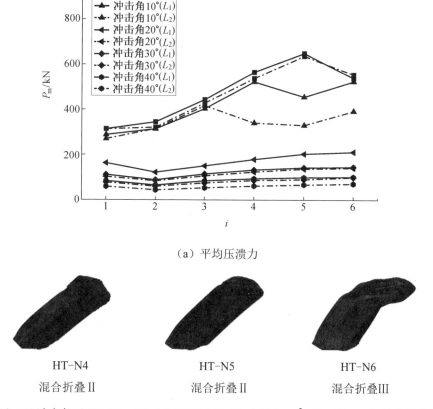

(a) 平均压溃力

HT-N4　　　　　　　HT-N5　　　　　　　HT-N6
混合折叠Ⅱ　　　　　混合折叠Ⅱ　　　　　混合折叠Ⅲ

(b) 10°冲击角下 HT-N4、HT-N5 和 HT-N6(S_1=1 080 mm^2,L_2=400 mm)的变形模式

图 3.18　平均压溃力随管长的变化以及 10°冲击角下的变形模式

如图 3.19（a）所示，HT-N4、HT-N5 和 HT-N6 的平均压溃力分别降低了 34%、27%和 25%。

在冲击角大于 20°的情况下，弯曲模式在压溃过程中起着重要的作用，长管的比吸能要小得多，如图 3.19（a）和（b）所示。

从图 3.19（b）中可以看出，薄壁管的管长对最大压溃力的影响很小。

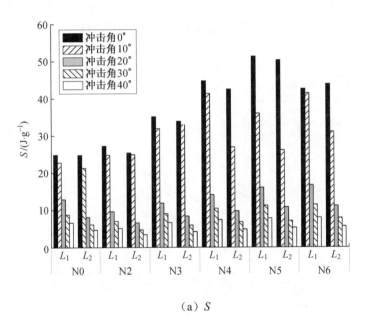

（a）S

图 3.19　多级管 HT-Ni（S_1=1 080 mm^2）能量吸收性能和最大压溃力随管长的变化

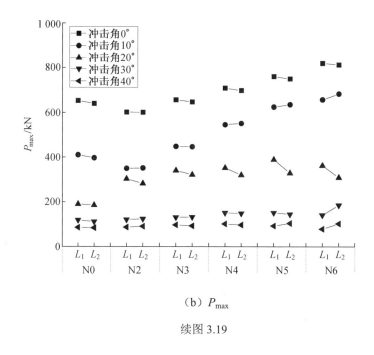

（b）$P_{\max}$

续图 3.19

3.5　本章小结

本章通过有限元分析，研究了多级六方管的斜向冲击行为，并与传统六方管进行了比较。研究表明，多级结构能明显提高薄壁管的斜向耐撞性能，是一种高效吸能结构。从本章的研究中可得出以下值得借鉴的规律。

（1）多级薄壁结构的压溃模式非常复杂。在本章研究中，发现了六种压溃模式，包括两种轴向压溃模式（渐进式折叠和整体折叠）、一种弯曲为主的压溃模式和三种混合折叠模式。压溃模式取决于冲击角、胞元数、壁厚和管长。

（2）斜向冲击下，冲击角改变了压溃方式，由轴向压溃变为弯曲破坏，降低了多级管的耐撞性。在本章研究中，冲击角不大于 10° 时，这种降低可以忽略不计。冲击角不大于 20° 时，结构的能量吸收性能将明显降低。

（3）通过增加胞元数量，也可以有效提高多级薄壁结构的耐撞性。在轴向压溃下的混合折叠模式 I 将被混合折叠模式 II 和 III 所取代，作为弯曲模式的过渡。混合折叠的出现，往往表明薄壁管具有最大的平均压溃力和比吸能。这种现象在冲击角不大于 10° 时可以观察到。冲击角超过 20° 时，结构以弯曲变形为主，但胞元数量的增加仍会增强能量吸收。

（4）增加壁厚是提高斜向冲击结构能量吸收性能的有效方法，特别是轴向压溃为主的薄壁结构，其比吸能的改善率可能是厚度变化率的数倍。在结构以弯曲压溃为主时，改善率接近于厚度的变化率。

（5）只有在混合模式和弯曲模式下，多级六方管的压溃能量吸收性能对管件长度适度敏感。在轴向压溃模式下，多级六方管的压溃能量吸收性能对管件长度不敏感。

第 4 章　分形自相似六方管的能量吸收性能

4.1　概　述

六边形被认为是传统蜂窝结构的基本单元，而传统蜂窝作为一种典型的一级蜂窝状结构因具有良好的强度、刚度、韧性、能量吸收等优点，已被广泛应用于航空航天、包装工程等各个领域。

近年来，蜂窝结构的不断推广应用，以及上述关键领域的发展，为蜂窝材料行业提供了广阔的市场空间，对蜂窝材料的性能指标提出了更高的要求。为了改善传统单级蜂窝的力学性能，许多科学家和工程师开始广泛地从大自然中汲取灵感，建造新的蜂窝结构。受到自然界中动植物的启发，设计师提出在蜂巢结构中引入层次特征。与传统的单级蜂窝结构相比，分级蜂窝在不同结构尺寸下具有明显的结构性能。但是研究主要针对其基本力学特性，而对其能量吸收性能的研究非常有限，且极其复杂的高阶次层级蜂窝结构采用目前常规的加工方法无法制造，对试验研究的开展非常不利，研究方法局限于数值仿真。然而，对层次结构及其组成子结构的力学特性有一个成熟的认识对科学技术的发展至关重要。

本章制作了分形自相似六方管（FHT），对其进行了压缩试验，以揭示其抗压性能及其在能量吸收方面的优势，同时采用有限元法将研究扩展到试验之外，并建立了预测平均压溃力的塑性模型。

4.2　分形自相似结构

一般而言，六方管的能量吸收是由壁宽和壁厚来控制的。较宽较薄的壁会引起较长波长的折叠，降低能量吸收。两种方法可以有效地提高薄壁管的吸能能力。一种是将实芯壁改为夹芯壁，增加薄壁的抗弯刚度，缩短折叠波长。如第 2 章研究的六边形网格壁管状结构，如图 2.1 所示，将管的实芯壁替换为三角形网格芯的夹芯壁，网格芯夹芯壁大大提高了薄壁结构的能量吸收性能。另一种方法是采用分形自相似结构，获得小尺寸的胞元尺寸，减少折叠波长，如图 4.1 所示，结构节点数得到了增加。多级拓扑不仅可以使结构超轻化，而且可以改善钢管的后失效行为。如图 4.1 所示，当薄壁正六边形的每个节点都被一个小正六边形所取代时，简单六方管（ST）就变成了一个具有自相似胞元结构的分形自相似六方管（FHT）。

对于 ST，其边长为 l，厚度为 t_6。对于 FHT，较小的六边形胞元壁长度为 l_1，如图 4.1 所示。比例因子 γ，是一个重要的描述多级薄壁管的要素，它的定义是二级六边形边长 l_1 与主六边形边长 l 之比，即

$$\gamma = \frac{l_1}{l} \tag{4.1}$$

当较小的六边形胞壁的长度改变时，为了保持质量不变，壁厚 t 必须改变为

$$t = \frac{t_6}{4\gamma + 1} \tag{4.2}$$

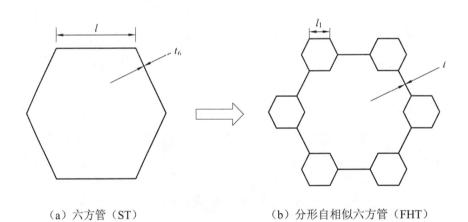

（a）六方管（ST）　　　　　　　　（b）分形自相似六方管（FHT）

图 4.1　分形自相似六方管的自相似结构

为了更好地显示失效机理，这些薄壁管的高度都设置为 100 mm。简单六方管的边长和壁厚分别为 60 mm 和 3 mm，在保持截面面积不变的情况下，由分形自相

似结构的子长度决定多级六方管的厚度，见表 4.1。从表中可看出比例因子越大，管壁越薄。

表 4.1 薄壁管的几何参数

比例因子 γ	l_1/mm	t/mm	l/mm	S/mm^2
0	0	3	60	1 080
0.1	6	2.143	60	1 080
0.15	9	1.875	60	1 080
0.2	12	1.667	60	1 080
0.25	15	1.5	60	1 080
0.3	18	1.364	60	1 080
0.35	21	1.25	60	1 080
0.4	24	1.154	60	1 080
0.45	27	1.071	60	1 080
0.5	30	1	60	1 080

采用与第 2 章相同的材料，设计、制备和测试了比例因子为 0、0.1、0.3 和 0.5 的试件各一个（分别用 T-0、T-0.1……表示），如图 4.2 所示。所有这些薄壁管都是从 Q235 低碳钢钢棒上用电火花线切割技术切割下来的，后续分析不考虑结构的缺陷问题。

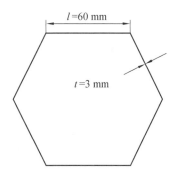

（a）T-0

图 4.2 多边形试验件

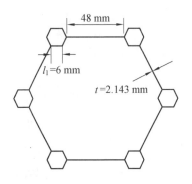 

（b）T-0.1

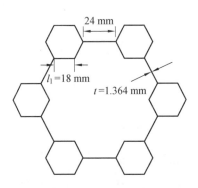 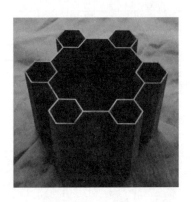

（c）T-0.3

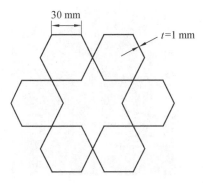 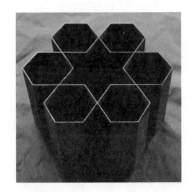

（d）T-0.5

续图 4.2

4.3　轴向压缩试验研究

以 2 mm/min 的加载速率在一台万能试验机上进行了压缩试验，位移曲线如图 4.3 所示。

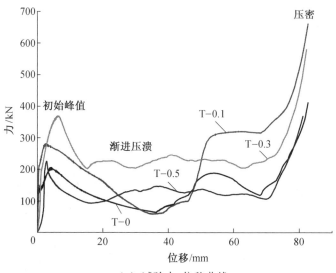

（a）试验力-位移曲线

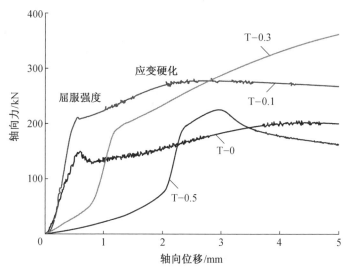

（b）应变硬化轴向力-位移曲线

图 4.3　多级六方管压溃试验曲线

从压溃平台上看，如图 4.3（a）所示，曲线分为三个等级：薄壁管 T-0 和 T-0.1 的曲线相似，处于低级；T-0.3 渐进式压溃平台振幅较小，走势稳定，处于最高的等级；T-0.5 居中。这主要是由于应变硬化，载荷不断增加到最大压溃力 P_{max}，如图 4.3（b）所示。分形自相似六方管的平均压溃力与传统六方管在达到屈服载荷 P_y 后，有很大不同。

在试验过程中，观察到与曲线变化一致的三种压溃变形，即薄壁管 T-0 和 T-0.1 的整体折叠模式、T-0.3 的混合折叠模式和 T-0.5 的子胞元折叠模式，如图 4.4 所示。其中能量吸收性能最优的是混合折叠模式。

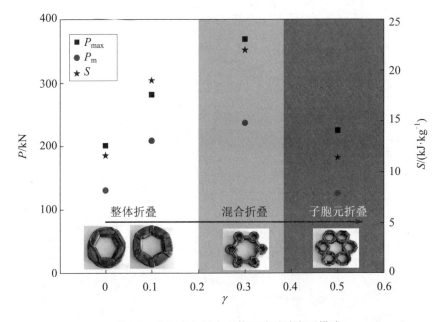

图 4.4　分形自相似六方管压溃试验变形模式

从试验结果上看，有效压溃距离 d，即力等于最大压溃力的区域，各个薄壁管略有不同。每个构件的有效压溃距离与薄壁管长度的比值κ见表 4.2。

表 4.2　分形自相似六方管压缩试验结果

试件	γ	P_y/kN	P_{max}/kN	P_m/kN	P_m/P_{max}	S/(kJ·kg^{-1})	d/mm	κ
T-0	0	147.5	201.5	131.0	0.65	11.6	74.7	0.747
T-0.1	0.1	210.9	281.6	209.2	0.74	19.0	76.5	0.765
T-0.3	0.3	195.8	369.2	237.2	0.64	22.0	78.0	0.780
T-0.5	0.5	187.7	225.2	126.0	0.65	11.4	76.5	0.765

如表 4.2 所示，当 $\gamma = 0$ 和 $\gamma = 0.5$ 时，分形自相似六方管平均压溃力分别为 131 kN 和 126 kN。当 $\gamma = 0.1$ 时，平均压溃力增加到 209.2 kN，压溃力效率 P_m/P_{max} 达到最大值 0.74。当 $\gamma = 0.3$ 时，分形自相似六方管平均压溃力达到最大值 237.2 kN，是简单六方管的平均压溃力的 1.8 倍，比吸能也达到 22.0 kJ/kg 的峰值。

4.4　数值仿真

采用数值模拟的方法研究了分形自相似六方管的抗压能力。根据试验和有限元数值模拟揭示的压溃机理，其后建立了分形自相似六方管平均压溃力的理论模型。

4.4.1　仿真模型

为了进一步研究不同多级参数下分形自相似六方管的能量吸收性能，采用基于 ABAQUS 显式编码的有限元方法进行数值模拟。在有限元模拟中，采用壳单元 S4R 对管壁进行建模。单元的数量范围从 9 000 到 27 000 个不等。将试件管置于固定的刚性平面上，将仅可沿 z 轴移动的刚性平面置于管的顶部，对试件施加 80 mm 的位移。为了防止在碰撞过程中出现单元渗透，试件本身采用自接触。试件与钢板之间采用面-面接触，摩擦系数设为 0.2，由于摩擦系数从 0.15 变化到 0.25 时，对仿真结果影响不大，本模型特设定摩擦系数为 0.2。有限元模型如图 4.5 所示。

在准静态压溃试验中，加载速率为 2 mm/min，对于数值模拟来说速度太慢、耗时太长，而显式时间积分法只能在一定条件下稳定，且时间增量必须足够小。为了节省计算时间，在模拟中加载速率相对试验要高得多，其限制条件是动能相对于内能可以忽略不计。本章所有仿真例子均施加 7 m/s 的位移载荷，整个模拟过程动能与内能之比控制在 5.0%以内，可以认为整个过程是准静态的。

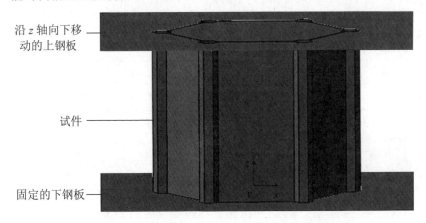

沿 z 轴向下移动的上钢板 ———

试件 ———

固定的下钢板 ———

图 4.5　分形自相似六方管有限元模型

Q235 钢材的本构关系，采用经修正的真实应力-应变，见表 2.2。

考虑到网格尺寸对仿真精度的影响，以分形自相似六方管 T-0.1（t=2.143 mm）为例，测试网格尺寸对平均压溃力和时间的影响，如图 4.6 所示。结果显示网格尺寸 2 mm 最佳。

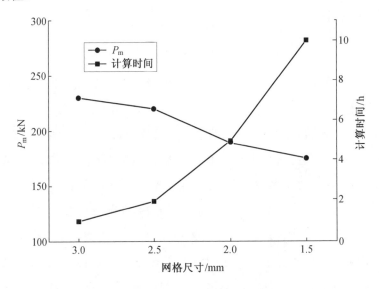

图 4.6　T-0.1 分形自相似六方管仿真网格尺寸对平均压溃力和计算时间的影响

4.4.2　仿真结果

将仿真和试验变形结果进行对照，如图 4.7～4.10 所示。共有三种压溃模式：子胞元折叠模式、混合折叠模式和整体折叠模式。

当 $\gamma = 0$ 和 $\gamma = 0.1$ 时，薄壁管明显在整体折叠模式下被压溃，如图 4.7 和图 4.8 所示。可以看出比例因子为 0.1 时，分形自相似六方管的胞元过于狭小，无法展开角单元，胞元像被黏在一起一样，发生与简单六方管胞元一样的变形方式。

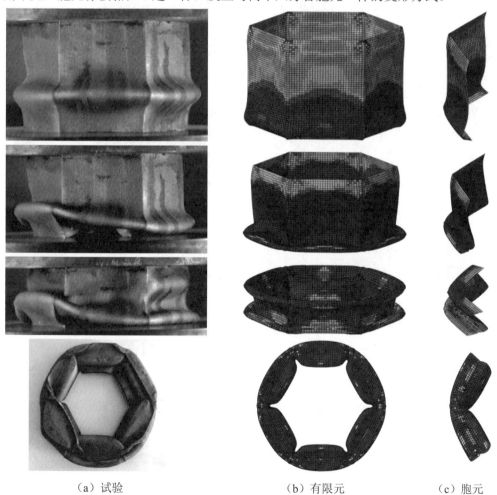

（a）试验　　　　　　　　（b）有限元　　　　　（c）胞元

图4.7　简单六方管的压溃模式

（a）试验　　　　　　　　　　（b）有限元　　　　　　（c）胞元

图 4.8　分形自相似六方管（$\gamma = 0.1$）的压溃模式

当 $\gamma = 0.3$ 时，最初的结构压溃是一层一层的，呈现子胞元折叠特征，随后胞元和表皮一起发生整体折叠，这是典型的混合折叠模式，如图 4.9 所示。

当 $\gamma = 0.5$ 时，模式变为子胞元折叠。明显看出六边形胞元和整体都产生了一层一层的折叠叶瓣，结构变形部分波长短，角单元完全舒展，有效地提高了压溃性能，如图 4.10 所示。

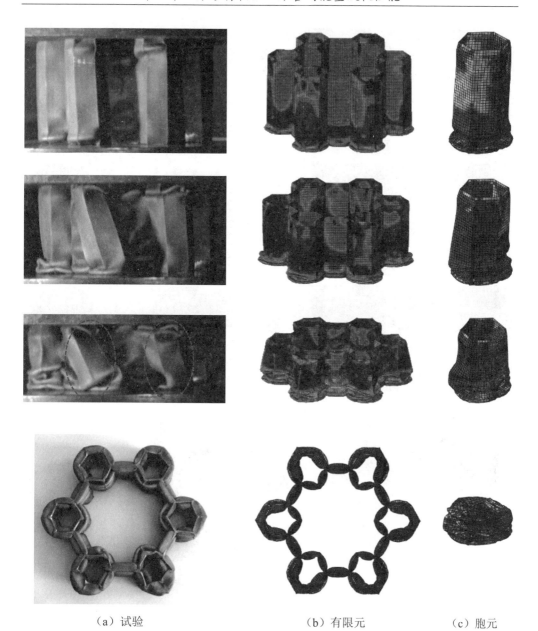

<table>
<tr><td>（a）试验</td><td>（b）有限元</td><td>（c）胞元</td></tr>
</table>

图 4.9　分形自相似六方管（$\gamma = 0.3$）的压溃模式

(a) 试验　　　　　　　　　　(b) 有限元　　　　　(c) 胞元

图 4.10　分形自相似六方管（$\gamma = 0.5$）的压溃模式

从图 4.11 分形自相似六方管仿真和试验走势对比图可以看出，有限元法能较好地再现试验结果，其准确性在曲线一致性中得到了验证，只有 T-0 和 T-0.3 的最大压溃力的误差略大。薄壁管平均压溃力的试验和仿真非常接近，见表 4.3。

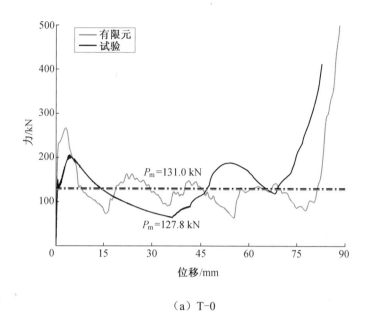

（a）T-0

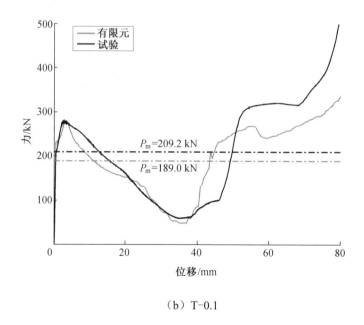

（b）T-0.1

图 4.11　分形自相似六方管仿真和试验走势对比图

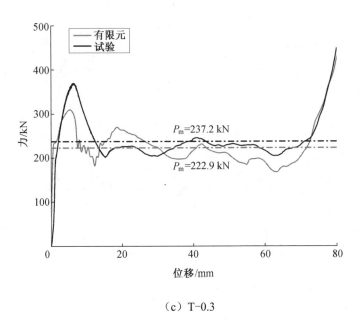

（c）T-0.3

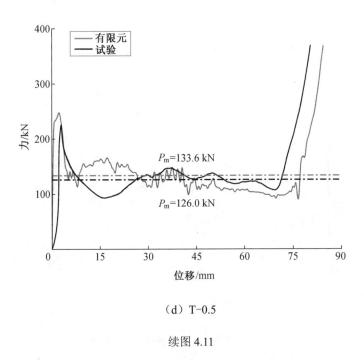

（d）T-0.5

续图 4.11

表 4.3　仿真与试验数据结果对比

薄壁管	平均压溃力/kN		
	仿真	试验	误差/%
T-0	127.8	131.0	-2.5
T-0.1	189.0	209.2	-10.7
T-0.3	222.9	237.2	-6.4
T-0.5	133.6	126.0	5.6

利用有限元法可以将比例因子 γ 扩展到其他情况下，如图 4.12 所示。在图 4.12（b）中，当 γ =0.3 时，薄壁管具有最大的最大压溃力，以及最大的平均压溃力。T-0.3 是这些六方管中最理想的能量吸收器。

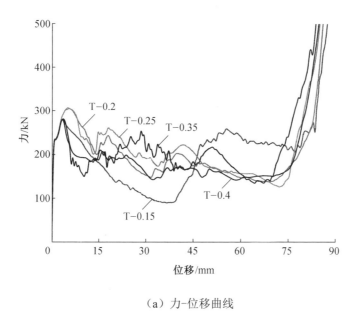

（a）力-位移曲线

图 4.12　有限元法模拟分形自相似六方管的压溃行为

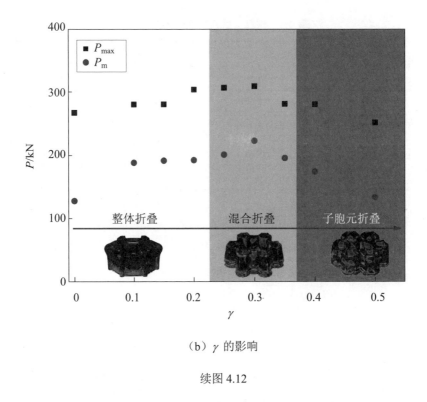

（b）γ 的影响

续图 4.12

4.5 理论分析

4.5.1 子胞元折叠

基于 SSFE 理论，基本的折叠元素是由拉伸单元和固定铰链线组成，按照能量守恒有

$$2HP_{\mathrm{m}}\kappa = E_{\mathrm{b}} + E_{\mathrm{m}} \tag{4.3}$$

式中，H 表示折叠半波长；E_{b} 表示每块板的弯曲能，等于塑性弯曲铰链吸收的能量之和，如图 4.13 所示，即

$$E_{\mathrm{b}} = \sum_{i=1}^{4} \theta_i M_0 L = \frac{1}{2}\pi\sigma_0 tS \tag{4.4}$$

其中，θ_i 是每个弯曲铰链的转动角度，假定管壁被完全折叠，则塑性铰链转动之和 $\theta = \sum_{i=1}^{4} \theta_i = 2\pi$；$M_0 = \dfrac{\sigma_0 t^2}{4}$ 是完全塑性弯矩；L 是塑性铰链的总长；t 是薄壁管的壁厚；S 是实心壁的横截面面积，即 $S = Lt$。

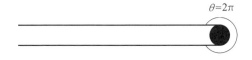

图 4.13　塑性铰链旋转角

对于分形自相似六方管，膜能量 E_m 的角单元计算可分为三类，如图 4.14 所示。

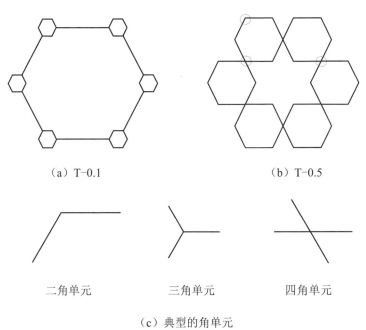

（a）T-0.1　　　　　　　　　（b）T-0.5

二角单元　　　　　三角单元　　　　　四角单元

（c）典型的角单元

图 4.14　分形自相似六方管的横截面几何形状和典型的角单元

基于 SSFE 理论，许多科研人员对各种不同的角膜能量给出了自己的解析，其中 Zhang 等人认为结构单元的膜能量应该随着单元尺寸的变化，包括宽度、厚度和中心角的变化而变化，由构成要素建立的角单元如图 4.15 所示。

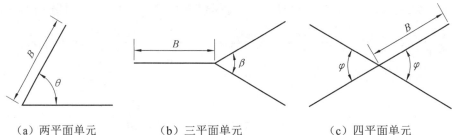

（a）两平面单元　　　（b）三平面单元　　　（c）四平面单元

图 4.15　角单元构成要素

这些角单元在一倍波长 $2H$ 内的压缩膜能量可以分别表示为

$$E_2(\theta) = \frac{2M_0H^2}{t} \frac{\tan\dfrac{\theta}{2}}{0.082\left(\dfrac{B}{t}\right)^{0.6}\left(\tan\dfrac{\theta}{2} + \dfrac{0.06}{\tan\dfrac{\theta}{2}}\right)} \tag{4.5}$$

$$E_3(\beta) = \frac{2M_0H^2}{t} \frac{\left(\dfrac{20}{1.2}\right)^{0.6}\left(4\tan\dfrac{\beta}{4} + 2\sin\dfrac{\beta}{2} + 3\sin\beta\right)}{\left(\dfrac{B}{t}\right)^{0.6}} \tag{4.6}$$

$$E_4(\varphi) = \frac{8M_0H^2}{t}\left(\tan\dfrac{\varphi}{2} + \dfrac{4}{\left(\dfrac{B}{t}\right)^{0.5}\cos\dfrac{\varphi}{2}}\right) \tag{4.7}$$

将分形自相似六方管的三种角单元 $\theta = 120°$、$\beta = 120°$ 和 $\varphi = 60°$ 代入式（4.5）～（4.7）可得

$$E_2(120°) = \frac{23.0M_0H^2}{t}\frac{1}{\left(\dfrac{B}{t}\right)^{0.6}} = \frac{5.75\sigma_0 tH^2}{\left(\dfrac{B}{t}\right)^{0.6}} \tag{4.8}$$

$$E_3(120°) = \frac{71.83M_0H^2}{t}\frac{1}{\left(\dfrac{B}{t}\right)^{0.6}} = \frac{17.96\sigma_0 tH^2}{\left(\dfrac{B}{t}\right)^{0.6}} \tag{4.9}$$

$$E_4(60°) = \frac{41.57 M_0 H^2}{t} \frac{1}{\left(\dfrac{B}{t}\right)^{0.5}} = \frac{10.39 \sigma_0 t H^2}{\left(\dfrac{B}{t}\right)^{0.5}} \tag{4.10}$$

膜变形耗散的总能量等于所有角单元个数之和，可表示为

$$E_m = n_2 E_2 + n_3 E_3 + n_4 E_4 \tag{4.11}$$

式中，n_i 表示 i 平面元素的个数。

将式（4.4）和式（4.11）代入式（4.3）可得分形自相似六边形各构件的平均压溃力。对于 T-0 薄壁管：

$$P_m^p = \frac{E_b + E_m}{2H\kappa} = \frac{\dfrac{1}{2}\pi\sigma_0 tS + 6E_2}{2H\kappa} \tag{4.12}$$

若 $\gamma > 0$，平均压溃力可由下式计算：

$$P_m^L = \frac{E_b + E_m}{2H\kappa} = \frac{\dfrac{1}{2}\pi\sigma_0 tS + 24E_2 + 12E_3 + 6E_4}{2H\kappa} \tag{4.13}$$

在一个角单元中每个板的宽度 B 可能有所不同，在这种情况下，板的宽度取平均值。

对于分形自相似六方管的计算，还可以采用有限元数学建模的方法，这种方法在第 2 章中已被成功应用。

对于二平面单元，如图 2.12（a）所示，膜能量是由两个被拉伸的三角形组成：

$$E_m^{2p} = \sum_{i=1}^{2} \Delta S_i t_i \sigma_0 = \sqrt{3} H^2 t \sigma_0 \tag{4.14}$$

对于三平面单元，如图 4.16（a）所示：

$$E_m^{3p} = \sum_{i=1}^{3} \Delta S_i t_i \sigma_0 = 3\sqrt{3} H^2 t \sigma_0 \tag{4.15}$$

对于四平面单元，如图 4.16（b）所示：

$$E_m^{4p} = \sum_{i=1}^{4} \Delta S_i t_i \sigma_0 = 4\sqrt{3}H^2 t \sigma_0 \qquad (4.16)$$

式中，E_m^{2p}、E_m^{3p} 和 E_m^{4p} 分别表示两平面单元、三平面单元和四平面单元的膜能量。

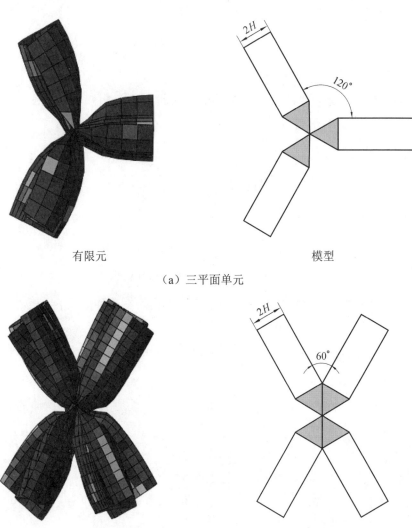

（a）三平面单元

（b）四平面单元

图 4.16　多边形角单元的塑性模型

将所得膜能量与塑性铰链弯曲能代入式（4.3），可得薄壁结构平均压溃力计算公式：$\gamma = 0$ 时，MCF 由式（2.11）给出；$\gamma > 0$ 时，MCF 可由下式给出，即

$$P_\mathrm{m}^\mathrm{L} = \frac{\frac{1}{2}\pi\sigma_0 tS + 24E_\mathrm{m}^{2\mathrm{p}} + 12E_\mathrm{m}^{3\mathrm{p}} + 6E_\mathrm{m}^{4\mathrm{p}}}{2H\kappa} \tag{4.17}$$

根据 $\dfrac{\partial P_\mathrm{m}^\mathrm{p}}{\partial H} = 0$ 和表 4.2 中给出的 κ，可得出薄壁管平均压溃力，见表 4.4。

表 4.4　平均压溃力的两种理论与仿真对比

γ	有限元/kN	本章理论/kN	误差/%	Zhang 的理论（文献[40]）/kN	误差/%	有限元变形模式
0	127.8	133	-4.06	98.9	22.61	整体折叠
0.1	189	294	-55.55	348	-84.12	整体折叠
0.15	191.6	262.3	-36.89	264.8	-38.20	整体折叠
0.2	192.5	233.3	-21.19	218	-13.24	整体折叠
0.25	201.1	209.9	-4.37	184	8.50	混合折叠
0.3	222.9	183.5	17.67	153	31.35	混合折叠
0.35	195.8	174.9	10.67	140	28.49	混合折叠
0.4	174.5	161.5	7.44	123.9	28.99	子胞元折叠
0.45	158.9	149.9	5.66	117.9	25.80	子胞元折叠
0.5	133.6	122.7	8.15	75.8	43.26	子胞元折叠

采用上述两种理论预测方法，分别计算各种比例因子下的分形自相似六方管的平均压溃力，如图 4.17 所示。可以看出，对于分形自相似六方管，理论上随着比例因子的增大，两种方法所预测的平均压溃力走势均逐渐降低。

结合表 4.4 所示，一级六方管即 $\gamma = 0$ 时，Zhang 的理论误差为 22.61%；当 $0 < \gamma \leqslant 0.35$ 时，两种理论方法误差均较大，分别达到 55.55% 和 84.12%；当 $0.4 < \gamma \leqslant 0.5$ 时，误差值开始降低，最大误差值分别为 7.44% 和 43.26%。这主要是因为薄壁管在轴向压溃下的变形模式发生了变化，而计算公式仅适用于子胞元折叠模式，导致整体折叠和混合折叠下，平均压溃力的预测误差较大。将两种方法与试验结果进行对比，发现本章采用的理论预测法更加接近于测试结果。

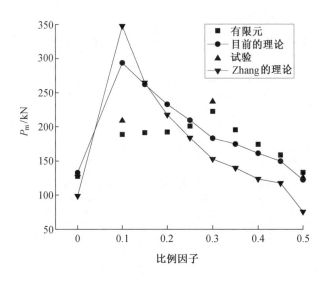

图 4.17 两种理论方法的对比

4.5.2 整体折叠

当 γ 相对较小时，胞元夹芯和蒙皮似乎粘在一起发生整体弯曲变形，如图 4.8 和图 4.9 所示。此时，假设整体折叠模式的波长等于管的长度，即 $h=100$ mm。能量吸收包括蒙皮和夹芯壁两部分。

外蒙皮吸收的能量 E_{sk} 如图 4.18 所示，由塑性铰链弯曲能和膜能量组成，并由下式可得：

$$E_{sk} = 0.5\pi\sigma_0 tS + 6\pi\sigma_0 tl(1-2\gamma) \tag{4.18}$$

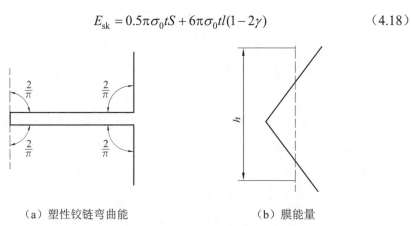

（a）塑性铰链弯曲能　　　　　　　（b）膜能量

图 4.18 分形自相似六方管整体折叠塑性模型

对于单个子胞元，一部分能量被子胞元弯曲以及随蒙皮旋转所吸收，即 E_{sa}^1，如图 4.19（a）所示：

$$E_{sa}^1 = \sigma_0 t \cdot 2l_1\pi \cdot d_1 + \sigma_0 t \cdot 4l_1\pi \cdot d_2 = 7\sigma_0 t\pi l_1^2 \tag{4.19}$$

在试验观察中发现，如图 4.19（b）所示，子胞元最终被折叠到虚线的位置，则另一部分能量是由子胞元角单元所消耗的，即 E_{sa}^2，在图 4.19（c）中，阴影部分的面积表示角单元在轴向压溃力作用下的拉伸或压缩的面积，则

$$E_{sa}^2 = \frac{\sqrt{3}}{4} \cdot \left(\frac{h}{2}\right)^2 \sigma_0 t + \frac{\sqrt{3}}{4} \cdot \left(2l_1 - \frac{h}{2}\right)^2 \sigma_0 t \tag{4.20}$$

式中，$d_1 = \dfrac{l_1}{2}$ 和 $d_2 = \dfrac{3l_1}{2}$ 表示从胞元顶角到蒙皮的距离。结合式（4.18）～（4.20），可得整体折叠的平均压溃力 P_m^O：

$$P_m^O = \frac{0.5\pi\sigma_0 tS + 6\pi\sigma_0 tl(1 - 2\gamma) + 42\sigma_0 t\pi l_1^2 + 6\sqrt{3} \cdot \sigma_0 t\left(2l_1^2 - l_1 h + \dfrac{h^2}{4}\right)}{h\kappa} \tag{4.21}$$

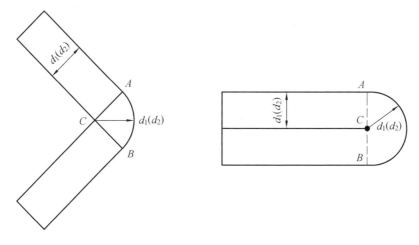

（a）子胞元的转动

图 4.19　分形自相似六方管胞元折叠的塑性模型

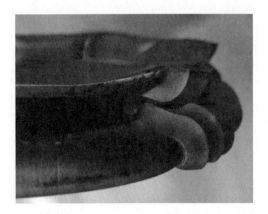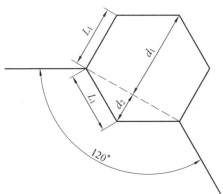

（b）子胞元在试验中的变形

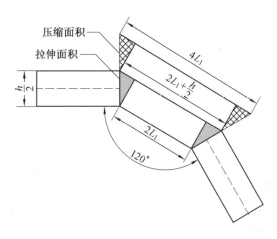

（c）角单元的拉伸

续图 4.19

4.5.3　混合折叠

混合折叠是由子胞元折叠向整体折叠过渡的一种模式。平均压溃力的计算公式为

$$P_\mathrm{m}^\mathrm{M} = xP_\mathrm{m}^\mathrm{L} + (1-x)P_\mathrm{m}^\mathrm{O} \qquad (4.22)$$

式中，$x = \dfrac{n}{6}$ 且 n=1, 2, 3, 4, 5，表示子胞元折叠时被压溃的边数。

由此，理论推出分形自相似六方管在三种变形模式下的平均压溃力，见表 4.5，与试验结果对比，所有薄壁管的误差均在可接受的范围。薄壁管 T-0.3 有最大的平均压溃力，此时薄壁管的失效模式是混合折叠，根据式（4.20），当 $x = \dfrac{2}{6}$ 时，即薄壁管的两边是子胞元折叠模式，其他边是整体折叠模式。在试验过程中也观察到了这种现象，如图 4.9 所示虚线圆圈部分。

表 4.5　理论预测和试验平均压溃力之间的比较

试件	理论/kN	试验/kN	误差/%	失效模式
T-0	133.2	131	1.7	整体折叠
T-0.1	195	209.2	−7.2	整体折叠
T-0.3	232.8	237.2	−1.9	混合折叠
T-0.5	122.7	126	−2.7	子胞元折叠

如图 4.20（a）所示，整体折叠模式下平均压溃力的预测随着比例因子的增大而逐渐增大，与子胞元折叠模式下的预测趋势相反。有限元值在比例因子 0.3 附近时，偏离预测曲线的位置较远，此时结构处于两种折叠模式下的过渡模式，即混合折叠。

混合折叠模式下平均压溃力的预测如图 4.20（b）所示，对于 FHTT-0.3，混合折叠模型的预测误差在 −1.9% 以内。随着 γ 的增加，T-γ 薄壁管会在整体折叠（γ<0.25）、混合折叠（0.25≤γ≤0.4）和子胞元折叠（γ>0.4）处被压溃。

三种压溃模式下，理论预测分形自相似六方管 FHTT-γ 的平均压溃力与有限元法和试验结果一致，表明该模型成功地捕获了 FHTT 的压溃机理。

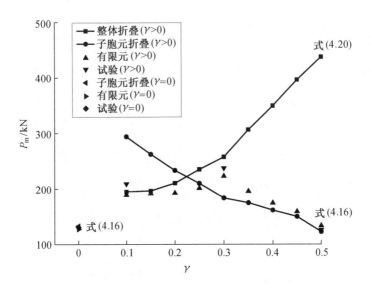

（a）整体折叠模型和子胞元折叠模型

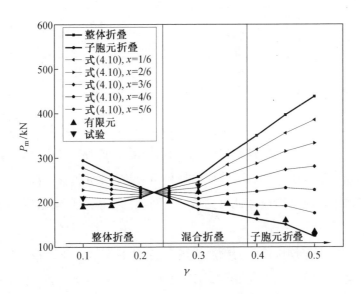

（b）混合折叠模型

图 4.20　分形自相似六方管理论预测平均压溃力

4.6　本章小结

本章将分形自相似结构引入六方管，设计制备多级六方吸能结构。试验研究表明，分形自相似结构可以显著减小塑性折叠结构的波长，有效提高薄壁管的平均压溃力和比吸能，提高结构吸能效率。在试验中，分形自相似六方管的平均压溃力和比吸能达到了传统六方管的两倍。

对于分形自相似六方管，在研究试验中发现三种典型折叠模式，包括整体折叠、混合折叠和子胞元折叠，其中子胞元折叠模式大大提高了平均压溃力。在本章研究中，当分形自相似六方管的比例因子 $\gamma = 0.3$ 时得到最大的平均压溃力，此时，结构正处于从子胞元折叠到整体折叠的过渡模式。针对这三种折叠模式建立了相应的塑性模型，准确地预测了结构的平均压溃力。理论分析同时反映了折叠方式由子胞元折叠向整体折叠的转变。

第5章 多级正六边形锥形薄壁管的能量吸收性能

5.1 概　述

安全和轻量化是当今交通工具设计的趋势。薄壁管是防止碰撞的基本能量吸收元件，在设计吸能元件时，通常要求高吸能和低峰值。Mamalis 和 Johnson 等人研究了锥形薄壁构件的压溃行为。Singace 等人对于锥形构件端部对压溃模式的影响进行了深入探讨。Alghamdi 等人研究了锥形铝管的压溃变形。Mamalis 等人采用有限元法模拟薄壁锥体的压溃过程。Nagel 等人比较了斜向压溃力作用下直管和锥形薄壁管的能量吸收。这些研究均表明，锥度能有效地降低最大压溃力，提高比能吸收。但是对于多级锥形薄壁管的研究十分有限，本章将锥形和多级正六边形相结合，采用有限元法设计出多级正六边形锥形薄壁管（HHTT），提出了一种较为准确的预测平均压溃力的解析方法，讨论了壁厚、锥角和胞元数对能量吸收的影响。

5.2 多级正六边形锥形薄壁管

根据六方管（HT）和锥形薄壁管（TT）的特点，设计了多级正六边形锥形薄壁管，如图 5.1 所示。六方管的实芯壁被三角形网格构成的夹芯壁所取代，圆锥形结构的整体高度为 100 mm，管顶外侧长度保持 60 mm 不变，圆锥底外侧的长度取决于锥角 α。多级正六边形锥形薄壁管的每一条边被分为 N 等段（HT-N-α），即每边有 $2N$-1 个等边三角形胞元。

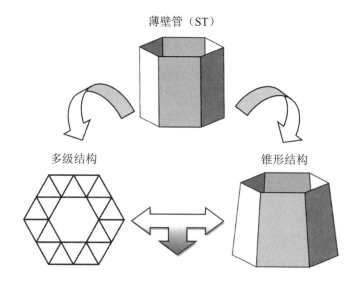

（a）多级正六边锥形薄壁管的演变

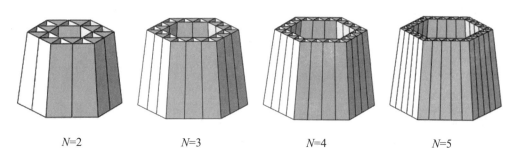

（b）HT-N-α 结构随边壁分段 N 的变化

图 5.1　多级正六边形锥形薄壁管

5.3　理论分析

虽然市面上已有大量的有限元软件用于模拟薄壁管的压溃行为，但理论分析模型的作用是不可替代的。理论解析式无须昂贵的数值分析和试验分析，即可直接计算结构的耐撞强度，对耐撞性设计具有重要的指导意义。

多级正六边形锥形薄壁管的平均压溃力分析需要三个步骤。首先，将多级锥形薄壁管分成若干段。然后，由 SSFE 理论推导出每段多级管的平均压溃力。最后，基于等效分段薄壁管理论，将所有多级管段的变化压溃力平均得到整体的平均压溃力。Mahmoodi 等人和 Mirfendereski 等人成功地将这种方法应用于方锥形薄壁管的理论预测中。

根据等效分段薄壁管的概念，将锥形薄壁管简化为等效直管。图 5.2（a）为子胞元折叠模式下简单正六边形锥形薄壁管的计算图。因此，每个截面的横截面宽度可由下式求出：

$$L_i = L_{i-1} + 2(H_{i-1} + H_i)\tan\alpha \tag{5.1}$$

式中，L_{i-1} 表示前段横截面的边长；H_i 和 H_{i-1} 表示在完全折叠的情况下每一段 i 和前一段 $i-1$ 的压溃波长的一半；α 表示锥角。因此，锥形薄壁结构的平均压溃力理论描述如下：

$$P_{\mathrm{m}}^{\mathrm{P}} = \frac{\sum_{i=1}^{j} P_{\mathrm{m}i}^{\mathrm{P}}}{j} \tag{5.2}$$

式中，$P_{\mathrm{m}i}^{\mathrm{P}}$ 表示第 i 等效分段简单管的平均压溃力；j 表示结构中完整折叠的数量。

对于第 i 段多级正六边形锥形薄壁管的折叠高度 H_i 和平均压溃力 $P_{\mathrm{m}i}^{\mathrm{P}}$ 的计算方法，仍采用 SSFE 理论的有限元法，具体推导过程可参见第 2 章。

将子胞元折叠模式下的一级、二级多级薄壁管的平均压溃力式（2.11）和式（2.12）合并，则多级管的平均压溃力计算如下：

$$P_{\mathrm{m}}^{\mathrm{p}} = \frac{E_{\mathrm{b}} + E_{\mathrm{m}}}{2H\kappa} = \frac{1}{2H\kappa}\left[\frac{1}{2}\pi\sigma_0 tS + 6E_{\mathrm{m}}^{2\mathrm{p}} + 6E_{\mathrm{m}}^{3\mathrm{p}} + 6(2N-3)E_{\mathrm{m}}^{4\mathrm{p}} + 6E_{\mathrm{m}}^{5\mathrm{p}}\right] \tag{5.3}$$

其中

$$E_{\mathrm{m}}^{k\mathrm{p}} = \begin{cases} \mathrm{ST}: \sqrt{3}H^2 t\sigma_0 & k=2 \\ \mathrm{HT}: k\sqrt{3}H^2 t\sigma_0 & k>2 \end{cases} \tag{5.4}$$

式中，σ_0 表示塑性应力，可以近似认为是屈服应力和极限应力的平均值；t 表示薄壁板的厚度；S 表示钢材实心壁的横截面面积，$S = Lt$，L 是塑性铰链的总长；k 表示角单元的平面数量。

按照能量最小化的原则：

$$\frac{\partial P_{\mathrm{m}}^{\mathrm{p}}}{\partial H} = 0 \tag{5.5}$$

由此，可求出每一等效段薄壁管的 H_i 和 $P_{\mathrm{m}i}^{\mathrm{p}}$：

$$H_i = \frac{0.194\sqrt{L_i t_i}}{\sqrt{2N_i - 1}} \tag{5.6}$$

$$P_{\mathrm{m}i}^{\mathrm{p}} = \frac{2.57\pi t_i \sigma_0 \sqrt{L_i t_i}\,(1.96N_i - 0.94)}{\kappa\sqrt{2N_i - 1}} \tag{5.7}$$

式中，t_i、L_i 和 N_i 分别表示第 i 个等效截面简单管的壁厚、截面周长和胞元数。根据式（5.6）和图 5.2（a）可得 j 的值：

$$2\sum_{i=1}^{j} H_i = h \tag{5.8}$$

式中，h 为薄壁管总高度。

在本章研究中，薄壁管的长度为 100 mm。壁厚和每段的胞元数量是不变的。因此，将式（5.8）和式（5.7）代入式（5.2），可得多级锥形薄壁管胞元折叠的平均压溃力解析表达式：

$$P_{\mathrm{m}}^{\mathrm{p}} = \frac{0.01\pi t^2 \sigma_0 (1.96N - 0.94)\sum\limits_{i=1}^{j} L_i}{\kappa(2N - 1)} \tag{5.9}$$

结果表明，与直管不同，圆锥管的平均压溃力随周长的变化而变化，并非一个常数。第一次折叠首先是从圆锥的周长最小处即顶部开始，随后，褶皱延伸到邻近的区域。锥形薄壁管横截面周长的增加将使平均压溃力增大。

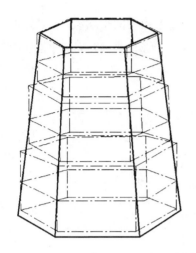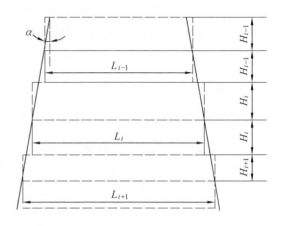

（a）正六边形锥形薄壁管的子胞元折叠模型

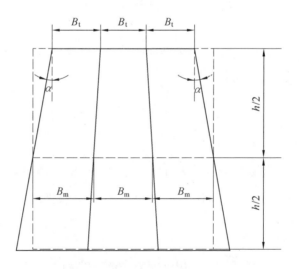

（b）正六边形锥形薄壁管的整体折叠模型

图 5.2　正六边形锥形薄壁管的计算图

在整体折叠变形下，多级正六边形锥形薄壁管的塑性模型如图 5.2（b）所示。假设在只有一个折叠的情况下，锥形薄壁管等效为一个直壁管，则锥管的平均压溃力 P_m^G 可以认为是个常数值，由式（2.24）可得

$$P_{\mathrm{m}}^{\mathrm{G}} = \frac{E_{\mathrm{sk}} + E_{\mathrm{sa}}}{h\kappa} = \frac{1}{h\kappa}(3\sqrt{3}h^2\sigma_0 t + 6N\pi\sigma_0 t^2 B_{\mathrm{m}} + 9\sqrt{3}NB_{\mathrm{m}}^2\pi\sigma_0 t - 3\sqrt{3}B_{\mathrm{m}}^2\pi\sigma_0 t) \quad (5.10)$$

式中，B_{m} 表示 $\dfrac{1}{2}$ 处胞元的边长，且

$$B_{\mathrm{m}} = B_{\mathrm{t}} + \frac{H}{N}\cdot\tan\alpha \quad (5.11)$$

其中，B_{t} 表示锥顶处胞元的边长。

对于混合折叠模式，仍然采用式（2.25）的计算方法，但须将 $P_{\mathrm{m}}^{\mathrm{P}}$、$P_{\mathrm{m}}^{\mathrm{G}}$ 代换成式（5.9）和式（5.10），则

$$P_{\mathrm{m}}^{\mathrm{M}} = xP_{\mathrm{m}}^{\mathrm{P}} + (1-x)P_{\mathrm{m}}^{\mathrm{G}} \quad (5.12)$$

式中，$x = \dfrac{n}{6}$ 且 $n=1, 2, 3, 4, 5$，表示以子胞元变形模式压溃的边数。

5.4　仿真模拟

5.4.1　有限元模型

ABAQUS/Explicit 用于执行多级正六边形锥形薄壁管的有限元仿真。整个薄壁管体结构采用适合大变形的 S4R 壳单元（四个节点的四边形单元）进行建模，如图 5.3 所示。

图 5.3　简单多级正六边形锥形薄壁管有限元模型

　　试件被放置在两块刚性板之间，锥形薄壁管的最大圆周的底边固定于下刚性板上，上刚性板在 0.01 s 内向下位移 80 mm。采用自接触法对薄壁管与刚性板的压缩过程进行了数值模拟，并考虑了接触表面间 0.2 的摩擦效应。

　　为了避免沙漏问题，保证计算过程中系统的人工能量不增加，测试了各模型系统的动能、内能、塑性耗散能和人工应变能，选取 HT-5-0，计算加载过程中系统能量的变化，如图 5.4 所示。从图中可以看出，人工应变能始终小于 5% 的系统内能，沙漏变形得到了很好的抑制。另外，从图中还可以看出，在这一加载变形的过程中，动能逐渐趋近于零，而塑性耗散能达到最大值，可以认为整个系统始终处于准静态。

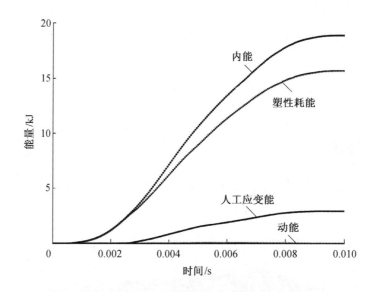

图 5.4　HT-5-0 在轴向压溃下的能量变化趋势

　　Q235 热轧低碳钢具有良好的吸能强度和延性，线切割工艺成熟，便于生产加工，本章选取钢材的力学特性见表 5.1。材料的机械拉伸应力-应变曲线如图 2.3 所示。在仿真模拟中不考虑钢材的应变率效应和结构缺陷。

表 5.1　试件材料属性

性质	符号	值
弹性模量/GPa	E	210
屈服应力/MPa	σ_y	206
极限强度/MPa	σ_u	294
塑性应力/MPa	σ_0	250
泊松比	v	0.25

对于锥形薄壁管，大的锥角和厚壁会引起整体变形，不利于吸收能量。因此，本章选取了应用最广泛的锥角 0°～6°。与汽车行业标准一致，薄壁金属薄板的厚度一般在 1～2 mm 之间。锥形薄壁管尺寸见表 5.2。

表 5.2　锥形薄壁管尺寸

薄壁管		边壁胞元数 N	锥角 α /（°）	壁厚 t /mm	管长 h /mm	实心壁横截面面积 S /mm²
直管	ST	1	0	3	100	1 080
	HT-4	4	0	0.857	100	1 080
	HT-5	5	0	0.833	100	1 080
锥管	HHTT	2、3、4、5	0、2、4、6	0.755～2	100	1 080

5.4.2　数值模型的验证

为了验证有限元分析结果，对比第 2 章的压缩试验结果如图 5.5 所示。试验结果表明，抗压溃距离约为 70 mm，即在本章研究中取 $\kappa = 0.7$ 即可显示出结构吸能的所有特征。在图 5.5（a）中，多级锥形薄壁管 ST 的试验计算值为 131.7 kN，数值计算值为 140.7 kN，理论计算值为 142.4 kN，误差小于 8.12%。

由图 5.5（b）可知，经试验、仿真和理论计算得到的 HT-4 的平均压溃力分别为 269.1 kN、238.2 kN 和 273.9 kN，三者之间的误差不超过 14.9%。

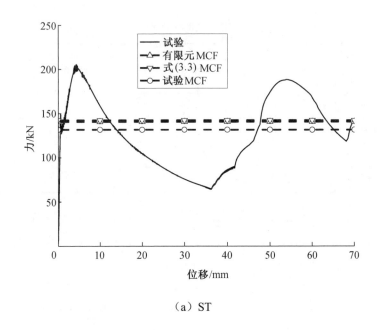

（a）ST

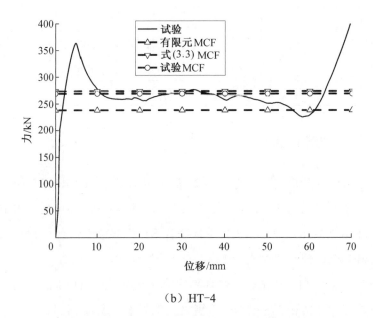

（b）HT-4

图 5.5　多级正六边形锥形薄壁管压溃行为的有限元和理论的验证

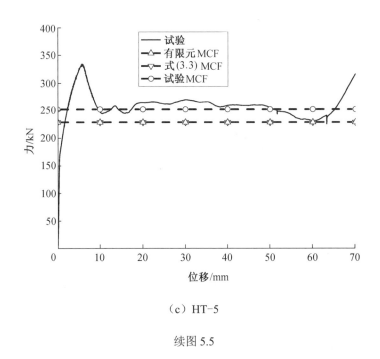

（c）HT-5

续图 5.5

而对于 HT-5，如图 5.5（c）所示，试验、仿真和理论计算得到的平均压溃力分别为 257.5 kN、228.7 kN、252.1 kN，三者之间的误差不超过 12.6%。所测简单六方管（ST）和多级六方管（HT）的平均压溃力理论预测与有限元及试验结果吻合较好，表明所建模型成功地描述了多级锥形薄壁管的压溃机理，模型的有效性得到了验证。

此外，为了确定合适的网格尺寸（边长），选择较为复杂的 HT-5-6 进行数值模拟，如图 5.6（a）所示，对其能量吸收性能作为网格尺寸变化的函数进行分析，如图 5.6（b）所示。可以看出，随着网格尺寸的减小，平均压溃力趋于收敛，网格尺寸从 2 mm 到 1.5 mm 平均压溃力仅减少了 1.1%，但同时使用时间增加了近 3 倍。

（a）薄壁管 HT-5-6 有限元模型（t=0.755 mm）

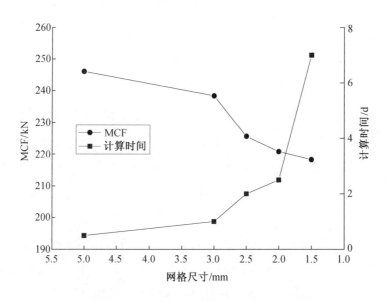

（b）网格尺寸对仿真结果和计算时间的影响

图 5.6　网格尺寸对能量吸收性能的影响

5.5　讨　论

5.5.1　理论分析与数值模拟的比较

根据上述仿真方法，可以得到多级锥形薄壁管的轴向压溃变形图，如图 5.7 所示。所有多级锥形薄壁管的变形首先从周长最小端开始，此时的截面抗力最小，接下来随着顶层载荷力的加大，薄壁管发生压溃变形，受壁厚、锥角和胞元数的影响，薄壁管发生了三种变形模式。

如图 5.7（a）所示的 HT-2-4，其壁厚为 0.936 mm，有两个胞元且锥角为 4°。在轴向压溃下，薄壁管发生一层一层的子胞元折叠模式，每一个胞元都被完全展开，变形平缓，较多的角单元有利于结构能量吸收性能的提升。如图 5.7（b）所示的薄壁管 HT-5-2，有 5 个胞元，锥角为 2°，壁厚为 0.806 mm。此时，由于结构的角单元达到了个数与耗散能量的最佳值，结构的耐撞性能也达到了顶峰。同时，较薄的壁厚导致结构最终发生沿水平面成 30° 的剪切破坏，这种现象在第 2 章的多级正六边形结构试验中也曾观察到。图 5.7（c）为壁厚 1.17 mm、5 个胞元、锥角 4° 的 HT-5-4 薄壁管。较多的胞元数量导致角单元无法完全展开，夹芯壁和外蒙皮像一个实心壁一样共同挤压变形，最终发生整体折叠变形。

（a）HT-2-4 子胞元折叠模式

图 5.7　多级锥形薄壁管的轴向压溃变形图

（b）HT-5-2 混合折叠模式

（c）HT-5-4 整体折叠模式

续图 5.7

从图 5.8 所示的力-位移曲线上可以看出，多级结构具有平稳的吸能平台。由于没有产生应力硬化，子胞元折叠模式下的 HT-2-4 最大压溃力较小，吸能平台较低。另外，将平均压溃力的理论值与有限元值进行对比，子胞元折叠的 HT-2-4 压溃力平均值分别为 149.1 kN 和 136.4 kN，误差为 9.3%。HT-5-2 薄壁管平均压溃力的仿真结果为 240.6 kN，用子胞元折叠模型和整体折叠模型预测的平均压溃力分别为 225.7 kN 和 258.4 kN。假设按 $x = \frac{3}{6}$ 代入式（5.12），则误差仅为 0.6%。对于 HT-5-4，由整体折叠得到的仿真平均压溃力和理论值分别为 383.9 kN 和 394.6 kN，误差为 2.8%。虽然此时该管具有较高的平均压溃力，但同时较高的最大压溃力将会对人员造成更严重的伤害，此时这种管不再适用于吸能。

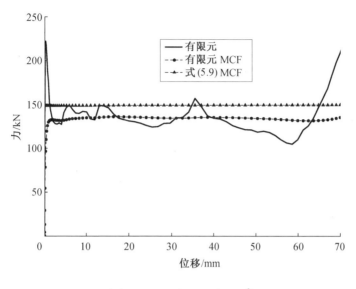

（a）HT-2-4（$S = 1\,080\ \text{mm}^2$）

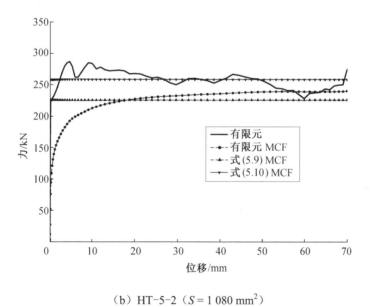

（b）HT-5-2（$S = 1\,080\ \text{mm}^2$）

图 5.8　力-位移结果和平均压溃力的理论预测与有限元法的比较

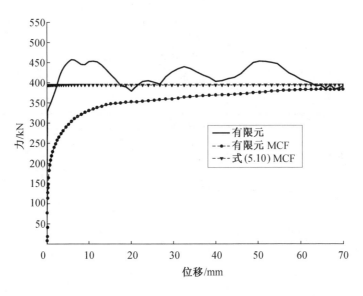

（c）HT-5-4（S=1 620 mm^2）

续图 5.8

选取壁厚均为 1 mm 的多级锥形薄壁管，平均压溃力的仿真值与理论预测值对比见表 5.3。取 n 值分别为 3、2 和 1 代入式（5.12），则混合折叠模式下 HT-5-2、HT-5-4 和 HT-5-6 的平均压溃力分别为 316.2 kN、317.9 kN 和 319.6 kN，与有限元仿真值对比，误差不超过 5%。

表 5.3　多级薄壁管（t=1 mm）平均压溃力的仿真值与理论预测值对比

试件	体积/cm^3	变形模式	平均压溃力/kN			误差/%
			仿真值	子胞元折叠理论值 P_m^P	整体折叠理论值 P_m^G	
HT-2-0	108	子胞元折叠	151.7	164.2	—	8.6
HT-2-2	111	子胞元折叠	151.8	164.8	—	8.6
HT-2-4	115	子胞元折叠	151.8	164.9	—	8.6
HT-2-6	119	子胞元折叠	151.8	164.9	—	8.6
HT-3-0	120	子胞元折叠	231.3	223.4	—	3.6

续表 5.3

试件	体积/cm³	变形模式	平均压溃力/kN			误差/%
			仿真值	子胞元折叠理论值 P_m^p	整体折叠理论值 P_m^G	
HT-3-2	124	子胞元折叠	231.4	223.4	—	3.6
HT-3-4	128	子胞元折叠	234.0	223.5	—	3.6
HT-3-6	133	子胞元折叠	224.5	223.5	—	3.6
HT-4-0	126	子胞元折叠	291.5	270.9	—	8.1
HT-4-2	130	子胞元折叠	292.9	270.1	—	8.1
HT-4-4	134	子胞元折叠	295.8	270.1	—	8.1
HT-4-6	139	子胞元折叠	290.1	207.2	—	8.1
HT-5-0	129	整体折叠	267.4	—	307.7	13.0
HT-5-2 ($n=3$)	134	混合折叠	305.5	311.5	321.4	3.6
HT-5-4 ($n=2$)	138	混合折叠	318.6	311.6	336.5	0.3
HT-5-6 ($n=1$)	143	混合折叠	324.1	311.6	352.5	1.5

通过对本章所有例子的仿真计算与理论预测可知，误差均在可接受的范围内。当然，随着壁厚或者锥角的增加，结构逐渐失去薄壁板材能量吸收性能，计算公式也随之失效。

5.5.2　锥角和壁厚的影响

Zhang 等人和 Mahmoodi 等人认为增加锥角和壁厚可以使平均压溃力逐渐增大，但是过度增加的锥角和壁厚会丧失结构的能量吸收性能。

本节选取 HT-4 管作为研究对象，揭示多级结构的吸能规律随锥角和壁厚的变化规律。如图 5.9（a）所示，当壁较薄时，锥角的增加对于平均压溃力的影响可以忽略不计，但随着壁厚的逐步加大，增加锥角会导致平均压溃力稳步提升；如图 5.9（b）所示，锥角和壁厚对初始最大压溃力的影响可以忽略不计。上述两种情况必将引起如图 5.9（c）所示的压溃力效率（$C=P_m/P_{max}$）的提高，也可以看出在等厚度的情况下，锥管的压溃力效率要比直管的提高很多，对于壁厚为 2 mm、锥角为 6°的薄壁管，压溃力效率值达到了 0.9，接近于 1.0 的完美吸能结构。对于直管，增加厚度使得结构的整体刚度大大提高，结构已不再具有能量吸收性能，但当直管在增加厚度到 2 mm 的同时适当提高锥角到 6°，将有利于结构的吸能。综合来看，如图 5.9（d）所示，当厚度为 1 mm 时，薄壁管均处于子胞元折叠模式，增大锥角降低了结构的整体刚度，反而减少了结构的比吸能，当厚度为 1.5 mm 时，增加锥角抵消了因为壁厚而带来的整体刚度较大的问题，使得锥管均处于混合折叠模式。当锥角为 2°时比吸能为 22.5 J/g，随着壁厚的进一步加大，锥角增加至 6°时比吸能达到最大的 22.95 J/g。可以看出，混合折叠模式要比子胞元折叠模式具有更好的吸能效果，对于特定的壁厚，合理的锥角可以有效提高管材的抗压性能。

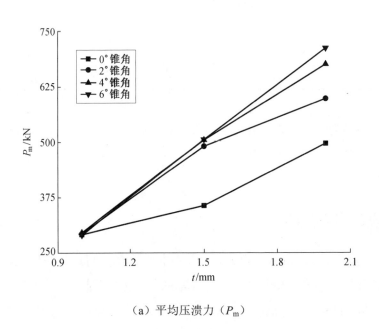

（a）平均压溃力（P_m）

图 5.9　HT-4 的能量吸收性能随锥角和壁厚的变化

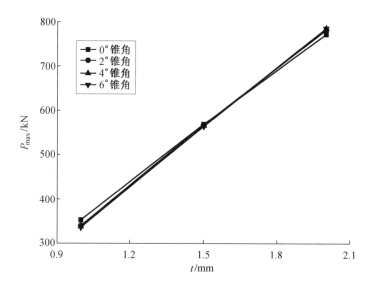

（b）最大压溃力（P_{max}）

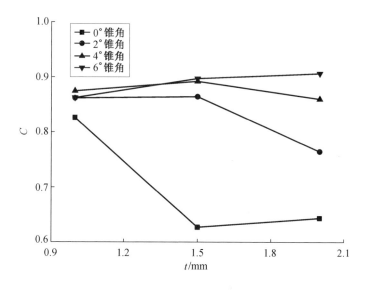

（c）压溃力效率（C）

续图 5.9

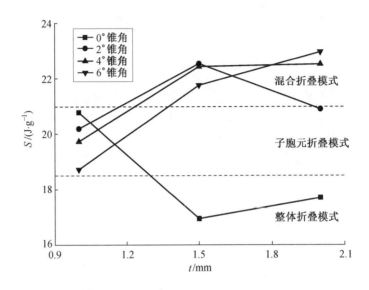

（d）比吸能（S）

续图 5.9

增加壁厚和锥角能有效改善结构的有效压溃效率，特别是对于高胞元数多级结构效果很明显，如图 5.10 所示。如 1.5 mm 壁厚的 HT-4 的直管压溃力效率和比吸能仅有 0.62 和 16.94 J/g，而相对应的锥角为 6° 的薄壁管 HT-4-6 的压溃力效率和比吸能分别高达 0.89 和 21.75 J/g，分别提高 43%和 28%，需要注意的是，虽然锥角的变化引起体积的增加，但改善的幅度小于 10%。

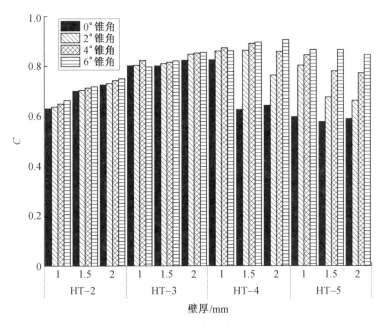

（a）压溃力效率

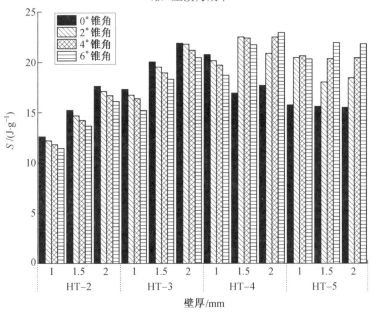

（b）比吸能

图 5.10　多级锥形薄壁管随胞元数、锥角和壁厚的变化

5.5.3 胞元数的影响

胞元数 N 也是影响多级正六边形锥形薄壁管能量吸收性能的重要因素，如图 5.11（a）所示，本节选取相等体积（108 cm^3）的薄壁管进行对比分析，多级锥形薄壁管（HHTT）能有效改善传统六方管（ST）的压溃性能且可将压溃力效率提升 1.6 倍之多。从图中可以看出，压溃力效率均随着胞元数的增多而提高，但提升速度趋于平稳。胞元数从 2 到 3，对于同一锥角，压溃力效率（C）提高了 30%左右；而胞元数从 4 到 5，压溃性能的差异小于 5.1%。在图 5.11（b）中，相同质量锥形薄壁管的比吸能变化情况也出现类似的趋势。

以 HT-2 和 HT-4 为例，如图 5.12（a）所示，N=2 时，锥角的影响可以忽略不计，但当 N=4 时，抗压溃强度增加 50%以上。同时，当 N=4 时，壁厚对多级锥形薄壁管的能量吸收有显著影响，如图 5.12（b）所示，其中简单正六边形锥形薄壁管（ST）的体积随壁厚而增大，相应体积的多级正六边形锥形薄壁管的破坏模式也向整体折叠方式转变，曲线急剧下降。

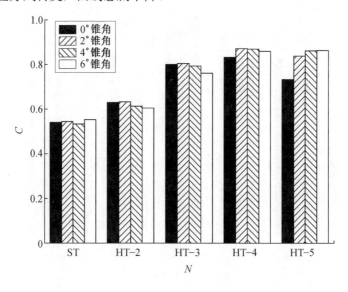

（a）压溃力效率

图 5.11　等质量多级锥形薄壁管的能量吸收性能随胞元变化趋势

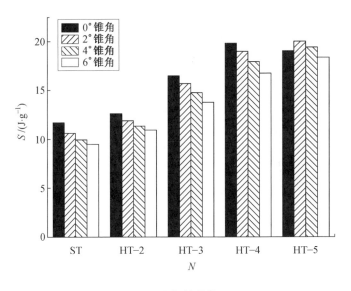

（b）比吸能

续图 5.11

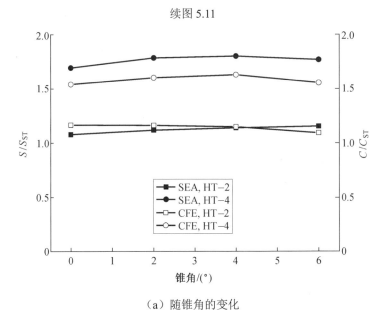

（a）随锥角的变化

图 5.12　多级六方锥形薄壁管和简单六方管能量吸收性能的对比

S/S_{ST}—同等质量下的 HT 与 ST 比吸能之比；

C/C_{ST}—同等质量下的 HT 与 ST 压溃力效率之比

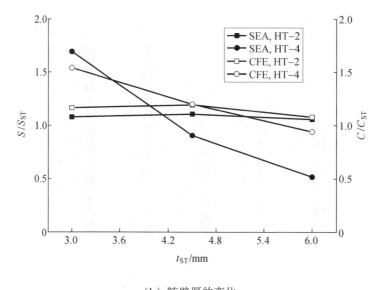

（b）随壁厚的变化

续图 5.12

5.6　本章小结

本章结合多级管能量吸收性能优良和锥形薄壁管最大压溃力低的优点，设计了新型多级正六边形锥形薄壁管。基于数值模拟和理论分析，研究了多级正六边形锥形薄壁管的压溃行为。具体结论如下。

（1）数值模拟表明，多级正六边形锥形薄壁管具有比吸能高、最大压溃力低等特点，结构的吸能效率得到明显提升。锥角可以在降低最大压溃力的同时提高分级管状结构的压溃力效率。

（2）基于等效截面的理论，解析推导子胞元折叠、混合折叠和整体折叠三种模式下的多级锥形薄壁管的平均压溃力。

（3）锥角的增加会导致结构的能量吸收行为的改善，合理地调整锥度和壁厚，可以提高薄壁管的能量吸收性能；但是对于低胞元管，锥角的效果是微乎其微的。壁厚对薄壁的吸能行为具有显著影响，但在防止结构从壁厚增大的行为转变方面存在局限性；横断面上增加胞元数量会导致对等质量单胞管（ST）的压溃力效率提升 1.6 倍之多，但提升率随后逐渐稳定，当横断面上的胞元数量达到 4 个和 5 个时，锥形多级薄壁的压溃行为大致与六方管相同。

第6章 多层晶体结构薄壁管的能量吸收性能

6.1 概　述

如今，人们借助先进的制造工艺，仍在不懈地努力寻找其他最佳的吸能结构。类似于材料仿生拟态的晶体结构，即模拟金属或合金的晶体微观结构建立晶格单元，也随之走进人们的视野。Vigliotti 等人认为晶格结构对材料的整体性能有较大的影响。通过对晶格单元的精心设计，可以改变晶格的力学行为，从而获得前所未有的特性，比如非常低的质量和高的比强度以及负的泊松比等。Parkhouse 等人认为在原则上，结构和材料之间不存在明显的区别。Pham 等人通过模仿晶体材料的微观结构，建构增强结构的新性能。基于一个简单的想法，将微观结构的"晶粒"组成宏观结构的"构件"，在某些情况下，可能产生前所未有的属性。本章提出了一种模拟晶体微观结构、具有宏观尺度的多层晶体结构（简称多晶结构），即通过晶界把单晶划分成许多区域，每个区域都包含一个与相邻区域不同方向的晶胞。按照能量吸收性能的要求，找出晶体格栅结构的耐撞性规律。这将为提高薄壁管的能量吸收性能提供一种可能性。

6.2 多层晶体结构

金属 Fe 是面心立方体晶格，如图 6.1（a）所示。其面心立方晶格的晶胞是一个立方体，立方体的八个顶角和六个面的中心各有一个原子。基于此，本章设计多层晶体结构的基本单元，如图 6.1（b）所示。这里所有的实例均取高为 90 mm、宽为 20 mm 的薄壁立方体。相对较小的宽高比，使得结构可被看作 2 维的晶体结构。

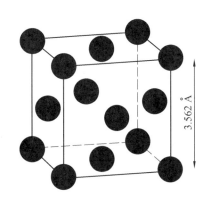

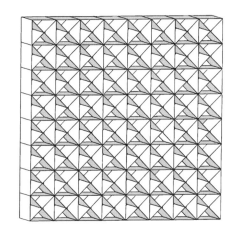

（a）面心立方体晶格　　　　　　　　　　　（b）2 维单晶

图 6.1　晶体结构（1 Å=0.1 nm）

　　多层晶体结构的简图如图 6.2 所示。把单晶结构（图 6.2（a））的中心点逆时针旋转不同的角度，形成 0°、30°、45°、60° 四种不同的晶胞（命名时分别简写为 0，3，4，6），用晶界划分等面积的区域，组成不同的格栅，每个区域都包含一个与相邻区域不同的晶胞，如图 6.2（b）～（e）所示。为了方便组合，晶胞之间的晶边按照晶界等分的原则就近连接，如二层晶体结构的晶界被划分为等长的 11.25 mm；三层晶体结构的晶界被划分为等长的 7.5 mm。限于计算机工作量，本章仅考虑三层晶体结构。另外，为了方便记录，这里统一多级多晶结构的命名：分层-（右上角度-左上角度-左下角度-右下角度）-中心对称。如图 6.2（b）所示，二层晶体结构右上角为 0° 晶胞，逆时针旋转的连接晶胞角度分别为 60°、30°、45°，可记为 2st-0-6-3-4；三层晶体结构是在二层晶体的基础上形成中心对称结构，如图 6.2（d）所示，右上角的二层晶体连接角度为 0°、60°、30°、45°，以30° 为中心形成对称结构，可记为 3st-0-6-3-4-sy。

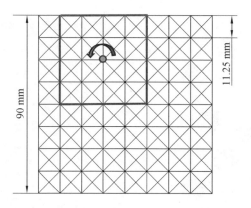

（a）单晶结构（1st-0-0-0-0）

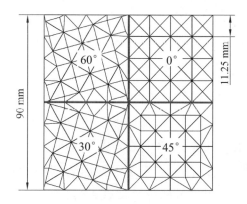

（b）二层晶体结构 2st-0-6-3-4

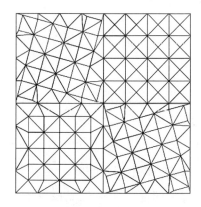

（c）二层晶体结构 2st-0-3-4-6

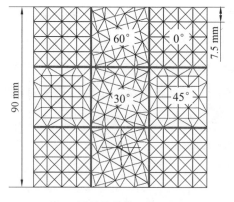

（d）三层晶体结构 3st-0-6-3-4-sy

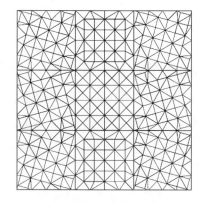

（e）三层晶体结构 3st-3-4-0-6-sy

图 6.2　多晶结构的简图

按照以上原则，本章总共计算 1 个单晶结构，24 个二层晶体结构和 24 个三层晶体结构。结构基本尺寸见表 6.1，板的厚度按照近似等质量的原则选取。

表 6.1　结构基本尺寸

实例	高度/mm	宽度/mm	壁厚/mm	体积/mm³	质量/kg
单晶结构	90	20	1.05	76 785	0.599
二层晶体结构	90	20	1	76 147	0.594
三层晶体结构	90	20	0.67～0.685	75 468～76 295	0.589～0.595

6.3　试验模拟

本书采用有限元软件 ABAQUS/Explicit 来仿真模拟准静态侧压下多层晶体结构的能量吸收性能。如图 6.3 所示，整个薄壁管体结构采用适合大变形的 S4R 壳单元（有四个节点的四边形单元）进行建模。试样被放置在上下两块刚性板之间，下钢板采用固定约束，上钢板施加 z 方向上的位移载荷-80 mm。为了防止在挤压过程中出现单元渗透，试样本身采用自接触。试样与钢板之间采用面对面接触，摩擦系数设为 0.2，当摩擦系数从 0.15 变化到 0.25 时，结果变化很小。

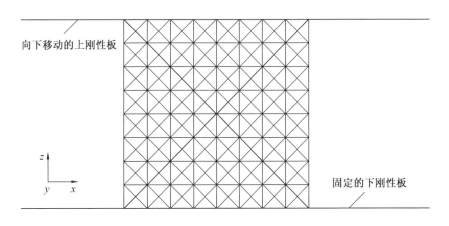

图 6.3　多晶结构试验模型

在准静态压溃试验中，加载速率通常小于 2 mm/s，对于数值模拟来说速度太慢、耗时太长，而显式时间积分法只能在一定条件下稳定，且时间增量必须足够小。为了节省计算时间，在模拟中加载速率要高得多，其限制条件是动能相对于内能可以忽略不计。图 6.4 所示是厚度为 1 mm 的薄壁管 1st-0-0-0-0 横向压溃过程的内能和动能变化图。在弹性变形阶段，动能与内能之比控制在 5.0%以内；随着内能的不断增加，比例迅速下降到 0.02%以下。可以认为整个过程是准静态的，本章所有的模拟例子均满足此条件。

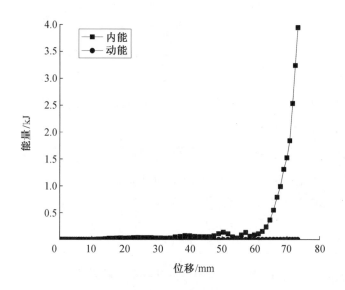

图 6.4　多晶结构横向压溃过程的能量变化图

钢材的本构关系，采用第 2 章的试验结果，见表 2.2。考虑网格尺寸对结构的平均压溃力（MCF）和计算机计算时间的影响，选取厚度为 1 mm 的单晶结构进行测试，结果如图 6.5 所示，可得网格尺寸选取 2 mm 是最为合理有效的。

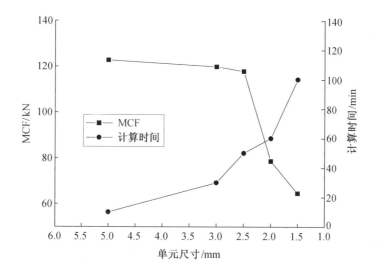

图 6.5　多晶结构单元尺寸的影响

6.4　有限元分析

6.4.1　变形特征

多晶结构的变形特征如图 6.6 所示，这里选取各个层级吸能效果最好的三个试样分别进行描述。有效压溃距离取 60 mm，可以详细说明每个试验的吸能特征。从三个试样的力-位移曲线（图 6.6（a））可以看出，作用力随着压缩变形，首先经过弹性阶段迅速上升到一个最大的峰值，然后下降。在这里单晶结构 1st-0-0-0-0 的力-位移曲线具有明显的应变硬化阶段，导致其具有较高的最大压溃力，但较低的平均压溃力使得其下降幅度较大。随后压溃平台始终围绕在平均压溃力附近振荡，其中 3st-4-0-3-6-sy 的压溃平台最为平稳，平均压溃力甚至超过了最大压溃力。最终到达密实阶段时平均压溃力急剧上升，此时达到结构能量吸收的变形极限。从整体上看，层级结构带来了明显的阶梯式能量吸收性能的提高。这主要是因为，如图 6.6（b）所示，1st-0-0-0-0 在压缩时出现了两条类似于"X"的上下贯通的 45° 剪切带，这使得结构提前进入剪切破坏，抗压性能迅速降低。2st-3-0-4-6 在压缩时，如图 6.6（c）所示，在晶界附近出现了一条类似于"一"的左右贯通的破坏带，这并不影响结构继续承受较大的压力。而 3st-4-0-3-6-sy 在压缩时，如图 6.4（d）所示，出现了两条沿水平晶界方向的破坏带，相当于把结构分为三部分共同承受压溃力作用，每一部分压溃距离变短，导致结构进入压实阶段，大幅度地提升了其抗压性能。

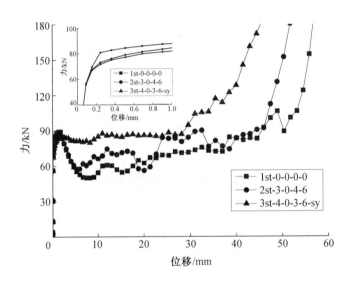

（a）力-位移曲线

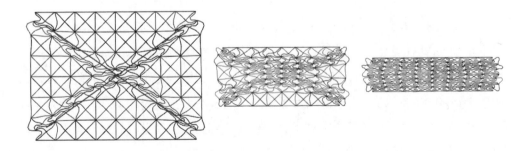

（b）1st-0-0-0-0 变形

图 6.6　多晶结构变形特征

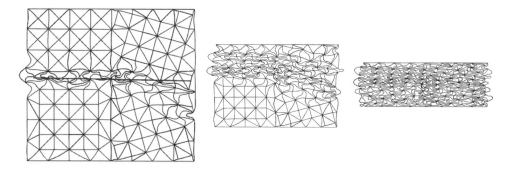

（c）2st-3-0-4-6 变形

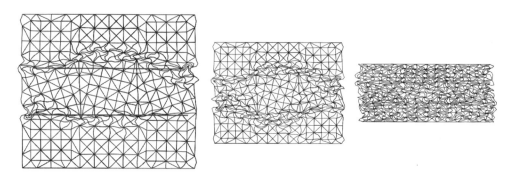

（d）3st-4-0-3-6-sy 变形

续图 6.6

6.4.2　能量吸收性能

单胞元晶体（简称单晶）和多晶结构的耐撞性能见表 6.2。基于等质量的结构设计理念，这里可对多种晶体结构直接进行类比。单晶 1st-0-0-0-0 的屈服力是 60 kN，二层和三层晶体结构分别在 65 kN 和 78 kN 左右，P_y/P_m 和 P_m/P_{max} 值均大于 1.0，单晶除外。

表 6.2 单晶和多晶结构的耐撞性能

实例	壁厚/mm	P_m/kN	P_y/kN	P_{max}/kN	P_y/P_m	P_m/P_{max}
1st-0-0-0-0	1.05	84	60	89	1.4	0.94
2st-0-3-4-6	1	103	64	78	1.6	1.33
2st-0-3-6-4	1	100	67	83	1.4	1.20
2st-3-0-4-6	1	105	65	86	1.6	1.24
2st-3-0-6-4	1	102	65	78	1.5	1.30
2st-6-4-3-0	1	102	67	78	1.5	1.31
2st-4-6-3-0	1	104	65	87	1.6	1.19
2st-6-4-0-3	1	102	65	84	1.5	1.21
2st-4-6-0-3	1	103	65	78	1.5	1.31
2st-0-6-3-4	1	105	67	87	1.5	1.20
2st-0-6-4-3	1	102	69	78	1.4	1.31
2st-6-0-3-4	1	103	64	78	1.6	1.33
2st-6-0-4-3	1	100	67	83	1.4	1.21
2st-4-3-6-0	1	101	65	84	1.5	1.20
2st-3-4-6-0	1	103	68	78	1.5	1.32
2st-4-3-0-6	1	101	69	78	1.4	1.30
2st-3-4-0-6	1	104	69	87	1.5	1.20
2st-0-4-6-3	1	102	67	83	1.5	1.24
2st-0-4-3-6	1	103	64	77	1.6	1.34
2st-4-0-6-3	1	102	69	82	1.4	1.24
2st-4-0-3-6	1	103	68	77	1.5	1.34
2st-3-6-4-0	1	103	68	77	1.5	1.33
2st-6-3-4-0	1	103	65	78	1.5	1.32
2st-3-6-0-4	1	103	67	77	1.5	1.33
2st-6-3-0-4	1	103	65	82	1.5	1.25

续表 6.2

实例	壁厚/mm	P_m/kN	P_y/kN	P_{max}/kN	P_y/P_m	P_m/P_{max}
3st-0-3-4-6-sy	0.68	137	79	85	1.7	1.60
3st-0-3-6-4-sy	0.68	135	78	88	1.7	1.54
3st-3-0-4-6-sy	0.68	137	79	90	1.7	1.52
3st-3-0-6-4-sy	0.67	140	78	84	1.7	1.66
3st-6-4-3-0-sy	0.67	142	78	87	1.8	1.63
3st-4-6-3-0-sy	0.68	142	79	87	1.7	1.63
3st-6-4-0-3-sy	0.67	141	78	89	1.8	1.59
3st-4-6-0-3-sy	0.68	146	78	84	1.8	1.73
3st-0-6-3-4-sy	0.68	135	78	88	1.7	1.53
3st-0-6-4-3-sy	0.68	137	79	85	1.7	1.60
3st-6-0-3-4-sy	0.67	140	78	84	1.7	1.66
3st-6-0-4-3-sy	0.67	137	79	90	1.7	1.53
3st-4-3-6-0-sy	0.68	142	79	87	1.7	1.63
3st-3-4-6-0-sy	0.67	137	79	83	1.7	1.65
3st-4-3-0-6-sy	0.68	145	78	84	1.8	1.72
3st-3-4-0-6-sy	0.67	141	78	89	1.8	1.59
3st-0-4-6-3-sy	0.685	141	77	87	1.8	1.62
3st-0-4-3-6-sy	0.685	140	77	87	1.8	1.61
3st-4-0-6-3-sy	0.685	146	77	84	1.8	1.74
3st-4-0-3-6-sy	0.685	147	77	84	1.9	1.73
3st-3-6-4-0-sy	0.67	142	78	83	1.8	1.70
3st-6-3-4-0-sy	0.67	142	77	83	1.8	1.71
3st-3-6-0-4-sy	0.67	145	74	80	1.9	1.80
3st-6-3-0-4-sy	0.67	145	77	80	1.8	1.80

多晶结构的平均压溃力（MCF）走势，如图 6.7（a）所示。可以明显看出，两层晶体的平均压溃力基本上是单晶 84.3 kN 的 1.2 倍，受限于两层晶体的组成角度仅有四个，造成平均压溃力始终在 103 kN 左右，不可能再有所提升。同样，受晶体个数的限制，三层晶体也基本上在 140 kN 左右浮动。但因为三层晶体有较多的晶体连接个数，其平均压溃力是单晶的 1.7 倍，是两层晶体的 1.3 倍左右，且较两层晶体有大幅度的提高。

多晶结构最大压溃力（PF）趋势图如图 6.7（b）所示。可以看出两层晶体的最大压溃力 86.98 kN，始终没有超过单晶的 89.3 kN，反而降低了 2.7%。而三层晶体的最大压溃力 90.49 kN 仅比单晶增大了 1.3%。从发生碰撞时，保护人员免受伤害和贵重物品免受损失的角度来看，多晶结构在提高吸能效果的同时，能有效地遏制最大压溃力的增加幅度。

多晶结构比吸能（SEA）趋势图如图 6.7（c）所示。单晶结构的吸能效果最差，比吸能仅有 8.4 kJ/kg，二层晶体的比吸能比单晶提高了 1.25 倍，基本上是在 10.1～10.7 kJ/kg 的范围内。而三层晶体提高到了 14.0 kJ/kg 左右，是单晶结构比吸能的 1.7 倍。多晶结构对于薄壁能量吸收器的轻量化性能提高具有非常明显的效果。

多晶结构压溃力效率（CFE）的变化图表现出与平均压溃力一致的效果，如图 6.7（d）所示。需要重点说明的是，单晶结构的压溃力效率为 0.94，已经接近完美的能量吸收器要求。而二阶和三层晶体的 CFE 分别在 1.2 和 1.6 左右，大幅度地提高了结构的平均压溃力，并且有效地提升了结构的吸能效率。

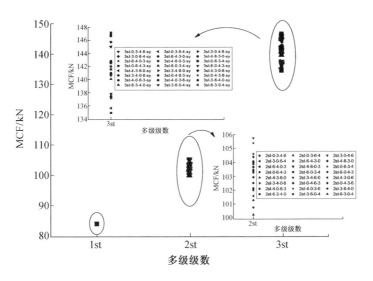

（a）平均压溃力

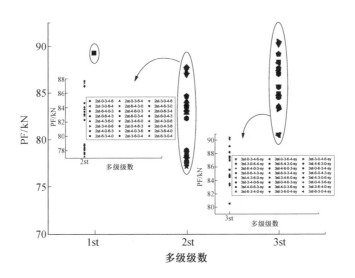

（b）最大压溃力

图 6.7　多晶结构能量吸收性能走势图

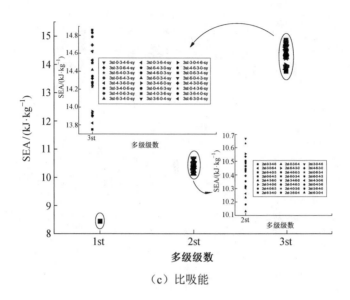

（c）比吸能

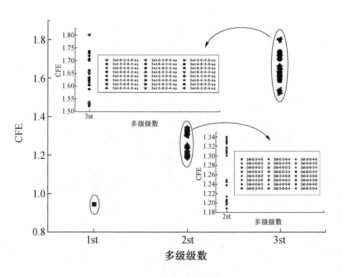

（d）压溃力效率

续图 6.7

6.5   本章小结

针对吸能装置需具有轻质、高刚度、高强度要求，设计具有不同晶体组元的二维多晶结构，研究其耐撞性的力学性能及其破坏模式，结论如下。

多晶结构随着层级加大，能量吸收性能出现明显的台阶式提高，其二层晶体结构的平均压溃力、比吸能和压溃力效率均提高 1.2 倍以上，三层晶体则至少提高了 1.6 倍。对于最大压溃力的抑制作用，多晶结构也表现优良，二层晶体结构降低了 2.7%，三层晶体结构与单晶结构基本持平。这主要归结于结构的破坏模式不同，单晶结构呈现出典型的"X"型剪切破坏，而多层结构则主要是从水平晶界处呈现出压缩破坏，提高了其耐撞强度，增强了吸能效果。多晶结构为从结构-功能出发，寻找优秀的吸能结构提供了一种新的思路。

第 7 章　铝制多级薄壁管的能量吸收性能

7.1　概　述

能量吸收装置可通过以下两种方式来耗散能量：

（1）结构发生极小变形。如果结构属性为刚性材料，那么即使受到很大冲击，从表面上看整体结构一般也不会有较大的变形位移，但是在看不到的结构内部，破坏已经十分严重，从而导致结构整体发生失稳破坏。

（2）结构发生极大变形。对于非刚性材料来说，结构在受到冲击时会发生不可逆转的变形，在整个变形过程中均匀地消耗掉冲击载荷，这个过程会持续一定的时间。从载荷开始施加到结束，结构逐渐压溃，在结束的瞬时，载荷压力明显减小。合理地设计并且在准确的位置放置出能在彻底压溃之前发生合理变形的结构，才是保护人们生命财产安全的正确有效途径。

研究结果表明，单一的金属薄壁管结构经过合理的设计优化可变为一种破坏模式可控、压缩载荷稳定的高性能吸能元件。但是基于社会对能量吸收性能更加优异的吸能元件的需求，设计出满足人们使用需求的吸能结构已经迫在眉睫。

金属铝是一种自身密度小、强度符合使用需求的常见金属，铝及其合金常见于建筑工业、汽车工业等产业，生活中随处可见。本章对铝制多级薄壁管在轴向压溃力作用下的能量吸收性能进行对比研究，来判断不同因素对其能量吸收性能的影响。

7.2　铝制多级薄壁结构

为了在仿真试验中更加深入地研究不同变量条件下的铝制薄壁管的能量吸收性能，设计了截面形状和截面面积两个变量。情况一，在截面形状相同的情况下改变截面的面积研究其能量吸收性能；情况二，在截面面积相同的情况下改变其截面形状来研究其能量吸收性能。试件截面形状有 a、b、c、d 四种（图 7.1），全长 100 mm，且为厚度均匀的薄壁结构，试件三维尺寸图如图 7.2 所示。试件截面外接圆直径为 60 mm，截面面积分为 I 组（180 mm^2）、II 组（270 mm^2）、III 组（360 mm^2）三组，截面面积及其对应厚度见表 7.1。

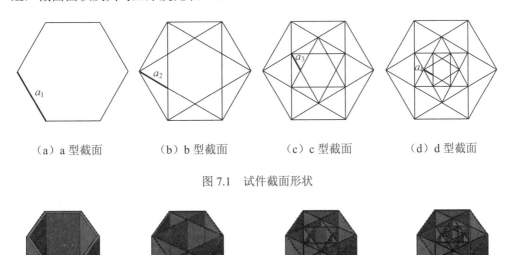

（a）a 型截面　　　（b）b 型截面　　　（c）c 型截面　　　（d）d 型截面

图 7.1　试件截面形状

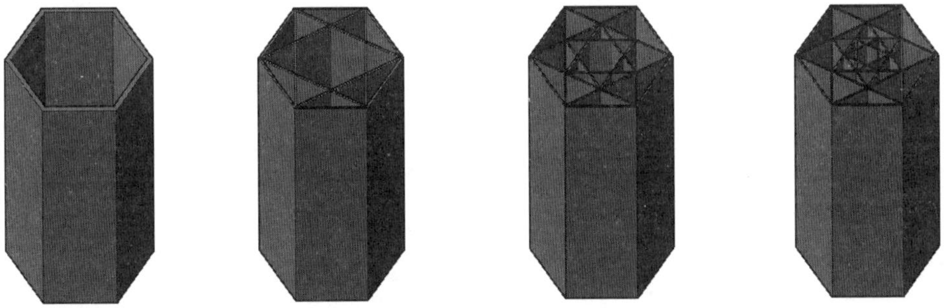

图 7.2　试件三维尺寸图

表 7.1　试件具体尺寸

组	截面面积 S/mm^2	试件厚度/mm			
		a	b	c	d
I	180	1.0	0.366	0.268	0.232
II	270	1.5	0.549	0.402	0.348
III	360	2.0	0.732	0.536	0.464

如图 7.1 加粗部分，将 a 型试件的边长记作 a_1、b 型试件顶点内接图形的边长记作 a_2、c 型试件顶点内接图形的边长记作 a_3、d 型试件顶点内接图形的边长记作 a_4。

由几何关系计算可以得出

$$a_2 = \frac{\sqrt{3}}{3}a_1 , \quad a_3 = \frac{\sqrt{3}}{3}a_2 , \quad a_4 = \frac{\sqrt{3}}{3}a_3 , \quad \cdots$$

则可以得到第 n 个试件的内接图形边长 a_n 与 a_1 的关系为

$$a_n = a_1 \times \left(\frac{\sqrt{3}}{3}\right)^{n-1} \tag{7.1}$$

将 L 记作截面的总长度，通过计算可以得到

$$L_1 = 6a_1$$

$$L_2 = 6a_1 + 18a_1 \times \frac{\sqrt{3}}{3}$$

$$L_3 = 6a_1 + 18a_1 \times \frac{\sqrt{3}}{3} + 18a_1 \times \frac{\sqrt{3}}{3} \times \frac{\sqrt{3}}{3}$$

$$L_4 = 6a_1 + 18a_1 \times \frac{\sqrt{3}}{3} + 18a_1 \times \frac{\sqrt{3}}{3} \times \frac{\sqrt{3}}{3} + 18a_1 \times \frac{\sqrt{3}}{3} \times \frac{\sqrt{3}}{3} \times \frac{\sqrt{3}}{3}$$

则可以得到第 n 个试件的截面总长度 L_n：

$$L_n = 6a_1 + 6\sqrt{3}a_1 \times \frac{\left(\frac{\sqrt{3}}{3}\right)^{n-1} - 1}{\left(\frac{\sqrt{3}}{3}\right) - 1} \tag{7.2}$$

将试件的截面面积记作 S，第 n 个试件厚度为 t_n，根据 S 相等则有

$$S = L_1 t_1 = L_n t_n \tag{7.3}$$

联立式（7.2）和式（7.3）可以得出试件厚度 t_1 与 t_n 之间的关系：

$$t_1 = \left[1 + \sqrt{3} \times \frac{\left(\dfrac{\sqrt{3}}{3}\right)^{n-1} - 1}{\left(\dfrac{\sqrt{3}}{3}\right) - 1} \right] \times t_n \qquad (7.4)$$

7.3　仿真模拟

ABAQUS 由部件（Part）、属性（Property）、装配（Assemble）、分析步（Step）、相互作用（Interaction）、载荷（Load）、划分网格（Mesh）、提交运算（Job）、后处理（Visualization）、草图（Sketch）十大模块组成。仿真模拟步骤如下。

（1）首先建立部件。

部件 Part-1 的模型空间为三维空间，类型特征为可变形的拉伸壳；盖板 Part-2、Part-2-copy 的模型空间同样是三维空间，类型特征为解析刚体拉伸壳（编辑好的部件 Part-1 及盖板 Part-2、Part-2-copy 如图 7.3、图 7.4 所示）。可以用部件管理器对部件进行编辑。

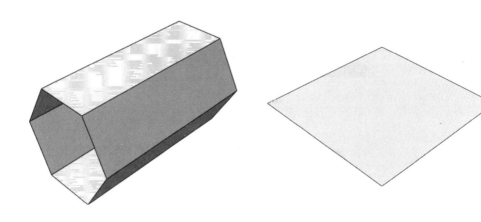

图 7.3　部件　　　　　　　　　　图 7.4　盖板

（2）建立材料特性。

首先在材料管理器中输入材料的特性：密度为 2.7 g/cm³、泊松比为 0.3、弹性模量为 68 000 MPa、屈服应力和塑性应变见表 7.2，根据不同试件属性编辑截面厚度。最后将以上特性分配给部件 Part-1，如需修改特性，则部件 Part-1 的材料特性也随之改变。

表 7.2　应力-应变表

屈服应力/MPa	塑性应变
71	0
130.7	0.15

（3）模型装配。

需要分别在两个盖板上设置参考点以方便选中盖板，然后把两个盖板水平放置在试件两端，完成模型的装配（图 7.5）。模拟的试验即为一个盖板固定，另一个盖板缓慢（静态）压缩试件的过程。

（4）设置分析步。

在分析步模块中，选择程序类型为动力-显式，时间长度根据静态试验需要设置为 0.1 s，在场输出请求管理器中设置频率为均匀时间间隔，200。

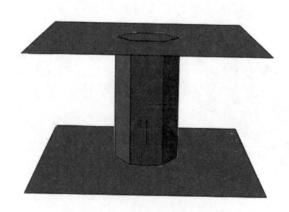

图 7.5　试件装配

（5）建立相互作用（接触、约束）。

在接触分析中的关键问题是定义各试件之间接触的关系，在装配完成之后即使表面看起来两个盖板与试件紧密接触，但是 ABAQUS 并不会自动认为它们接触在一起。这时就需要相互作用来赋予各试件之间相互接触。首先选择两个盖板与试件的接触为表面与表面接触，然后定义试件接触为通用接触中的自接触。最后在编辑接触属性模块中更改切向行为摩擦公式为"罚"，设置摩擦系数 0.15。

（6）施加边界条件和载荷。

设置构件 Part-1 在 z 轴正方向上位移为-80 mm，即 U_3=-80 mm；在其他方向上的位移皆为 0 mm，即 $U_1 = U_2 = UR_1 = UR_2 = UR_3 =0$。幅值根据分析步的总长度定义为 0.1 s。对于盖板 Part-2 和 Part-2-copy，需要约束其所有自由度，即 $U_1 = U_2 = U_3 = UR_1 = UR_2 = UR_3 =0$。

（7）网格划分。

将部件 Part-1 划分为 2 mm×2 mm 的均匀网格，总数为 4 500 个，划分网格后的部件如图 7.6 所示。

图 7.6　试件划分网格

（8）提交运算。

提交作业并且在监控页面可以观测运算的过程，保证运算的成功。

（9）可视化。

对运算结果进行处理，得到力和位移随时间的变化曲线（图 7.7），并且在动画-时间历程模块中使变形过程可视化，如图 7.8 所示。

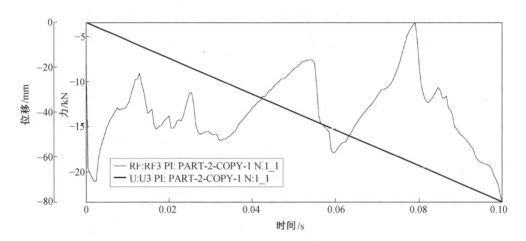

图 7.7　力和位移随时间的变化曲线

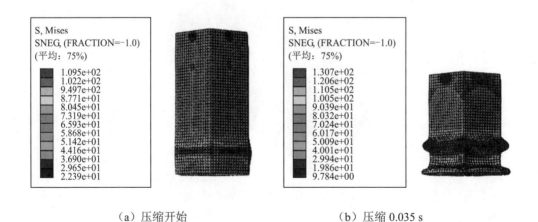

（a）压缩开始　　　　　　　　　　（b）压缩 0.035 s

图 7.8　试件受压变形过程

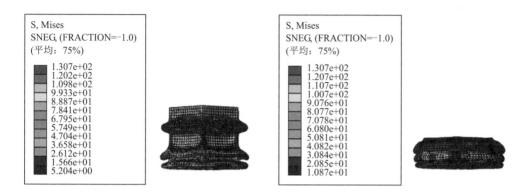

（c）压缩 0.07 s　　　　　　　　　　　　（d）压缩完成

续图 7.8

7.4　仿真结果

仿真结果如下：①在截面形状相同的情况下，改变截面的面积将所获得的试验结果进行对比（截面形状 a、b、c、d）；②在截面面积相同的情况下，改变其截面形状将所获得的试验结果进行对比（其中I组的截面面积为 180 mm^2、II组的截面面积为 270 mm^2、III组的截面面积为 360 mm^2），具体数值见表 7.1。

7.4.1　载荷-位移

在 ABAQUS 仿真试验软件中完成模拟试验后，在后处理文件输出模块中创建 XY 数据源（ODB 场变量输出），输出反作用力 RF3 与时间的对应数据以及空间位移 U3 与时间的对应数据。利用后处理文件输出使其变形过程可视化，截取压缩开始、压缩 0.035 s、压缩 0.07 s、压缩完成四幅图形，观察不同截面形状试件的变形有何不同。相同截面形状试件（a、b、c、d 四组）截面的载荷-位移曲线及压缩过程如图 7.9 所示。相同截面面积试件（Ⅰ、Ⅱ、Ⅲ三组）截面的载荷-位移曲线图以及位移为 70 mm 时的载荷对比点线图如图 7.10 所示。其中 A-Ⅰ-a 表示铝制Ⅰ组 a 型截面，以此类推。

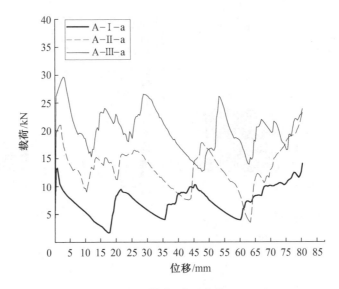

载荷-位移曲线

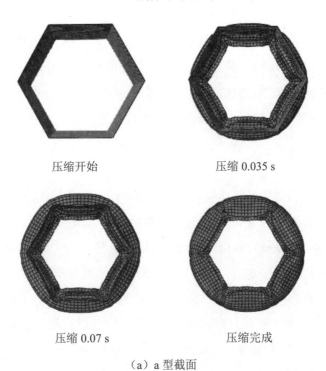

（a）a 型截面

图 7.9　相同截面形状试件截面的载荷-位移曲线及压缩过程

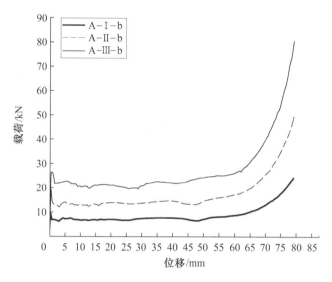

载荷-位移曲线

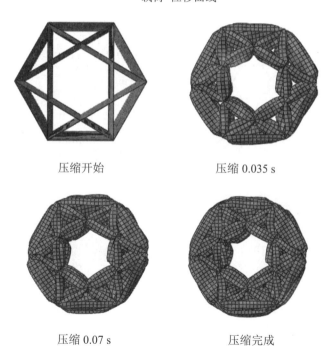

压缩开始　　　　　　　　　　压缩 0.035 s

压缩 0.07 s　　　　　　　　　压缩完成

（b）b 型截面

续图 7.9

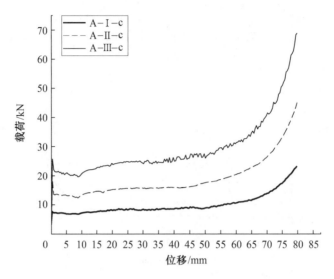

载荷–位移曲线

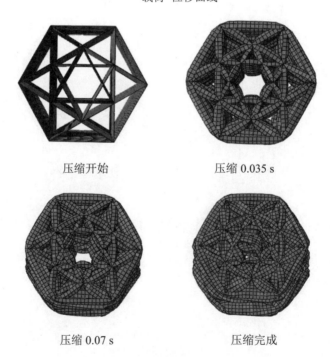

压缩开始   压缩 0.035 s

压缩 0.07 s   压缩完成

（c）c 型截面

续图 7.9

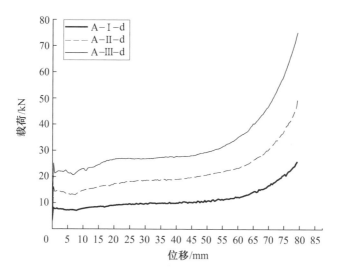

载荷-位移曲线

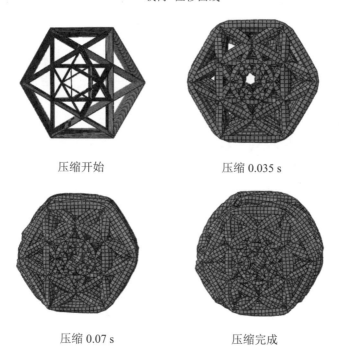

压缩开始　　　　　　　　压缩 0.035 s

压缩 0.07 s　　　　　　　压缩完成

（d）d 型截面

续图 7.9

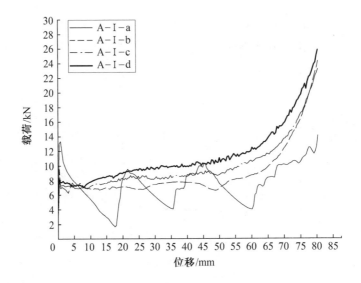

（a）Ⅰ组（截面面积 180 mm^2）

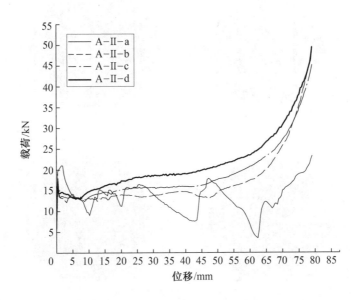

（b）Ⅱ组（截面面积 270 mm^2）

图 7.10　相同截面面积试件截面的载荷-位移曲线图以及位移为 70 mm 时的载荷对比点线图

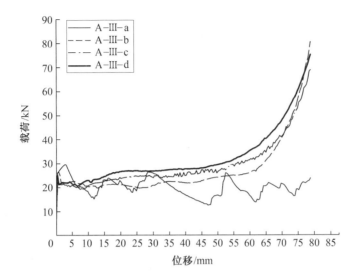

（c）III组（截面面积 360 mm^2）

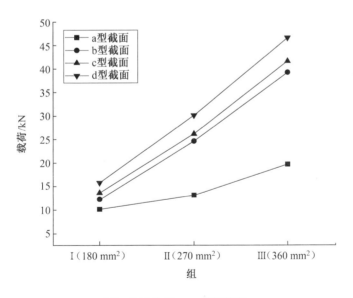

（d）各试件 70 mm 时的载荷

续图 7.10

由图 7.9 可知，a 型截面的变形模式与 b、c、d 三组不同，a 型截面试件在压缩过程中载荷随着位移的变化起伏程度较大，试件吸能效果不好；b、c、d 三组截面的受压变形模式相似，出现最大压溃力之后载荷随位移的变化而趋于平稳，在有效压溃距离之后载荷上升较快。试件在压缩过程中，随着压缩过程的进行，所需的载荷逐渐增大。将四幅图中所有的载荷-位移曲线进行对比：在相同的截面形状的情况下，试件的截面面积越大，进行等量位移所需要载荷越大。

由图 7.10 可知，试件在压缩过程中，随着压缩过程的进行，所需的载荷逐渐增大。在压缩过程进行至 65 mm 后，载荷-位移曲线斜率增长较大，进行相同位移比 65 mm 之前需要更多的载荷。将三幅图中所有的载荷-位移曲线进行对比，可以得出：在相同截面面积的条件下，截面形状越复杂，进行等量位移所需要的载荷越大。对 70 mm 时载荷对比点线图进行观察可以看出，b、c、d 三组截面形状试件不同厚度的增长幅度较为接近，a 型截面在不同截面面积下的载荷变化幅度较小。

7.4.2 比吸能

各试件在位移为 70 mm 时的比吸能见表 7.3。利用软件处理数据得到相同截面形状试件（a、b、c、d 四组）截面的比吸能对比（图 7.11）、相同截面形状试件位移为 70 mm 时的比吸能点线图（图 7.12）、相同截面面积试件（Ⅰ、Ⅱ、Ⅲ三组）截面的比吸能曲线图以及位移为 70 mm 时的比吸能点线图（图 7.13）。

表 7.3　各试件在位移为 70 mm 时的比吸能

截面形状	Ⅰ组 （S=180 mm^2）	Ⅱ组 （S=270 mm^2）	Ⅲ组 （S=360 mm^2）
a型	9.868	12.109	14.400
b型	11.005	14.144	16.672
c型	12.656	15.901	18.595
d型	14.696	18.106	20.392

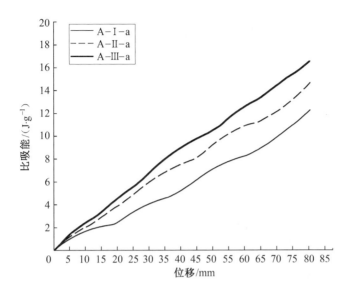

（a）a 型截面

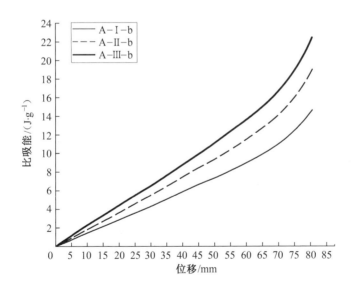

（b）b 型截面

图 7.11　相同截面形状试件截面的比吸能对比

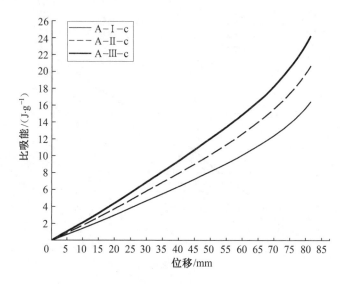

（c）c 型截面

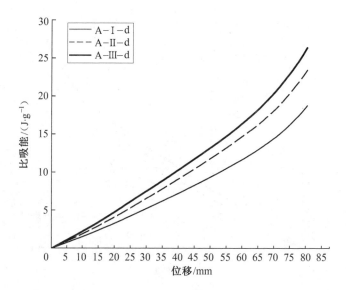

（d）d 型截面

续图 7.11

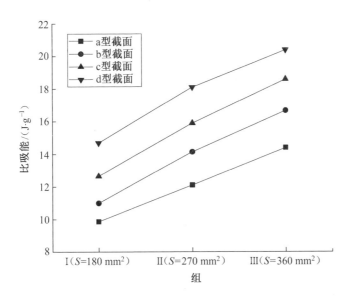

图 7.12　位移为 70 mm 时的比吸能点线图

通过图7.11和图7.12可以得出以下结论。

（1）由四个比吸能对比曲线图可以看出：在截面形状同为 a 型的三个试件的比吸能对比曲线中，在进行相同的位移时，Ⅲ组的试件比吸能最大，Ⅱ组的试件比吸能次之，Ⅰ组的试件比吸能最小。在 b 型、c 型、d 型截面的比吸能对比曲线图中可以看到相同结果：在进行相同的位移时，相同截面形状试件的比吸能都是Ⅲ组试件（$S=360\ \text{mm}^2$）>Ⅱ组试件（$S=270\ \text{mm}^2$）>Ⅰ组试件（$S=180\ \text{mm}^2$），且Ⅲ组的试件与Ⅱ组的试件的比吸能的差值小于Ⅱ组的试件与Ⅰ组的试件的比吸能的差值。

（2）随着位移的增大，曲线的斜率总体上也在增大，说明单位质量所需要的能量也越来越大，在位移为 70 mm 时曲线的斜率最大。

（3）在四条比吸能点线图对比中可以看出：在位移为 70 mm 的情况下，a、b、c、d 四种截面形状试件的比吸能均为Ⅲ组（$S=360\ \text{mm}^2$）>Ⅱ组（$S=270\ \text{mm}^2$）>Ⅰ组（$S=180\ \text{mm}^2$）。

（4）①在 a 型截面中：Ⅱ组试件相对于Ⅰ组试件增长率为 22.71%；Ⅲ组试件相对于Ⅱ组试件增长率为 18.92%。②在 b 型截面中：Ⅱ组试件相对于Ⅰ组试件增长率为 28.52%；Ⅲ组试件相对于Ⅱ组试件增长率为 17.88%。③在 c 型截面中：Ⅱ组试件相对于Ⅰ组试件增长率为 25.64%；Ⅲ组试件相对于Ⅱ组试件增长率为 16.94%。④在 d 型截面中：Ⅱ组试件相对于Ⅰ组试件增长率为 23.20%；Ⅲ组试件相对于Ⅱ组试件增长率为 12.63%。

其中，b 型截面中的Ⅱ组试件相对于Ⅰ组试件（截面面积由 180 mm^2 增至 270 mm^2）比吸能增长率最高，为 28.52%；d 型截面中的Ⅲ组试件相对于Ⅱ组试件（截面面积由 270 mm^2 增至 360 mm^2）比吸能增长率最低，为 12.63%。

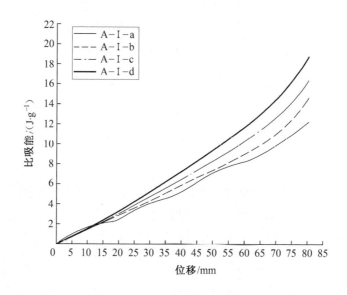

（a）Ⅰ组（截面面积 180 mm^2）

图 7.13 相同截面面积试件截面的比吸能曲线图以及位移为 70 mm 时的比吸能点线图

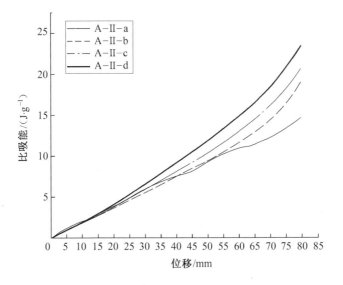

（b）II 组（截面面积 270 mm²）

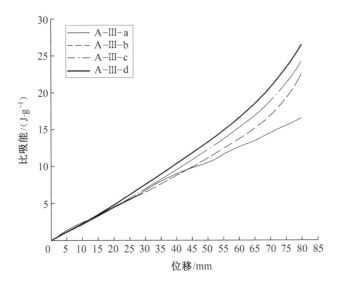

（c）III 组（截面面积 360 mm²）

续图 7.13

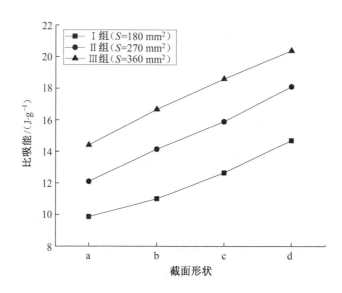

（d）位移为 70 mm 时的比吸能

续图 7.13

通过图 7.13 可以得出以下结论。

（1）在Ⅰ组试件（截面面积 180 mm²）中，压缩位移区段为 0～12.4 mm 时，a 型试件的比吸能最大，位移区段为 12.4～80 mm 时，d 型试件的比吸能最大；在Ⅱ组试件（截面面积 270 mm²）中，位移距离为 0～12.8 mm 时，a 型试件的比吸能最大，位移距离为 12.8～80 mm 时，d 型试件的比吸能最大；在Ⅲ组试件（截面面积 270 mm²）中，位移区段为 0～13.2 mm 时，a 型试件的比吸能最大，位移区段为 12.4～80 mm 时，d 型试件的比吸能最大。

（2）在压缩位移为 70 mm 时，Ⅰ组、Ⅱ组、Ⅲ组中试件比吸能大小情况每一组都是 d 型＞c 型＞b 型＞a 型。

（3）①Ⅰ组各试件在压缩位移为 70 mm 时的比吸能增长率分别为：b 型试件相对 a 型试件增长率为 11.52%；c 型试件相对 b 型试件增长率为 15.01%；d 型试件相对 c 型试件增长率为 16.12%。②Ⅱ组为：b 型试件相对 a 型试件增长率为 16.80%；c 型试件相对 b 型试件增长率为 12.43%；d 型试件相对 c 型试件增长率为

13.87%。③III组为：b 型试件相对 a 型试件增长率为 15.78%；c 型试件相对 b 型试件增长率为 11.54%；d 型试件相对 c 型试件增长率为 9.66%。

其中，II 组中 d 型试件相对 c 型试件比吸能增长率最高，为 16.80%；III 组中 b 型试件相对 a 型试件比吸能增长率最低，为 9.66%。

由上述试件在相同截面形状和相同截面面积下的比吸能图像对比结果可以初步得出以下结论。

（1）对于截面形状相同的试件，其截面面积越大，则在进行相同压缩位移时的比吸能越大，其能量吸收性能越好。因此，比吸能大小：III组试件（$S=360 \ \mathrm{mm}^2$）＞II组试件（$S=270 \ \mathrm{mm}^2$）＞I组试件（$S=180 \ \mathrm{mm}^2$）。

（2）对于截面形状相同的试件，随着其截面面积的逐步增大（I 组试件（$S=180 \ \mathrm{mm}^2$）→II组试件（$S=270 \ \mathrm{mm}^2$）→III组试件（$S=360 \ \mathrm{mm}^2$）），其比吸能增长趋势逐渐放缓。

（3）对于相同截面面积的试件，其截面形状越复杂，在进行等量压缩位移时的比吸能越大（即 d 型＞c 型＞b 型＞a 型），能量吸收性能越好。

（4）对于截面面积相同的试件，其截面形状复杂程度增加（a→b→c→d），比吸能增长率整体呈现放缓趋势。

（5）对于单一试件来说，随着压缩位移的逐渐增大，其比吸能-位移曲线的斜率逐渐增大，这说明随着压缩试验的进行，将试件压缩相同距离所需载荷增大，其比吸能的增长速率也会随之增大。

7.4.3　平均压溃力

试验数据处理结果如下：各试件的平均压溃力数值见表 7.4；相同截面形状（a、b、c、d 四种截面）试件截面的平均压溃力对比如图 7.14 所示；相同截面面积（I、II、III三组截面面积）试件截面的平均压溃力对比如图 7.15 所示。

表 7.4　各试件的平均压溃力数值　　　　　　　　　　kN

截面形状	Ⅰ组 （180 mm²）	Ⅱ组 （270 mm²）	Ⅲ组 （360 mm²）
a型	6.85	12.69	20.22
b型	7.71	14.87	23.37
c型	8.86	16.71	26.06
d型	10.12	19.19	28.57

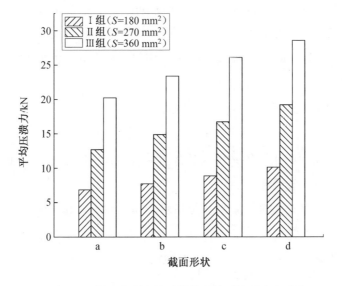

图 7.14　相同截面形状试件截面的平均压溃力对比

由图 7.14 可以得出以下结论。

（1）平均压溃力大小对比在 a、b、c、d 四组截面形状试件中都是Ⅲ组试件（S=360 mm²）最大，Ⅱ组试件（S=270 mm²）次之，Ⅰ组试件（S=180 mm²）最小。可以得出结论：在截面形状相同的情况下，试件的截面面积越大，其平均压溃力越大。

（2）①在 a 型截面中，Ⅱ组试件（S=270 mm²）相对Ⅰ组（S=180 mm²）增长率为85.26%；Ⅲ组（S=360 mm²）相对Ⅱ组（S=270 mm²）增长率为59.34%。②在

b 型截面中，Ⅱ组相对Ⅰ组增长率为 92.87%；Ⅲ组相对Ⅱ组增长率为 57.16%。③在 c 型截面中，Ⅱ组相对Ⅰ组增长率为 88.6%；Ⅲ组相对Ⅱ组增长率为 55.95%。④在 d 型截面中，Ⅱ组相对Ⅰ组增长率为 89.62%；Ⅲ组相对Ⅱ组增长率为 48.88%。

在所有截面形状的试件中，截面面积从 180 mm² 增加为 270 mm² 时平均压溃力增长率变大，截面面积从 270 mm² 增加为 360 mm² 时平均压溃力增长率变小。可以初步得出结论：平均压溃力增长率随着截面面积的增大而逐渐减小。

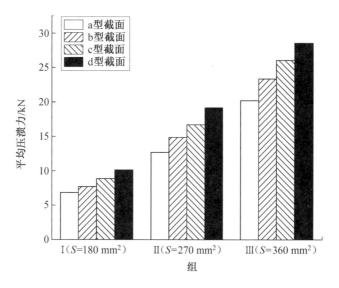

图 7.15　相同截面面积试件截面的平均压溃力对比

由图 7.15 可以得出以下结论。

（1）在Ⅰ组（180 mm²）、Ⅱ组（270 mm²）、Ⅲ组（360 mm²）三组中，比吸能大小都是 d 型截面试件＞c 型截面试件＞b 型截面试件＞a 型截面试件。可以初步得出结论：在相同截面面积的情况下，试件的截面形状越复杂，则其平均压溃力越大。

（2）①截面面积Ⅰ组中，a 型试件到 b 型试件增长率为 12.55％；b 型试件到 c 型试件增长率为 14.92％；c 型试件到 d 型试件增长率为 14.22％。②截面面积Ⅱ组中，a 型试件到 b 型试件增长率为 17.18％；b 型试件到 c 型试件增长率为 12.37％；c 型试件到 d 型试件增长率为 14.84％。③截面面积III组中，a 型试件到 b 型试件增长率为 15.57％；b 型试件到 c 型试件增长率为 11.51％；c 型试件到 d 型试件增长率为 9.63％。可以看出，在截面面积相同的情况下，改变截面形状对增长率的影响较小。

（3）从整体上看，可以得到结论：截面面积的变化对试件的平均压溃力增长率的影响较大；截面形状的变化对试件平均压溃力增长率的影响较小。

7.4.4 最大压溃力

最大压溃力（PF）P_{max}，是整个压缩过程中的最大作用力，其值与吸能结构的自身属性以及材料的截面形状有很大关系。最大压溃力一般会出现在两个位置：一个位置是压缩过程开始，试件刚产生屈曲变形时，这时的最大压溃力由试件的弹塑形屈曲所决定；另一个位置可能出现在压缩终止的时刻，当整个试件被完全压缩时，施加在试件上的载荷会迅速增大，即出现最大压溃力。在进行轴向压缩试验的过程中，主要分析的是压缩过程中第一次出现的最大压溃力，它与试件的能量吸收性能具有密切联系。较小的最大压溃力，在碰撞中对成员以及贵重品的保护效果更好。

试验数据处理结果如下：各试件的最大压溃力数值见表 7.5；相同截面形状（a、b、c、d 四种截面）试件最大压溃力对比图如图 7.16 所示；相同截面面积（Ⅰ、Ⅱ、Ⅲ三组截面面积）试件最大压溃力对比图如图 7.17 所示。

表 7.5　各试件的最大压溃力数值　　　　　　　　kN

截面形状	Ⅰ组 （180 mm²）	Ⅱ组 （270 mm²）	Ⅲ组 （360 mm²）
a型	13.34	21.00	29.65
b型	9.53	19.38	26.48
c型	8.17	17.98	25.73
d型	7.75	16.11	25.16

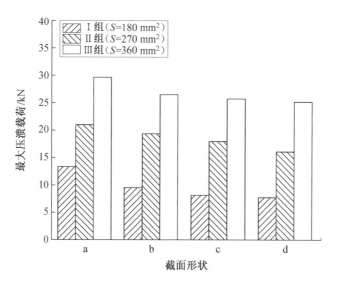

图 7.16 相同截面形状试件最大压溃力对比图

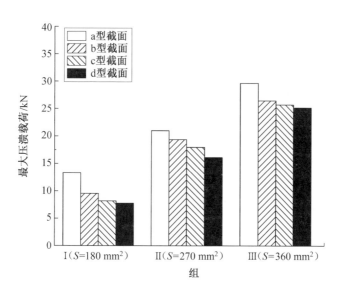

图 7.17 相同截面面积试件最大压溃力对比图

由图 7.16 可以看出：a、b、c、d 四种截面形状试件的最大压溃力都是III组试件（S=360 mm²）最大，II组试件（S=270 mm²）次之，I 组试件（S=180 mm²）最小；且从四组数据总体上看，最大压溃力呈现 a 型＞b 型＞c 型＞d 型的总体趋势。可以得到初步结论：在截面形状相同的条件下，试件的截面面积越小，则其最大压溃力越小。

但是试件的能量吸收性能要结合比吸能（S）、平均压溃力（P_m）、最大压溃力（P_{max}）、压溃力效率（C）四个吸能参数进行比较来判断，所以不能推论结构截面面积越小，其能量吸收性能就越优异。

由图 7.17 可以看出：I、II、III三组试件的最大压溃力都是 a 型＞b 型＞c 型＞d 型。可以初步得到结论：在截面面积相同的情况下，试件截面形状越复杂，最大压溃力越小。

另外，可以看出三组试件截面形状在由 a 型截面试件变化为 b 型截面试件时最大压溃力减小幅值最大。整体对比三组图形可以看出：第 II 组试件（S=270 mm²）四个试件的最大压溃力变化较为规律，平均最大压溃力下降幅度最大。

7.4.5 压溃力效率

各试件压溃力效率见表 7.6。相同截面形状试件的压溃力效率如图 7.18 所示。相同截面面积试件的压溃力效率如图 7.19 所示。

表 7.6 各试件压溃力效率 %

截面形状	I组（180 mm²）	II组（270 mm²）	III组（360 mm²）
a型	51.36	60.40	68.20
b型	80.91	76.72	88.23
c型	114.33	92.95	101.30
d型	123.75	119.15	113.60

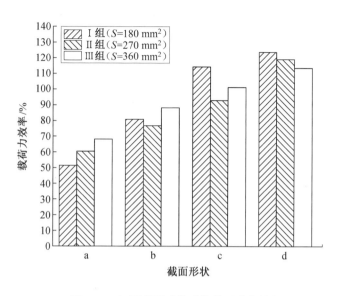

图 7.18 相同截面形状试件的压溃力效率

由表 7.6 和图 7.18 可得出：a 型截面形状的三个试件的压溃力效率随着截面面积的增大而增大，其中III组试件（$S=360$ mm^2）时压溃力效率最高，为 68.2％；b 型截面在截面面积为 270 mm^2 时压溃力效率最低，为 76.72％，在截面面积为 $S=$360 mm^2 时最高，为 88.23％；c 型截面的三个试件在截面面积为 180 mm^2 时，压溃力效率最高（114.33％）。d 型截面在不同截面面积下的压溃力效率分别为：I 组（$S=180$ mm^2）123.75％、II 组（$S=270$ mm^2）119.15％、III 组（$S=360$ mm^2）113.6％，其中截面面积为 180 mm^2 时压溃力效率最高（123.75％）。在所有试件中，试件 A-I-d 的压溃力效率最高，为 123.75％。

可以初步得出结论：在相同的简单截面形状（a 型截面）下，试件压溃力效率随着截面面积的增大而增大，吸能效率越来越好。当截面形状变得更加复杂时（b、c、d 型截面），压溃力效率随截面面积变化无明显规律。总体对比四组不同截面形状试件的数据发现，d 型截面的压溃力效率最高，能量吸收性能最好。

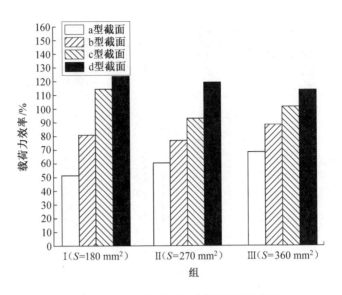

图 7.19　相同截面面积试件的压溃力效率

由图 7.19 可得出：在 I 组（S=180 mm^2）的四个试件中压溃力效率指标在 a 型试件（51.36%）→b 型试件（80.91%）→c 型试件（114.33%）→d 型试件（123.75%）的过程中逐渐增大。在 II 组（S=270 mm^2）、III组（S=360 mm^2）中都有相同的结果，都是 d 型截面的压溃力效率指标最高。总体上对比以上三组数据，可以看出 I 组、II 组试件压溃力效率随截面形状变化不均匀，III组试件变化较为均匀，呈现稳定增长趋势。

可以得到初步结论：在相同截面面积下压溃力效率指标会随着试件截面形状的复杂程度而增加。在截面面积较小（180 mm^2）时增加速率较快，对试件的吸能效果改变较大；在截面面积变大（360 mm^2）时增加速率放缓，对试件的吸能效果改变较小。

7.5　本章小结

本章以铝制多级薄壁结构为研究对象，采用数值仿真模拟的方法，对材料在轴向压溃力作用下的能量吸收性能展开研究。使用 ABAQUS 对试验过程进行了数值仿真模拟，分别对数据进行处理，对比研究变形模式及吸能参数，研究材料的能量吸收性能。随后选取一个试件对其进行理论分析，将其平均压溃力与仿真模拟试验所获得的平均压溃力进行对比，研究理论分析的有效性。将本章所做的具体研究工作总结如下。

设计出基于正六边形截面形状变化延伸的不同截面面积、不同截面形状的试件，利用 ABAQUS 软件对轴向压缩试验进行仿真模拟，并将得到的仿真结果进行对比分析。综合比吸能（S）、平均压溃力（P_m）、最大压溃力（P_{max}）、压溃力效率（C）四项结构耐撞性评价指标进行对比分析。由此可得：

（1）结构的截面面积对其能量吸收性能影响较大，其中比吸能增长率最大为 28.52%，平均压溃力增长率最大为 92.87%，压溃力效率增长率最大为 11.51%。在其他条件相同的情况下，吸能结构的截面面积越大，其能量吸收性能越好。

（2）吸能结构的截面形状复杂程度对其能量吸收性能影响比较有规律，其中比吸能增长率最大为 16.80%，平均压溃力最大增长率为 17.18%，最大压溃力降幅最大为 28.33%，压溃力效率提升最大为 26.23%。随着吸能结构的截面形状越来越复杂，其能量吸收性能越来越好，但能量吸收性能的提升会呈现放缓趋势。

第8章 蜘蛛网式薄壁管的能量吸收性能

8.1 概　述

本章将研究在中低速载荷状态下构件的能量吸收性能，以 15～30 m/s 作为中低速载荷的速度范围。吸能装置的作用机理是通过吸收对构件产生冲击的动能使自身发生变形来延长冲击作用的时间，并且将自己吸收到的动能转化为其他形式的能量，从而达到其保护作用。

8.2　蜘蛛网式薄壁结构

本章研究的模型是基于正六边形的形状，并通过对其进行变化来研究在动载荷下的能量吸收性能，具体蜘蛛网式二维模型如图 8.1 所示。

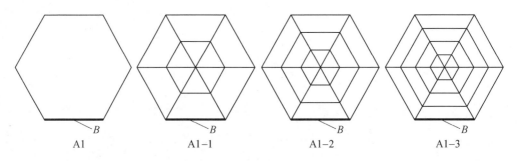

图 8.1　蜘蛛网式二维模型

如图 8.1 所示采取的基本正六边形的边长为 30 mm，该图中的四个图形中皆有一处加粗的区段，将此长度记为 B。分别设四个构件的厚度为 t_1、t_2、t_3、t_4，截面面积为 S_1、S_2、S_3、S_4。根据图 8.1 可以明显知道 A1 构件的截面面积 $S_1=6\times B\times t_1$。而另外三个图形的截面面积公式如下：

$$S_i = B \times \sum_{i=2}^{4}(3i + 9) \times t_i \qquad (8.1)$$

式中，B 为上述标记长度；i 为具体截面构件中心点到角点等分距离的数量；t 为构件厚度。

不难看出，第二~四个图形是将第一个图形的对角线分别等分为 4、6 和 8 份，并将等分点连接成同心正六边形而形成的。在定义 A1 为正六边形的基础上，根据均分点的不同划分为 A1-1、A1-2、A1-3。各个构件的具体参数见表 8.1。

表8.1　各个构件的具体参数

构件	高度/mm	厚度/mm	截面面积/mm²
A1	100	1	180
		1.5	270
		2	360
A1-1	100	0.4	180
		0.6	270
		0.8	360
A1-2	100	0.333	180
		0.5	270
		0.667	360
A1-3	100	0.286	180
		0.429	270
		0.571	360

8.3　有限元仿真

结构的材料属性，即应力和应变指标见表 8.2。

表8.2　应力和应变指标

屈服应力/MPa	塑性应变
401.4	0
473.04	0.021
521.1	0.046
552.94	0.086
563.94	0.106
576.99	0.141

以厚度为 1 mm 的图形为例，在导入草图后，以草图为 Part1，选择三维可变形实体，并选择拉伸，拉伸尺寸即为构件的高度，统一将各厚度的构件高度都设置为 100 mm。再选择三维解析刚体拉伸壳，并选择一个长度与宽度均为 200 mm 的图形作为仿真试验盖板记为 Part2，重复设置 Part2 的步骤将新做出来的构件作为仿真试验的底部支撑记为 Part3。在设置完部件后进入属性选项，创建材料属性：弹性模量为 0.2 MPa，泊松比为 0.3，并且在截面管理器选项中设置构建的厚度，此时将厚度设置为 1 mm，然后即可将这些属性赋予 Part1 构件。而对于 Part2 与 Part3 构件，需要分别在其上选择一个点作为参考点。由于此次研究的是在动载荷下的仿真试验，因此需要在 Part2 的参考点上设置一个惯性力，大小为 500 kN。接下来需要对三个构件进行装配，变成图 8.2 所示的图形。

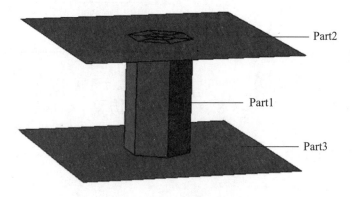

图 8.2　A1 厚度为 1 mm 的构件装配

在完成上述装配过程后需要开始分析步设置，选择动力-显式选项并且将时间长度设置为 0.003 s，在场输出历程选项中设置时间间隔为 200 并选择输出变量为应力、应变、位移/速度/加速度、作用力/反作用力、接触。在历程输出管理器选项中选择输出变量为能量。对于相互作用选项的设置需要先将 Part2 与 Part3 构件选择表面与表面接触之后再选择 Part1 构件并设置其为通用接触中的自接触。随后需要进行载荷的设置，在上述的属性部分阶段已经对 Part2 的参考点设置了一个大小为 500 kN 的惯性力，所以此时选择边界条件管理器选项，选择 Part2 的分析步类型为速度/角速度，按照设置与装配的不同，施加力的方向会发生变化，而在本章试验过程中均将此时的三维坐标呈 z 轴的正方向向下，则此时就可以将 z 轴正方向的速度 U3 设置为 25 m/s，其余选项均设置为 0。而对于 Part3 部分，由于将其作为底部支撑，因此它既不发生位移变化也不发生角度变化，此时将它的分析步类型设置为位移/转角。同时，无论装配的方式和此时的三维坐标如何，Part3 的各个位移与转角均应设置为 0。再选择网格选项对 Part1 构件进行网格划分，选择划分尺寸为 2 mm。划分好网格即可查询得出构件的节点总数为 11 169 个，构件的单元总数为 11 500 个。1 mm 构件的网格划分如图 8.3 所示。

图 8.3 1 mm 构件的网格划分

最后选择作业选项，创建计算文件并提交，得出计算结果。整个模型的建立与仿真试验的建立过程结束。下一步需要导出数据与图像，并对所需要的数据进行分析处理与对比。随后借助画图软件对数据进行分析处理并最终依靠此软件进行绘图工作。由时间-力与时间-位移两者的数据导入绘图软件得出力-位移曲线与内能图，由此可计算出比吸能、平均压溃力和最大压溃力等数据。

8.4　模拟结果

8.4.1　结构变形

图 8.4～8.7 中的（a）为相同截面构件之间的力-位移对比图，（b）～（e）分别为每个构件的第一个厚度（即 1 mm 的 A1 构件、0.4 mm 的 A1-1 构件、0.333 mm 的 A1-2 构件、0.286 mm 的 A1-3 构件）在 0.000 5 s、0.001 s、0.002 s、0.003 s 时的受力变化图像。

由图 8.4～8.7 可以看出 A1 构件的力-位移对比起伏最大。但就整体而言，相同截面构件，厚度越大则在同一位移时所受的载荷也越大。而由图 8.4～8.7 的受力变化图可知，同一截面构件的受力变形随着时间的增加而增大；由于上述四图所选取的截面面积均为 S_1，当截面不同时，厚度越小则对应变形越大。

由于不同厚度构件的塑性应变相似，现取厚度为 1 mm 的 A1 构件的应力应变云图作为代表展示其应力应变的变化过程。

图 8.8 为厚度 1 mm 的 A1 构件的应力应变云图。由该图可知：在初始阶段（图 8.8（a）），构件还没有出现折叠；而后开始在底部与顶部出现折叠（图 8.8（b））；接着分别在构件顶部、底部与中部出现三个折叠区，并且在中部出现压密（图 8.8（c））；最后则分别在构件顶部、底部与中部出现四个折叠区，同时在中部被压密（图 8.8（d））。

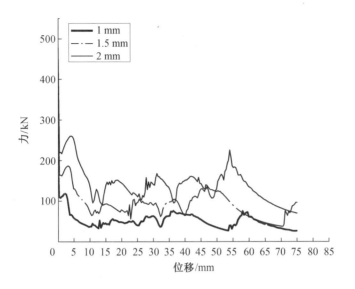

（a）A1 构件的力-位移对比

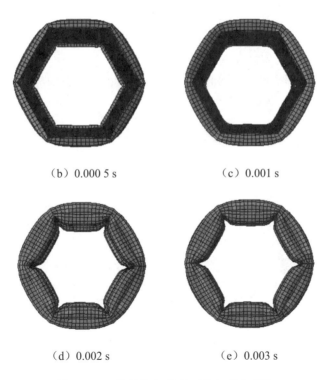

（b）0.000 5 s　　　　　　（c）0.001 s

（d）0.002 s　　　　　　（e）0.003 s

图 8.4　A1 构件的力-位移对比与受力变化

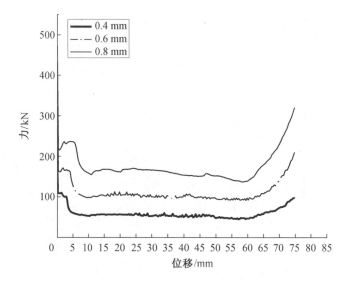

（a）A1-1 构件的力-位移对比

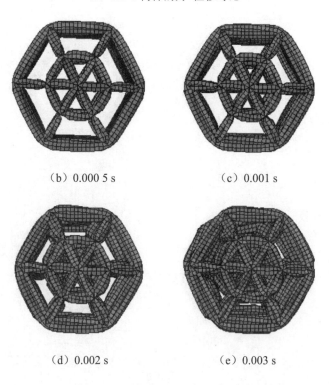

（b）0.000 5 s　　　　　　　（c）0.001 s

（d）0.002 s　　　　　　　（e）0.003 s

图 8.5　A1-1 构件的力-位移对比与受力变化

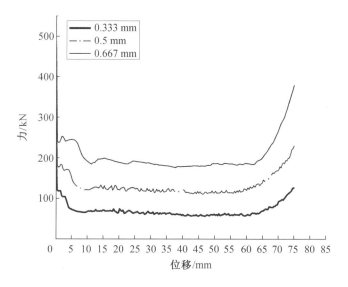

（a）A1-2 构件的力-位移对比

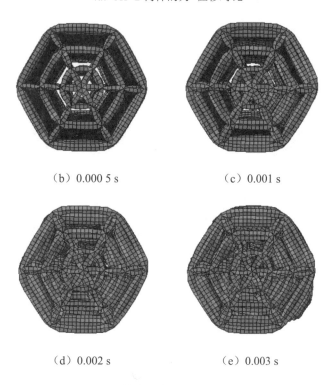

（b）0.000 5 s　　　　　　（c）0.001 s

（d）0.002 s　　　　　　（e）0.003 s

图 8.6　A1-2 构件的力-位移对比与受力变化

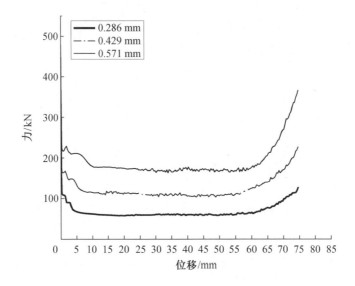

（a）A1-3 构件的力-位移对比

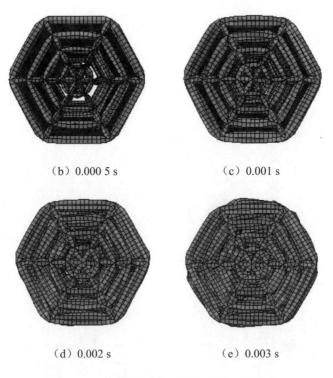

（b）0.000 5 s　　　　　　　　（c）0.001 s

（d）0.002 s　　　　　　　　（e）0.003 s

图 8.7　A1-3 构件的力-位移对比与受力变化

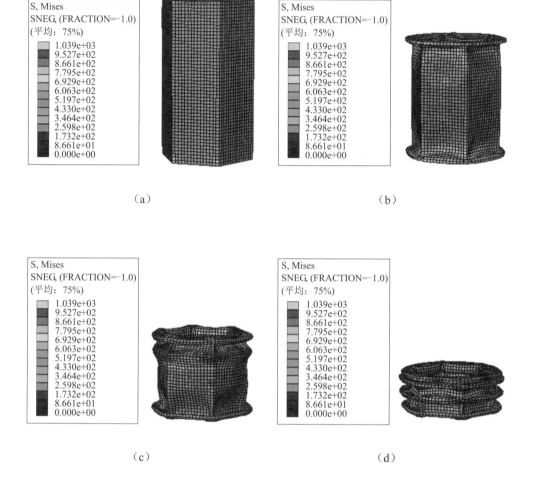

图 8.8　厚度 1 mm 的 A1 构件的应力应变云图

8.4.2　仿真对比

首先进行力-位移之间的比较，图 8.9（a）～（d）分别为截面 A1、A1-1、A1-2、A1-3 构件第一个厚度（即 1 mm、0.4 mm、0.333 mm、0.286 mm）的力-位移曲线图。

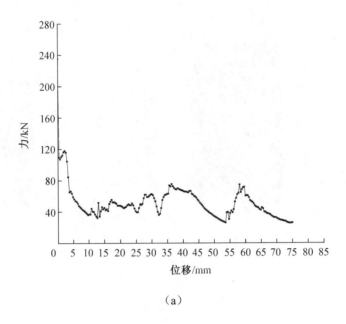

（a）

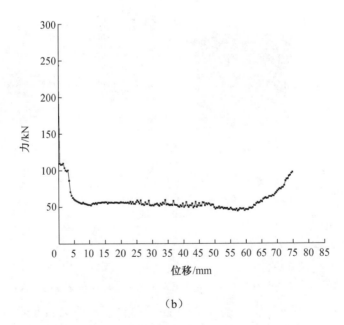

（b）

图 8.9　S_1 截面面积力-位移曲线对比

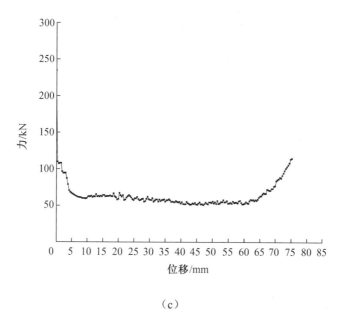

（c）

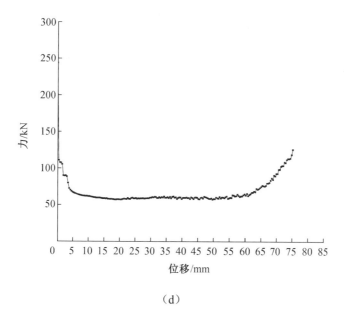

（d）

续图 8.9

由图 8.9 可以看出，1 mm 构件的力-位移曲线起伏比较大，而其余三个图像的曲线起伏较小。图 8.9（a）的最大压溃力大于其他三个图像，图 8.9（a）曲线在 60 mm 至最后的位移区段内呈下降趋势，而图 8.9（b）～（d）的曲线在 0～5 mm 的位移区段内呈下降趋势，在 5～60 mm 的位移区段内大致呈一水平的直线，且厚度越小，越接近水平线，在 60 mm 至最后的位移区段内，三者皆呈上升趋势。

再进行有限元仿真试验的比吸能对比：由于所取有效位移区段为 0～70 mm，因此取 70 mm 时的比吸能进行对比。各截面不同厚度在 70 mm 时的比吸能值见表 8.3。

表8.3　各截面不同厚度在70 mm时的比吸能值

截面	厚度/mm	70 mm 时的比吸能/($J \cdot g^{-1}$)
A1	1	26.200
	1.5	30.810
	2	36.238
A1-1	0.4	28.233
	0.6	35.415
	0.8	41.867
A1-2	0.333	30.494
	0.5	38.610
	0.667	44.425
A1-3	0.286	32.077
	0.429	39.169
	0.571	44.982

由图 8.10 与表 8.3 可以得出：当构件形状都为 A1 时，明显看出在整个位移过程中，厚度为 2 mm 的构件在位移为 70 mm 时的比吸能最大，其值为 36.238 J/g；厚度为 1.5 mm 的构件在位移为 70 mm 时的比吸能次之，其值为 30.810 J/g；厚度为 1 mm 的构件在位移为 70 mm 时的比吸能最小，其值为 26.200 J/g。从整个位移过程中也可以看到在 0～5 mm 位移区段时，三个厚度的比吸能相差不大，而在位移达到 5 mm 直到最后时，三者之间的比吸能差距越来越明显。

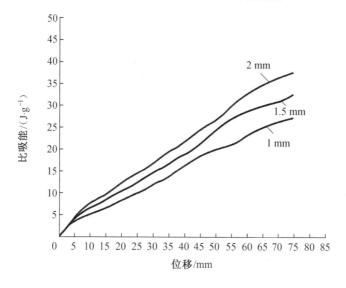

图 8.10　A1 构件的比吸能对比

由图 8.11 与表 8.3 可以得出：当构件形状都为 A1-1 时，在整个位移区段中，厚度为 0.8 mm 的构件在位移为 70 mm 时的比吸能最大，其值为 41.867 J/g；厚度为 0.6 mm 的构件在位移为 70 mm 时的比吸能次之，其值为 35.415 J/g；而厚度为 0.4 mm 的构件在位移为 70 mm 时的比吸能最小，其值为 28.233 J/g。同时，与图 8.8 相比而言，在位移为 70 mm 时，厚度为 0.8 mm 构件的比吸能大于 2 mm 构件的比吸能；厚度为 0.6 mm 构件的比吸能大于 1.5 mm 构件的比吸能；厚度为 0.4 mm 构件的比吸能大于 1 mm 构件的比吸能。而且与图 8.9 相比，图 8.10 的三条比吸能变化曲线都相对平滑，起伏小。但同时，在 0～5 mm 的位移区段内，图 8.10 的三条比吸能变化曲线相差不大。

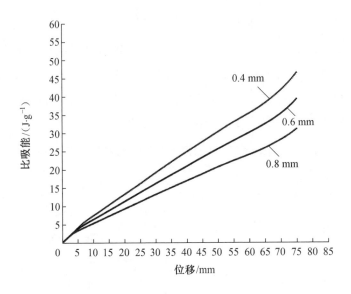

图 8.11　A1-1 构件的比吸能对比

由图 8.12 与表 8.3 可以得出：当构件截面都为 A1-2 时，厚度为 0.667 mm 的构件在位移为 70 mm 时的比吸能最大，其值为 44.425 J/g；厚度为 0.5 mm 的构件在位移为 70 mm 时的比吸能次之，其值为 38.610 J/g；而厚度为 0.333 mm 的构件在位移为 70 mm 时的比吸能最小，其值为 30.494 J/g。而对比图 8.10 与图 8.11 发现当位移为 70 mm 时，厚度为 0.667 mm 构件的比吸能大于 0.8 mm 构件的比吸能；厚度为 0.5 mm 构件的比吸能大于 0.6 mm 构件的比吸能；厚度为 0.333 mm 构件的比吸能大于 0.4 mm 构件的比吸能。并且其三条比吸能变化曲线更加平滑，在 0～5 mm 位移区段内，三条比吸能曲线数值也相差不大。

由图 8.13 与表 8.3 可以得出：当构件截面都为 A1-3 时，厚度为 0.571 mm 的构件在位移为 70 mm 时的比吸能最大，其值为 44.982 J/g；厚度为 0.429 mm 的构件在位移为 70 mm 时的比吸能次之，其值为 39.169 J/g；而厚度为 0.286 mm 的构件在位移为 70 mm 时的比吸能最小，其值为 32.077 J/g。而对比图 8.11 与图 8.12 发现当位移取 70 mm 时，厚度为 0.571 mm 的构件比吸能大于 0.667 mm 构件的比吸能；厚度为 0.429 mm 构件的比吸能大于 0.5 mm 构件的比吸能；厚度为

0.286 mm 构件的比吸能大于 0.333 mm 构件的比吸能。并且三条比吸能变化曲线最为平滑，在 0～5 mm 位移区段内，三条比吸能曲线数值也相差不大。

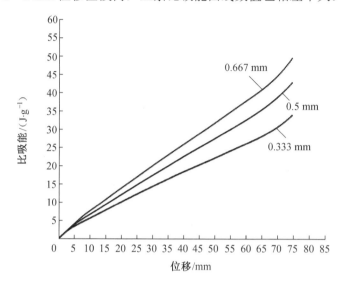

图 8.12 A1-2 构件的比吸能对比

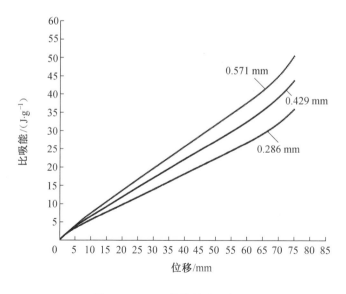

图 8.13 A1-3 构件的比吸能对比

由图 8.10~8.13 与表 3.1 可以得出以下结论。

（1）对于相同截面的构件，构件的厚度越大，则其比吸能也越大。

（2）对于相同截面的构件，三个厚度不同的构件在位移为 0~5 mm 的区段内，三条比吸能的变化曲线相差很小。

（3）对于相同截面的构件，在位移为 70 mm 时的比吸能随着厚度的减小而增大。当截面面积为 S_1，厚度从 1 mm 变为 0.286 mm 时，比吸能降低了 18.32%；当截面面积为 S_2，厚度从 1.5 mm 变为 0.429 mm 时，比吸能降低了 21.34%；当截面面积为 S_3，厚度从 2 mm 变为 0.571 mm 时，比吸能降低了 19.44%。

（4）对于不同截面的构件，当截面面积相同时，厚度越小，则其在位移为 70 mm 时的比吸能越大。

由图 8.14 可以看出：当截面面积为 S_1 时，取位移为 70 mm 时的比吸能进行比较，厚度为 0.286 mm 的构件比吸能最大，其值为 32.077 J/g；厚度为 0.333 mm 的构件比吸能第二，其值为 30.494 J/g；厚度为 0.4 mm 的构件比吸能次之，其值为 28.233 J/g；厚度为 1 mm 的构件比吸能最小，其值为 26.200 J/g。并且厚度小的三条比吸能变化曲线都较为平滑，只有厚度为 1 mm 的构件的比吸能变化曲线起伏最大。在 0~7 mm 位移区段内，四条比吸能变化曲线数值也相差不大。

由图 8.15 可以看出：当截面面积为 S_2 时，取位移为 70 mm 时的比吸能进行比较，厚度为 0.429 mm 的构件比吸能最大，其值为 39.169 J/g；厚度为 0.5 mm 的构件比吸能第二，其值为 38.610 J/g；厚度为 0.6 mm 的构件比吸能次之，其值为 35.415 J/g；厚度为 1.5 mm 的构件比吸能最小，其值为 30.810 J/g。并且厚度小的三条比吸能变化曲线都较为平滑，只有厚度为 1.5 mm 的构件的比吸能变化曲线起伏最大。在 0~10 mm 的位移区段内，四条比吸能变化曲线数值也相差不大。并且厚度为 0.429 mm 与厚度为 0.5 mm 构件的比吸能变化曲线在整个位移区段内的差值都很小，在 0~60 mm 的位移区段内，0.5 mm 构件的比吸能变化曲线在 0.429 mm 构件之上，在 60 mm 至最后的位移区段，0.429 mm 构件的比吸能变化曲线才超过厚度为 0.5 mm 的构件。厚度为 1.5 mm 构件的比吸能变化曲线在 0~40 mm 呈现凹形，在 40~55 mm 呈现凸形，在 55~65 mm 呈现凹形，在 65 mm 至最后又变为凸形。由此可以看出，厚度为 1.5 mm 的比吸能变化曲线在整个位移区段内的起伏比较大。

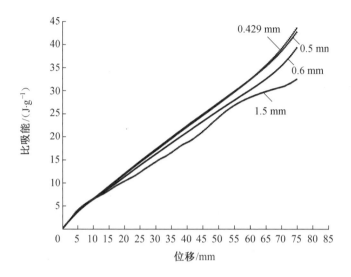

图 8.14　截面面积为 S_1 的构件的比吸能对比

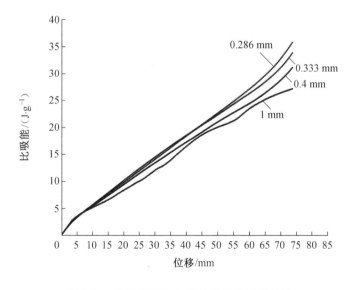

图 8.15　截面面积为 S_2 的构件的比吸能对比

由图 8.16 可以看出：当截面面积为 S_3 时，取位移为 70 mm 时的比吸能进行比较，厚度为 0.571 mm 的构件比吸能最大，其值为 44.982 J/g；厚度为 0.667 mm 的构件比吸能第二，其值为 44.425 J/g；厚度为 0.8 mm 的构件比吸能次之，其值为 41.867 J/g；厚度为 2 mm 的构件比吸能最小，其值为 36.238 J/g。并且厚度小的三条比吸能变化曲线都较为平滑，只有厚度为 2 mm 的构件的比吸能变化曲线起伏最大。在 0～12 mm 的位移区段内，四条比吸能变化曲线数值也相差不大。并且厚度为 0.571 mm 与厚度为 0.667 mm 构件的比吸能变化曲线在整个位移区段内的差值都很小，在 0～68 mm 的位移区段内，厚度为 0.667 mm 构件的比吸能变化曲线在 0.5 mm 构件之上，在 68 mm 至最后段，厚度为 0.571 mm 构件的比吸能变化曲线才超过厚度为 0.667 mm 的构件。

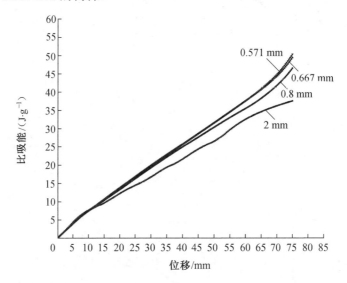

图 8.16　截面面积为 S_3 的构件的比吸能对比

由图 8.14～8.17 可得出以下初步结论：

（1）对于截面面积相同的构件，其厚度越小，则其在位移为 70 mm 时的比吸能越大。

（2）截面面积越大的构件，则比吸能变化曲线位移相近区段也越大。

（3）对于截面面积相同的构件，厚度最大的构件的比吸能变化曲线起伏最大，厚度小的三条曲线都相对平滑。而随着截面面积的增大，比吸能变化曲线也越来越平滑。

（4）对于相同截面的构件，在位移为 70 mm 时的比吸能随着厚度的增大而增大。当截面为 A1，厚度从 1 mm 变为 2 mm 时，比吸能增加了 27.70%；当截面为 A1-1，厚度从 0.4 mm 变为 0.8 mm 时，比吸能增加了 32.57%；当截面为 A1-2，厚度从 0.333 mm 变为 0.667 mm 时，比吸能增加了 31.36%；当截面为 A1-3，厚度从 0.286 mm 变为 0.571 mm 时，比吸能增加了 28.69%。

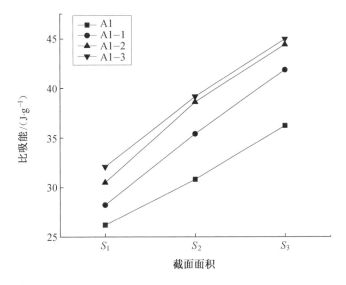

图 8.17　位移为 70 mm 时构件的比吸能对比

由图 8.18 与表 8.4 可以看出：就整体而言，构件的截面面积越大，其对应构件的平均压溃力越大。截面面积相同构件的平均压溃力大小按照如下顺序排列：A1-3＞A1-2＞A1-1＞A1。对于相同截面面积的构件，厚度越小，则其平均压溃力越大。当截面面积为 S_1 时，A1-1 截面相对于 A1 截面平均压溃力增大了 7.200%，A1-2 截面相对于 A1-1 截面平均压溃力增大了 7.413%，A1-3 截面相对于 A1-2 截面平均压溃力增大了 4.934%；当截面面积为 S_2 时，A1-1 截面相对于 A1 截面平均压溃力增大了 13.002%，A1-2 截面相对于 A1-1 截面平均压溃力增大了 8.274%，A1-3 截面相对于 A1-2 截面平均压溃力增大了 1.427%；当截面面积为 S_3 时，A1-1

截面相对于 A1 截面平均压溃力增大了 13.445%，A1-2 截面相对于 A1-1 截面平均压溃力增大了 5.757%，A1-3 截面相对于 A1-2 截面平均压溃力增大了 1.237%。

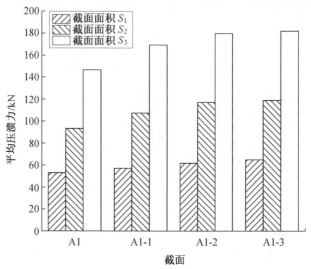

图 8.18　截面面积相同构件平均压溃力对比

表8.4　构件的平均压溃力

截面	厚度/mm	平均压溃力/kN
A1	1	52.955
	1.5	93.408
	2	146.485
A1-1	0.4	57.064
	0.6	107.368
	0.8	169.240
A1-2	0.333	61.633
	0.5	117.053
	0.667	179.579
A1-3	0.286	64.832
	0.429	118.748
	0.571	181.828

由图 8.19 与表 8.4 可以看出：对于相同截面的构件，厚度越大，则其平均压溃力越大。当截面为 A1，厚度从 1 mm 变为 1.5 mm 时，平均压溃力增加了 43.31%；厚度从 1.5 mm 变为 2mm 时，平均压溃力增加了 36.23%。当截面为 A1-1，厚度从 0.4 mm 变为 0.6 mm 时，平均压溃力增加了 46.85%；厚度从 0.6 mm 变为 0.8 mm 时，平均压溃力增加了 36.56%。当截面为 A1-2，厚度从 0.333 mm 变为 0.5 mm 时，平均压溃力增加了 47.35%；厚度从 0.5 mm 变为 0.667 mm 时，平均压溃力增加了 34.82%。当截面为 A1-3，厚度从 0.286 mm 变为 0.429 mm 时，平均压溃力增加了 45.40%；厚度从 0.429 mm 变为 0.571 mm 时，平均压溃力增加了 34.69%。

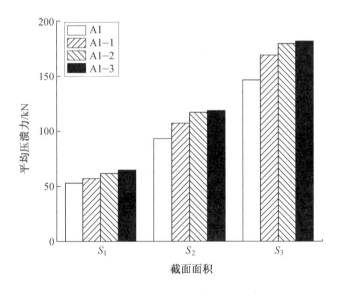

图 8.19　截面相同构件的平均压溃力对比

由图 8.20 与表 8.5 可以看出：当截面面积为 S_1 时，构件的最大压溃力 A1＞A1-1＞A1-2＞A1-3；当截面面积为 S_2 时，构件的最大压溃力 A1-1＞A1-2＞A1-3＞A1；当截面面积为 S_3 时，构件的最大压溃力 A1-1＞A1-2＞A1-3＞A1。当截面面积为 S_1 时，A1-1 截面相对于 A1 截面最大压溃力减小了 6.807%，A1-2 截面相对于 A1-1 截面最大压溃力减小了 1.642%，A1-3 截面相对于 A1-2 截面最大压溃力减小了 16.630%；当截面面积为 S_2 时，A1-1 截面相对于 A1 截面最大压溃力增大了 4.321%，A1-2 截面相对于 A1-1 截面最大压溃力减小了 2.400%，A1-3 截面相对于 A1-2 截面最大压溃力减小了 0.662%；当截面面积为 S_3 时，A1-1 截面相对于 A1 截面最大压溃力增大了 6.722%，A1-2 截面相对于 A1-1 截面最大压溃力减小了 2.416%，A1-3 截面相对于 A1-2 截面最大压溃力减小了 1.279%。

由图 8.21 与表 8.5 可以看出：当构件的截面形状相同时，厚度也大，则其最大压溃力也更大。当截面为 A1，厚度从 1 mm 变为 1.5 mm 时，最大压溃力增加了 28.310%；厚度从 1.5 mm 变为 2mm 时，最大压溃力增加了 25.371%。当截面为 A1-1，厚度从 0.4 mm 变为 0.6 mm 时，最大压溃力增加了 36.075%；厚度从 0.6 mm 变为 0.8 mm 时，最大压溃力增加了 27.244%。当截面为 A1-2，厚度从 0.333 mm 变为 0.5 mm 时，最大压溃力增加了 35.581%；厚度从 0.5 mm 变为 0.667 mm 时，最大压溃力增加了 27.232%。当截面为 A1-3，厚度从 0.286 mm 变为 0.429 mm 时，最大压溃力增加了 45.936%；厚度从 0.429 mm 变为 0.571 mm 时，最大压溃力增加了 26.777%。

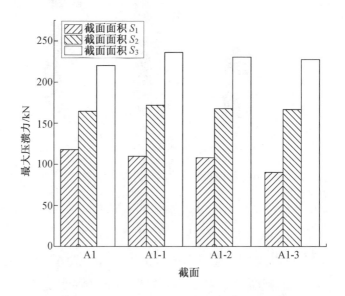

图 8.20　截面面积相同构件的最大压溃力对比

表8.5　构件的最大压溃力

截面	厚度/mm	最大压溃力/kN
A1	1	117.793
	1.5	164.309
	2	220.168
A1−1	0.4	109.775
	0.6	171.730
	0.8	236.035
A1−2	0.333	107.972
	0.5	167.609
	0.667	230.323
A1−3	0.286	90.016
	0.429	166.500
	0.571	227.388

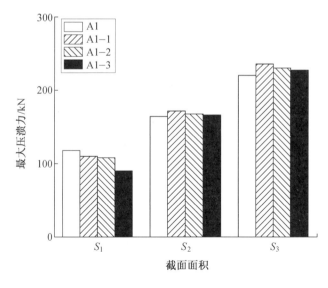

图 8.21　截面相同构件的最大压溃力对比

    由图 8.22 与表 8.6 可以看出：当构件的截面面积相同时，厚度越小的构件压溃力效率越大。当截面面积为 S_1 时，A1-1 截面相对于 A1 截面的压溃力效率增大了 13.462%，A1-2 截面相对于 A1-1 截面的压溃力效率增大了 8.932%，A1-3 截面相对于 A1-2 截面的压溃力效率增大了 20.694%；当截面面积为 S_2 时，A1-1 截面相对于 A1 截面的压溃力效率增大了 9.120%，A1-2 截面相对于 A1-1 截面的压溃力效率增大了 10.458%，A1-3 截面相对于 A1-2 截面的压溃力效率增大了 2.104%；当截面面积为 S_3 时，A1-1 截面相对于 A1 截面的压溃力效率增大了 7.252%，A1-2 截面相对于 A1-1 截面的压溃力效率增大了 8.077%，A1-3 截面相对于 A1-2 截面的压溃力效率增大了 2.500%。

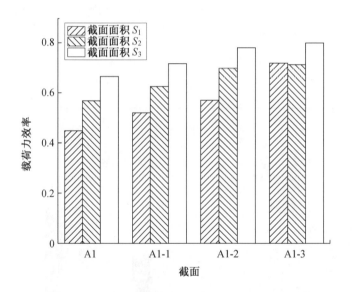

图 8.22　截面面积相同构件的压溃力效率对比

表8.6　构件的压溃力效率

截面	厚度/mm	压溃力效率/%
A1	1	0.450
	1.5	0.568
	2	0.665
A1-1	0.4	0.520
	0.6	0.625
	0.8	0.717
A1-2	0.333	0.571
	0.5	0.698
	0.667	0.780
A1-3	0.286	0.720
	0.429	0.713
	0.571	0.800

由图 8.23 与表 8.6 可以看出：当截面为 A1，厚度从 1 mm 变为 1.5 mm 时，压溃力效率增加了 20.775%；厚度从 1.5 mm 变为 2mm 时，压溃力效率增加了 14.586%。当截面为 A1-1，厚度从 0.4 mm 变为 0.6 mm 时，压溃力效率增加了 16.800%；厚度从 0.6 mm 变为 0.8 mm 时，压溃力效率增加了 12.831%。当截面为 A1-2，厚度从 0.333 mm 变为 0.5 mm 时，压溃力效率增加了 18.195%；厚度从 0.5 mm 变为 0.667 mm 时，压溃力效率增加了 10.513%。当截面为 A1-3，厚度从 0.286 mm 变为 0.429 mm 时，压溃力效率减小了 0.972%；厚度从 0.429 mm 变为 0.571 mm 时，压溃力效率增加了 10.875%。压溃力效率最大为 0.571 mm 的 A1-3 构件，其值为 0.800，压溃力效率最小为 1 mm 的 A1 构件，其值为 0.450。

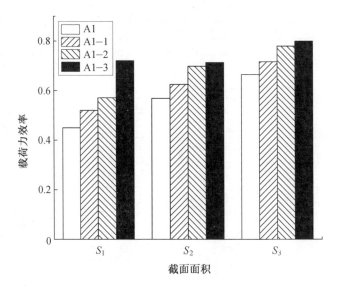

图 8.23　截面相同构件压溃力效率对比

8.5　本章小结

本章以铁制薄壁金属为研究对象，在中低速载荷下进行动态研究，观察其能量吸收性能。在确定构件的截面与厚度后进行了有限元仿真试验并得到试验数据，在此基础上对数据进行了处理和理论分析，将仿真试验与理论分析进行对比得出以下结论。

（1）对于截面相同的构件，厚度越大则比吸能也越大。对于截面面积相同的构件，厚度越小则比吸能越大。随着截面面积的增大，比吸能曲线也越来越平滑。取位移为 70 mm 的比吸能比较而言，比吸能最大的是厚度为 0.571 mm 的 A1-3 构件，其值为 44.982 J/g，比吸能最小的是厚度为 1 mm 的 A1 构件，其值为 26.200 J/g。

（2）对于截面相同的构件，厚度越大则平均压溃力也越大。对于截面面积相同的构件，厚度越小则平均压溃力越大。平均压溃力最大的是厚度为 0.571 mm 的 A1-3 构件，其值为 181.828 kN，平均压溃力最小的是厚度为 1 mm 的 A1 构件，其值为 52.955 kN。

（3）相同截面构件的截面面积越大，其最大压溃力也越大。最大压溃力最大为 0.8 mm 的 A1-1 构件，其值为 236.035 kN，最大压溃力最小为 0.286 mm 的 A1-3 构件，其值为 90.016 kN。当截面面积相同时，截面面积为 S_1 时的 A1-2 截面比 A1-3 截面的最大压溃力大 16.630%，变化最大；截面面积为 S_2 时的 A1-2 截面比 A1-3 截面的最大压溃力大 0.662%，变化最小。当截面相同时，A1-3 截面的 0.429 mm 比 0.286 mm 的最大压溃力大 45.936%，变化最大；A1 截面的 2 mm 比 1.5 mm 的最大压溃力大 25.371%，变化最小。

（4）当截面面积相同时，厚度越小则压溃力效率越大。当截面面积相同时，截面面积为 S_1 时的 A1-3 截面比 A1-2 截面的压溃力效率大 20.694%，变化最大；截面面积为 S_2 时的 A1-3 截面比 A1-2 截面的压溃力效率大 2.104%，变化最小。当截面相同时，A1 截面的 1.5 mm 比 1 mm 的压溃力效率大 20.775%，变化最大；A1-3 截面的 0.286 mm 比 0.429 mm 的压溃力效率大 0.972%，变化最小。整体而言，压溃力效率最大的为 0.571 mm 的 A1-3 构件，其值为 0.800，最接近理想状态的压溃力效率。压溃力效率最小的为 1 mm 的 A1 构件，其值为 0.450。

（5）在进行静态仿真试验与理论研究的平均压溃力的误差比较后，认为误差在 10% 以下，仿真试验结果是可靠的。动态修正系数随着厚度的增大而增大，所求的动态修正系数均大于 1，说明动态仿真试验的平均压溃力均大于静态仿真试验的平均压溃力。

（6）在分析对比了这不同截面不同厚度的 12 组构件后，由于 0.571 mm 构件的比吸能、平均压溃力、压溃力效率最大且最大压溃力不是最大的，因此认为厚度为 0.571 mm 的 A1-3 构件的吸能能力最为优秀。当然，由于条件限制，本章并没有进行实际的试验，只进行了理论分析与仿真试验，因此还需要不断地尝试与发展来完善结果。

第9章　6061铝合金薄壁管的能量吸收性能

9.1　概　述

Alexander 通过对金属薄壁圆管在轴向压溃力下的吸能反应进行理论分析建模，并提出经典的对称和非对称模型。在此基础上，国内外许多研究者开始对薄壁圆管的吸能进行探索，直到计算机仿真技术的出现，对吸能结构的探索出现了新的突破。薄壁管结构的能量吸收性能不仅与材料、载荷、速度不同有关，还与结构的截面形状、尺寸大小等方面的因素有关。目前国内外研究的主要方向有不同的薄壁管截面形状，如矩形、圆形、六边形、三角形等；不同的薄壁管材料，如复合材料、合金、橡胶式等；不同的薄壁管结构，如金字塔形，竹节形等。

徐芝纶、孙训方等介绍了材料在扭转压缩等不同形态力下的位移-应力-应变关系等，详细写出了材料的各种力学关系；余同希通过对结构与材料的相关概述，进一步引入动静状态下构件的能量吸收状态；朱文波等研究在不同轴向力的作用下的材料位移曲线，得到了薄壁圆管在不同准静态与动态下时轴向吸能效果影响不大的结论；王冠利用万能试验机研究 6063 铝合金进行轴向压缩试验，在不同时效状态下，材料发生不同形式的变形，由欧拉模式转变为手风琴模式的同时，材料的载荷逐渐加大，能量吸收性能也随之提高，并且提出铝合金薄壁结构的变形模式与材料的弹-塑性过渡段的应力-应变曲线变化率有关；王会霞根据竹节分布的结构特点，设计出仿生截面和结构的吸能材料并进行轴向压溃测试，试验结果表明，在无节仿生结构下，材料的能量吸收性能比普通圆管提升了 61.4%，随着节数的增多，仿生结构的比吸能在逐渐下降，但相比普通圆管的性能还是要高，因此分析得出，考虑竹材质与金属材料的差异，节结构不能提高金属薄壁管结构的轴向能量吸收性能，但仿生节结构的存在能提高结构在轴向压溃压力下的稳定性；吕丁等人基于泡沫铝在生活中的应用，利用霍普金森压杆试验，分析了不同相对密度的泡沫铝在轴向动态载荷的应力-应变数据，得到相对密度越大，泡沫铝合金的吸能效果越好，并且对应变率的变化也越敏感的结论；Gupta 等人研究了薄壁管和锥形筒的复合结构在轴向力的作用下的变形模式，通过调整薄壁管的壁厚和锥形筒的锥度来比较分析不同形态下的吸能效果，结果表明该组合结构的薄壁管的变形受锥角的影响较大，锥角越大越易变形。

不同截面形状的薄壁管对结构的吸能影响也引起了许多学者的注意，Ali Alavi Nia 等人对不同截面形状（圆形、方形、矩形、六边形、三角形、锥形、锥体）的薄壁管进行分析研究其变形及吸能能力，在保证管道内的体积、截面面积、高度等相同的情况下对比分析得出：边数越少，吸能能力越低，所以三角形截面的吸能能力最低，薄壁管有最大的吸能能力，但由于最大力与冲击事件有关，建议采用锥管或锥体；栗荫帅利用 LS-DYNA 有限元软件对不同截面尺寸的矩形车身薄壁梁结构进行正面和侧面的碰撞分析，得到结果：在正面碰撞中，矩形中的方形是较好的吸能梁选择方向，在侧面碰撞中，碰撞方向上梁的截面尺寸越大，吸能效果越好，并且分析得出发生变形产生褶皱过程中，梁的吸能能力是根据梁薄弱边达到压溃条件时所施加的力决定的；米林等人针对汽车保险杠进行了研究，根据五种不同截面形状的单腔铝合金圆管和四种不同多腔结构的铝合金圆管的试验对比，同时分析了不同壁厚的保险杠对碰撞吸能的影响，结果表明，对于单腔结构和多腔结构都是八边形截面的吸能效果最好，同时多腔结构和增加壁厚都随着棱数的增多，能量吸收性能也有增大趋势；林晓虎等人构建了不同排布方式的三角形网格薄壁管，在不同轴向压溃力和不同壁厚下分析变形模式及吸能影响，排布规则的网格圆柱的变形是整体的，壁厚的影响较小，随着速度的增加，两种网格排布结构的变形都集中在冲击端元区内。

此次研究对薄壁管进行了分离式霍普金森压杆试验、万能材料机准静态压缩试验和拉伸试验，试验均涉及轴向力的拉伸或压缩，因此评判薄壁管吸能特征的评价标准为比吸能（S）、平均压溃力、最大压溃力；霍普金森压杆试验由于需要的速度太大，在试验过程中也应用了数字图像相关（DIC）计算材料的载荷-位移曲线，同样对比吸能参数得到一定的数据；利用经典的 Alexander 对称和非对称模型对 6061 铝合金薄壁管进行理论分析，结合三个试验的参数对比分析对材料的能量吸收性能进行总结确定，为 6061 铝合金薄壁管做吸能装置提供一定的参考。

9.2　6061 铝合金拉伸试验及材料本构模型的标定

9.2.1　轴向拉伸试验

万能材料试验机可对橡胶、金属、塑料、混凝土等材料进行拉伸、压缩、剪切、弯曲、刚度试验。万能材料试验机一般采用液压加力的方式，整体外观简洁，夹具完善，试验台空间较为宽敞，操作方便，工作稳定可靠。施力装置与测力装置分开安装，油缸在承台下方，显示力装置为液晶显示器，安放在机器的右侧。控制中心可将力、位移、变形等全数字化，各个控制坏之间能进行自山切换，实时控制速率的变化，试验速度可在 0.000 1～1 000 mm/min 之间转换，精度极高，试验结束后能以较高的速度调整横梁到初始位置，缩短试验时间。试验过程中控制与数据处理系统能保证试验过程不受外界条件干扰，同时能及时存储数据处理数据，试验结束后能重新调出数据，查看受力变形过程。万能材料试验机配备了相应的计算机软件，能与机器相连接，具有很强的数据、图像、表格等处理能力，可直接对信息进行统一分析，得出完整的试验报告。在安全方面，因能施加将近 100 kN 的力，所以拥有多种安全处理方式，包括限位保护、超载保护以及急停按钮，能够保证试验人员的安全、试件的安全，也能保证试验机不被破坏。岛津万能材料试验机如图 9.1 所示。

Manta 相机（图 9.2）属小型千兆网工业相机，具有高分辨率、高速度、色彩还原好、噪声低等特点，广泛应用于工业制造品质检测、高速高精密测量、智能交通系统等领域。其作用原理也是将光信号转化为电信号进行存储分析。此次试验使用两个相机，在左右两侧进行 3D 拍摄，用于观察铝合金薄壁管在压缩过程中的运动状态，监测位移变化，求得材料的应变率。

图 9.1　岛津万能材料试验机

图 9.2　Manta 相机

　　DIC 操作系统，即数字图像相关法，又称数字散斑相关法，是一种基于计算机视觉技术利用光学来测量材料力学性能的方法，主要运用于反应位移和应力应变间的关系。DIC 结合了多门学科技术，属于非接触式测量方法。相比于只能得到被测物体表面某些点试验数据的传统的接触式测量，新型的非接触式测量方法能够全面地获取被测物体的位移及应力应变信息，并且具有精度更高、范围更全面等优势。DIC 对测试环境的要求更低，相比于传统测量所需的特殊光源，在照明条件差的环境中普通的光源便能够满足 DIC 的需求。因此作为一种精度更高效果更明显的测量方法，DIC 在材料的测试方面的运用十分广泛且发挥着不可替代的作用。目前，DIC 技术已在材料测试、航天航空、断裂力学、生物力学等众多领域取得了瞩目的成就。

试验原理：在试验之前，为了取得更好更精确的试验测量数据，需在试样表面喷漆或进行其他处理形成人工散斑。试验相机根据多次乃至连续的曝光记录下试验过程，然后数字图像相关法可以直接利用试件表面的人工散斑的全场位移变化计算出试件相关部位的位移和应力应变之间的关系。简单来说，DIC 技术就是在试验过程中对包含像素特征点的样品表面进行拍照，在选定基准图像后根据数学算法得出样品在试验过程中的位移信息。有了位移的数据，即可得到应变的数据，而这些信息就可以被用来分析研究材料受力过程中的变形行为。

标定板（图 9.3）在三维重建、摄影测量、机器视觉上发挥作用，能矫正摄像机与观察物之间因夹角存在的镜头畸变，同时确定实际大小与像素里的尺寸，进而在进行三维建模分析时找到实际物体的位置。试验中采用的标定板为 12 mm×9 mm，通过相机的拍摄，经过标定计算后，在计算机端得到相机拍摄出的几何模型，经过计算分析得到高精度的测量模型。

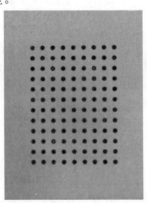

图 9.3　标定板（12 mm×9 mm）

为得到试样在常温准静态下的本构关系，需要对试样进行拉伸试验。影响拉伸试验结果准确度的因素很多，主要包括试样、试验设备和仪器、拉伸性能测试技术和试验结果处理等几大类。为获得准确可靠的、试验室之间可比较的试验数据，必须对上述因素加以限定（即标准化），使其影响减少到最低程度。所以，金属材料拉伸试验必须采用标准试样或比例试样。拉伸试样设计尺寸示意图与实际尺寸如图 9.4～9.6 所示。

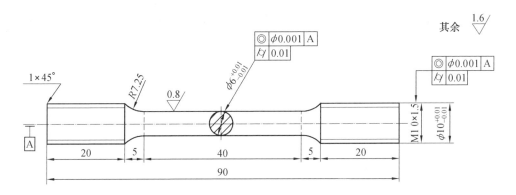

图 9.4　拉伸试样设计示意图

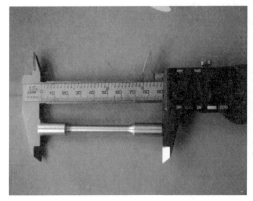

图 9.5　拉伸试样长度

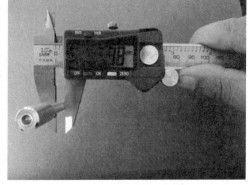

图 9.6　拉伸试样直径

　　试验利用岛津万能材料试验机进行试验，试验开始首先打开万能材料试验机进行预热，并将夹具换为 9～14 mm 的拉伸夹具；打开计算机 DIC 处理系统，对试件喷洒哑光白漆，防止在观察试样时出现反光，用吹风机远距离吹干漆油，对试件手动点斑做散斑处理；然后将试件固定在试验机上，安放时先夹下部再夹上部，确保散斑处理后的面正对观测面，多次踩压控制器防止施加力时出现滑移；放置摄像机（一个）和灯光道具，调整相机位置，使试件出现在计算机屏幕中央位置，通过调光圈和焦距来使视野达到最清晰，试验器具位置摆放如图 9.7 所示；灯光照射要保证整个试件在试验过程中都处于光亮状态，同时灯光照射很可能出现反光问题，致使在 DIC 处理系统视野上出现红斑影响计算，因此要找好光照角度；一切准备完成后，设置横梁向上移动，速度为 2 mm/min；调试完成 DIC 系统和万能材料机的计算机控制系统，同时点击开始操作，DIC 设备全程监测试样的变化，试样在即将断裂时会出现明显的颈缩现象，等试样断裂时，手动结束 DIC 系统检测，万能材料试验机自动结束检测；升起夹具取下试样，拍照装进自封袋中，在自封袋上记录试验数据进行标记；对数据进行处理保存。

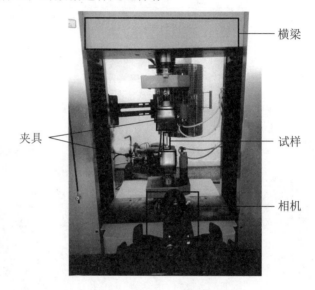

图 9.7　试验器具位置摆放

9.2.2　试验结果

通过对圆棒在常温准静态下进行拉伸试验，校准材料本构模型及力学性能参数（弹性模量、屈服强度、硬化参数等）。本章试验圆棒拉伸段的名义直径为 6 mm、拉伸段与两端用圆弧自然相接，测量得到拉伸段的最小直径为 5.99 mm；对试样进行散斑喷涂，其次，进行试样固定，其中一端完全铰接，不能发生位移，另一端固定后能随横梁轴向运动。试样拉伸速度设为 2 mm/min，试样的标距段长度为 30 mm。试验结束，通过 DIC 系统处理后得到材料的应变及位移，计算得到材料的应力-应变曲线、载荷-位移曲线。最后，利用 Origin 2018 拟合得到 6061 铝合金材料的相关力学性能及本构参数，并进行优化后得到材料的本构模型参数。材料拉断完成试验后如图 9.8 所示，试样 1（编号 T1）在上部发生断裂，其断口如图 9.9 所示，试样 2（编号 T2）在下部出现断裂，其断口如图 9.10 所示。

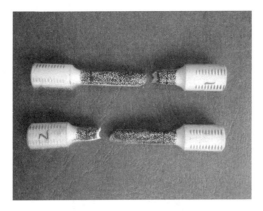

图 9.8   拉断后的试样

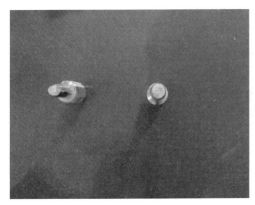

图 9.9   试样 1 断口

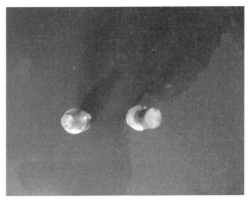

图 9.10   试样 2 断口

材料在常温准静态下的拉伸试验经由 DIC 处理后，可得到材料拉伸过程中的应变及位移，万能材料试验机能得出试样的载荷，将数据导入 Excel 中，可得到材料的载荷-位移曲线（图 9.11），根据载荷与工程应力公式（9.1）、位移与工程应变公式（9.2），可得到材料的工程应力-应变曲线（图 9.12）。

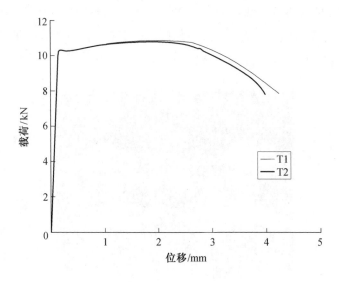

图 9.11　载荷−位移曲线

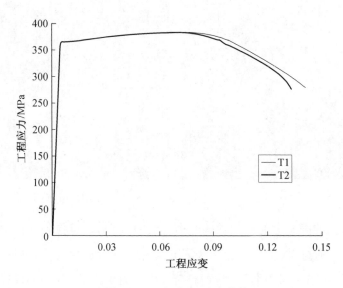

图 9.12　工程应力−应变曲线

其中，工程应力

$$S = \frac{P}{A_0} \tag{9.1}$$

工程应变

$$\varepsilon_e = \frac{\Delta l}{l_0} = \frac{l - l_0}{l_0} \tag{9.2}$$

式中，P、A_0、S 分别代表工程应力（Pa）、施加的轴向压溃力（N）、试样的最小横截面面积（m²）；ε_e、Δl、l、l_0 分别代表工程应变、标距段的伸长量（m）、标距段当前的长度（m）、标距段的原始长度（m）。

T1 的工程应力-应变曲线如图 9.13 所示，一般材料在拉伸过程中可分为弹性阶段、屈服阶段、强化阶段、局部变形发生断裂阶段。从图 9.13 中可以看出，6061铝合金没有明显的屈服平台。

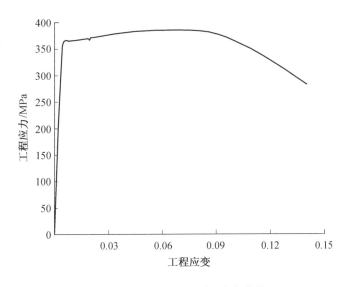

图 9.13　T1 的工程应力-应变曲线

利用 Origin 2018 在工程应力-应变曲线的弹性阶段，取一段较直的线段进行拟合，可得到该段直线的方程表达式，T1 中该方程表达式为

$$y = 7\,402.36x + 37.29y \tag{9.3}$$

可得 6061 铝合金的弹性模量 $E = 74.02$ GPa。

其屈服强度取为 0.2%弹性阶段所对应的工程应力，在工程应力-应变曲线中添加函数：

$$y = 7\,402.36 \times (x-0.002) + 37.29 \tag{9.4}$$

工程应力-应变曲线与该直线的交点的纵坐标即为材料的屈服强度，拟合得到 6061 铝合金的屈服强度 A=367.26 MPa。

利用上述方法可求得 T2 的弹性模量，常温下 6061 铝合金单向拉伸试验部分试验值见表 9.1。

表 9.1　常温下 6061 铝合金单向拉伸试验部分试验值

试样编号	弹性模量 /GPa	屈服强度 /MPa	抗拉强度 /MPa	极限应变	最大载荷 /kN	最大位移 /mm
T1	74.02	367.26	414.66	0.14	10.85	4.10
T2	72.38	367.32	412.55	0.13	10.84	3.99

取两个材料的平均值得到 6061 铝合金的弹性模量 E=73.2 GPa、屈服强度 R=367.29 MPa。

利用有限元软件进行模拟时，本构参数通常运用真实应力-应变求得，因此需要将工程应力-应变转化为真实应力-应变，利用 Origin 对真实应力-应变曲线进行拟合处理，T2 的真实应力、应变表达式如下：

$$\sigma_{\mathrm{T}} = \frac{F}{A} \tag{9.5}$$

$$\mathrm{d}\varepsilon_{\mathrm{T}} = \frac{dl}{l} \tag{9.6}$$

式中，A 为圆棒在拉伸过程中的实际横截面面积。对式（9.6）进行积分可得

$$\varepsilon_{\mathrm{T}} = \int_{l_0}^{l} \frac{dl}{l} = \ln\frac{l}{l_0} \tag{9.7}$$

由工程应变表达式（9.2）与真实应变表达式（9.7）可得，真实应变与工程应变之间的关系：

$$\varepsilon_{T} = \ln(1 + \varepsilon_{e}) \tag{9.8}$$

工程应力与真实应力之间的表达式，可由弹性力学的不可压缩理论公式进行联系：

$$A_0 l_0 = Al \tag{9.9}$$

再结合式（9.1）和式（9.6），可得真实应力与真实应变之间的关系：

$$\sigma_{T} = \frac{F}{A} = \frac{F}{A_0}\frac{l}{l_0} = S(1 + \varepsilon_{e}) \tag{9.10}$$

由式（9.8）和式（9.10）在表格处理中将工程应力-应变曲线数据转化为真实应力-应变曲线数据，得到材料的真实应力-应变曲线，如图 9.14 所示。

材料在达到抗拉强度发生颈缩后，变形区域集中在发生在颈缩区段，横截面上应力分布不再均匀，材料的真实应力与工程应力之间的转化公式（9.10）也不再适用。

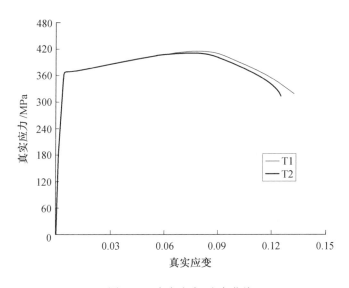

图 9.14　真实应力-应变曲线

9.2.3　参数标定

Johnson-Cook 本构模型（J-C 模型）的简单形式能够对金属材料的本构关系给出比较理想的预测，因此，本章试验的仿真模型选择 J-C 强度模型。J-C 本构方程的模型表达式等效应力写为

$$\sigma_{eq} = (A + B\varepsilon_{eq}^n)(1 + C\ln \dot{\varepsilon}_{eq}^*)[1 - (T^*)^m] \tag{9.11}$$

式中，σ_{eq} 为等效应力；A 为材料在参考温度和参考应变率下的屈服强度（Pa）；B 为应变强化系数；n 为应变强化指数；C 为应变率敏感系数；m 为温度软化系数。

无量纲化应变率

$$\dot{\varepsilon}_{eq}^* = \frac{\dot{\varepsilon}_{eq}}{\dot{\varepsilon}_0}$$

式中，$\dot{\varepsilon}_{eq}^*$ 表示等效应变；$\dot{\varepsilon}_{eq}$ 表示等效塑性应变率；$\dot{\varepsilon}_0$ 表示参考应变率。

无量纲温度

$$T^* = \frac{T - T_r}{T_m - T_r}$$

式中，T^* 为温度；T_r 为参考温度（298 K）；T_m 为材料的熔点；T 为当前温度。

Johnson 和 Cook 提出的断裂准则为

$$\varepsilon_f = [D_1 + D_2 \exp(D_3\sigma^*)](1 + \dot{\varepsilon}_{eq}^*)^{D_4}(1 + D_5 T^*) \tag{9.12}$$

式中，$D_1 \sim D_5$ 为材料模型参数，同时 J-C 准则考虑了应力三轴度、应变率和温度的影响。

而损伤的演化定义为

$$D = \sum \frac{\Delta\varepsilon_{eq}}{\varepsilon_f} \tag{9.13}$$

式中，$\Delta\varepsilon_{eq}$ 为一个积分循环内等效塑性应变的增量。当一个材料质点内的损伤变量 $D=1$ 时，材料发生断裂。

在本构应变参数进行标定时，利用材料的真实应力-应变曲线进行处理。其中 T1 的真实应力-应变曲线如图 9.15 所示。

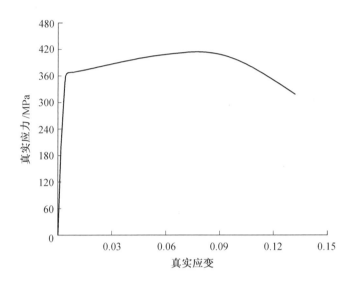

图 9.15　T1 的真实应力-应变曲线

但是，颈缩后颈缩区域材料的应力状态变为复杂应力状态，真实应力和真实应变与等效应力和等效应变不再相等，因此，拟合模型参数时，数据选取在屈服点与颈缩点之间的真实应力-应变之间，屈服点作为零点，将屈服-颈缩之间选取的数据进行零处理，会得到一条通过坐标原点的散点图，零处理后的数据得到的散点图如图 9.16 所示。

J-C 本构模型的流动应力定义为：

$$\sigma_{eq} = \alpha(A + B\varepsilon_{eq}^{n}) + (1-\alpha)\{A + Q[1 - \exp(-\beta\varepsilon_{eq})]\} \tag{9.14}$$

当 $\alpha = 1$ 时，利用 J-C 本构模型的应变项，在 Origin 2018 中，利用散点图拟合得到一个 $y = ax^b$ 的函数，得到本构参数 A、B、n 的取值分别为 367.26、366.04、0.761，记为 J-C1，其拟合过程如图 9.17 所示。

同理，当 $\alpha = 0$ 时，拟合出一个 $y = a(1 - e^{-bx})$ 的函数，可求得参数 Q 和 β 的取值分别为 64.36、17.41，其拟合过程如图 9.18 所示。

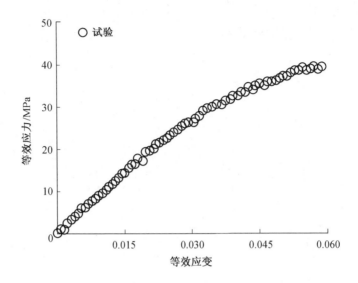

图 9.16　T1 零处理后的等效应力-应变曲线

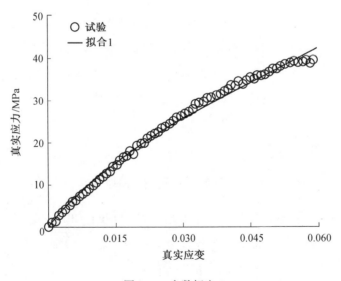

图 9.17　参数标定 1

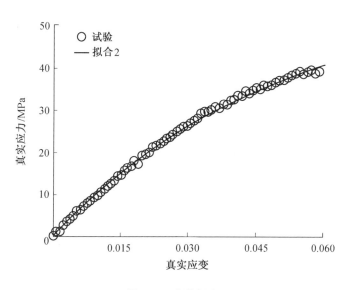

图 9.18　参数标定 2

在 ABAQUS/Standard 中建立二维对称模型，将 Origin 软件拟合得到材料本构模型应变项参数 A=367.26 MPa、B=366.04 MPa、n=0.761，记为 J-C1，代入 ABAQUS/Standard 有限元软件中进行计算。得到载荷-位移曲线与试验结果进行对比发现，材料颈缩后 J-C1 参数预测的流动应力高于试验值，对此进行手动调节参数，进行多次数值计算，发现当 $\alpha = 0$ 时，曲线的吻合度较高，得到与试验结果最吻合的载荷-位移曲线，如图 9.19 所示，此时应变项参数 A=367.26 MPa、Q=67.8 MPa、β=15.24，记为 J-C2。

从图 9.19 中可以看出，J-C2 数值计算结果能很好地描述材料在大应变下的流动应力。

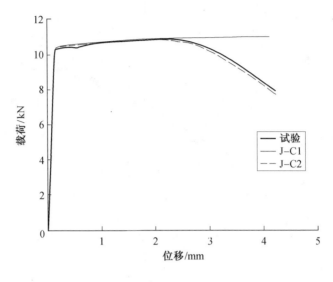

图 9.19　本构模型参数调整

9.3　6061 铝合金薄壁管的试验流程及结果

9.3.1　试样设计

　　试验包括分离式霍普金森压杆试验和万能材料试验机准静态压缩试验。通常对于给定的一套霍普金森压杆，测试材料的直径最好是压杆直径的 0.8 倍。由于试样的直径小于压杆的直径，在高速冲击下，测试材料将被打压变短，直径变大，但是可以最大限度地观察到，在试样直径大于压杆直径前达到的 30%的真实应变。此外，测试材料的长径比应当在 0.5～1.0 之间。测试材料过长，在发生变形过程中，材料易失稳，产生集中力现象，导致试件受力不均匀，试验失败。最为重要的是要保证测试材料两端面的平行度以及中轴线与端面的垂直度，确保杆与试件的平面在完全接触的情况下发生碰撞，避免在碰撞过程中杆与试件发生集中力碰撞，使试件损坏。测试材料端面的光滑度也十分重要，杆与材料碰撞过程中会因为端面摩擦力的问题发生鼓胀，产生不均匀变形，致使试验失败。

万能材料机压缩试验对材料设计的影响需考虑以下两点：压缩器具承台的尺寸和上下器具之间的距离。所使用的万能材料机的横梁与承台之间可自由移动，两者之间的距离对试件并无太大影响；试验所采用的器具为直径 15 cm 的圆盘，对试样的要求是小于圆盘的直径。

为减少试验的变量，同时基于以上两点，本章选用的是外径为 30 mm、内径为 28 mm、厚度为 1 mm、高度为 60 mm 的圆柱体，材料为 6061 铝合金。压缩试样设计尺寸示意图与实际尺寸如图 9.20 和图 9.21 所示。压缩试样长度如图 9.22 所示。压缩试样外径如图 9.23 所示。

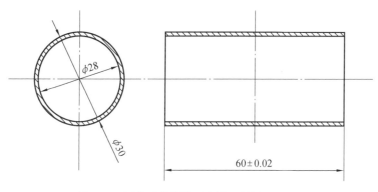

图 9.20   压缩试样设计示意图（单位：mm）

图 9.21   压缩试样内径

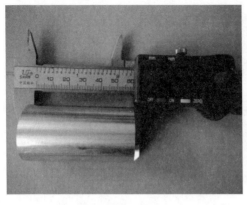 

图 9.22　压缩试样长度　　　　　　　　图 9.23　压缩试样外径

9.3.2　分离式霍普金森压杆试验

霍普金森压杆试验是研究材料动态力学性能最常用的试验装置之一，简称SHPB，其原理是通过测定杆上的应变来推导出测试试样的应力-应变关系。SHPB已有多年的发展历史，不仅能对材料动态压缩、拉伸、剪切测试，还能对裂纹延伸、断裂韧性等方面的速度进行试验测试。同时，SHPB不仅可以用于金属合金、泡沫等常规材料的测试，也逐渐用于测试混凝土、砂浆等复合材料的测试。

分离式霍普金森压杆试验系统一般由三大部分组成：支撑系统、压杆系统以及数据采集与处理系统。

试验装备最前端为发射系统，能根据需求以一定速度发射子弹，发射系统主要由储气室、发射体、气缸、活塞、连接体、支撑座、炮管、后反座支架等装置组成；接着是压杆系统，压杆系统是由撞击杆、入射杆、透射杆和吸收杆四部分组成。撞击杆在气缸或者炮管中获得一定的动能，以一定的速度碰撞入射杆，动能经过入射杆、试样、透射管，最后传递到吸收杆上进行吸收。支撑压杆系统的是中心支撑部件，中心支撑部件由基座、高精密轴承等组成，在保证杆系在同一高度的同时，确保在试验过程中杆系的轴向运动为滚动摩擦，滑动自如，调整轻快方便。整个机械部分都布置在基础导轨上，基础导轨选材一般为铝合金，其目的是便于拆除安装，导轨的作用是固定支撑整个试验系统始终处于平衡稳定状态。分离式霍普金森压杆试验系统示意图如图 9.24 所示。

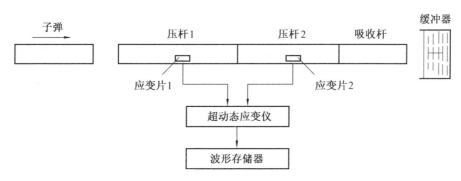

图 9.24　分离式霍普金森压杆试验系统示意图

高速摄像机能以较高的帧率记录一个动态图像，具有高速、高分辨率、高画质的拍照能力。此次试验所采用的高速摄像机能以分帧时 675 000 帧/s 的速度进行拍摄，能够对拍摄速度、照片分辨率、拍摄时刻等进行控制，可在 PC 端或者远程端进行触发拍摄。为获得更精准的数据，特制作了一种同步装置，在子弹弹出炮管的一瞬间与该装置进行接触触发拍摄，同时得到了子弹速度和试样的变形过程。高速摄像机的工作原理与普通摄像机相同，即把光信号转化为电信号进行传输储存。高速摄像机把采集到的数据传输到计算机端进行处理，从而得到试验结果。高速摄像机如图 9.25 所示。

同步触发装置由塑料板、螺丝、数据传感线和锡箔丝组成，由于高速摄像机的拍摄时间有限，子弹从炮管打出到试件变形结束所需时间较长，为缩短拍摄时间，制作同步触发装置，把拍摄时间缩短至子弹打出炮管到试件变形结束这一过程。将塑料板固定在炮口处，中间留有孔洞确保子弹能无阻碍通过，利用螺丝在孔洞中间固定锡箔丝，并将数据传感线连接到螺丝上，使数据线、螺丝、锡箔丝及相机之间能构成闭合电路；为避免锡箔丝受子弹冲击过程中形成的风力的影响，将锡箔丝剪断用绝缘胶带粘上，通过子弹与锡箔丝接触的瞬间形成闭合回路，来触发信号采集。同步触发装置如图 9.26 所示。

图 9.25　高速摄像机

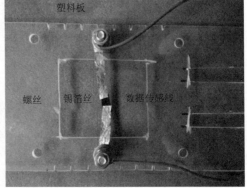

图 9.26　同步触发装置

由于考虑到 6061 铝合金材料的刚度，整个压杆系统均换为钢材，子弹长 0.4 m，入射杆和透射杆长 1.8 m，吸收杆长 1.2 m，用酒精、润滑剂等将炮管、子弹、压杆擦拭后进行安装，通过调整支撑系统的高度，把整个系统调整到处于同一水平高度。为获得更大的动能，把试件放在炮管与入射杆之间，并用热熔胶把试件固定在入射杆上，由子弹直接打在试件上。试件尺寸较小，利用 DIC 进行处理，需要在试件上提前进行标记或进行散斑处理。高速摄像机不仅需要看清试样，更要看清试样上进行的标记，利用人工进行记号笔点斑和高功率灯光照射等方式取得了良好的视野。试验前对子弹进行了空测速，同时检验了同步触发装置的有效性。不加材料的情况下，子弹以 0.5 MPa 的气压冲击炮管的速度为 22.36 m/s，以 0.5 MPa 的气压冲出炮管的速度为 29.60 m/s。试验对两个试件进行测试，气压分别为 0.5 MPa 和 0.7 MPa，都取得了较为理想的试验数据。同步触发装置也不断改进，由电路断开触发摄像到电路接通触发摄像，最终能稳定触发。

试验开始，将压杆系统调平紧凑，子弹装入炮管的最里端，布置触发装置，并用尺子进行标距。高速摄像机处于信号待接入状态并放置隔板，数字示波器处于准备状态，气室充气，人员撤离，打开气室阀门，子弹（一根短杆）受高压气体推动，从发射装置中以一定速度射出，经过触发装置触发相机拍摄，撞在试件上，由于试件和入射杆的惯性效应，试件被压缩后，将动能传递到入射杆上，同时由于材料的差异，试件将一部分动能反弹给子弹；入射杆上的动能以一定的缩减过程传递给透射杆，最后被吸收杆和吸收装置吸收；然后关闭气室阀门，对试件进行拍照后取下放入自封袋中收集。对子弹和入射杆的端部进行清理，准备下一个试验或进行保养。整个过程动能以波的形式在杆与试件之间传递，入射杆上的波通过应变片传递给示波器和超动态应变仪进行分析处理。但在试验时，由于试样放在了子弹与入射杆之间，所以示波器无法采集到相应的数据。材料上发生的力、位移的变化以及子弹冲击的速度都由相机传递的数据进行处理。

SHPB 试验的基本原理是细长杆中一维弹性应力波传播理论，它是建立在两个基本假定的基础上，即一维假定（平面假定）和应力均匀假定。根据一维假定和应力均匀假定，通过确定入射、反射及透射波位置，并对上述三波或对三波中的任意两个进行数学处理，即可获得试件的平均应力、平均应变、平均应变率以及动态应力-应变关系等试验结果，试验过程中要尽量向假定的内容进行靠拢。

气缸只有在试验开始前才能够进行充气，并且操作人员在操作过程中要时刻清楚气缸是否已经充气，炮管中有无子弹，子弹是否处于发射位置。在充气过程中，沿着霍普金森装置的轴向和试样的周围不允许站人，更不能一边有人在为气缸充气，一边有人在对装置做其他的工作。同时在杆与杆间所在的面要有绝对的防护措施，在较大冲击力下，杆间的物体会发生炸裂，向外冲击；试样安置之前要检查子弹、入射杆、透射杆、吸收杆的对中性，如果不在一条直线上可以通过调整杆系固定结构的螺母进行微调。试样放置后要保证其中心线与入射杆、透射杆的中心线重合。由于气缸提供的动能较大，因此在对脆性材料做压缩试验时要做好防护工作，撞击时相关人员应远离试样和压杆以免被可能出现的试样碎片伤害。进行设备空杆测速时，要对压杆进行保护，加上橡皮垫，防止压杆的轴面出现不平整。设备在使用期间禁止移动铝合金支架，子弹发射前要确保子弹处于炮管最里端，否则会因为撞击速度不够而导致试验失败。至少保证有一个缓冲装置，并调整好缓冲装置与各杆关系。为了更好地推广应用霍普金森压杆试验技术，除设计出科学合理的试验装置以及准确操作相关测试仪器外，SHPB 试验数据处理在整个试验系统中占有重要的地位。

在撞击前保证调好数字示波器控制面板中应变片的放大参数设置，否则有可能会因为信号太弱而不能产生波形图。同步触发装置由于多次试验，要检查锡箔纸是否固定，在发射子弹前确保摄像机处于待录入状态。对于数据的收集与处理应该由专一人员负责，及时记录，及时导出与备份。

分离式霍普金森压杆试验，由于初始动能要求较大，无法对其进行力的测试，试验利用高速摄像机进行拍摄，根据 PFV 处理软件处理后进行选点。选取子弹与试样接触时刻为起始时刻，子弹与试样接触面选取一点为起始点，试样完全压缩为结束点，得到了材料在不同压强时，不同动能下的材料位移-时间曲线，如图 9.27 所示。

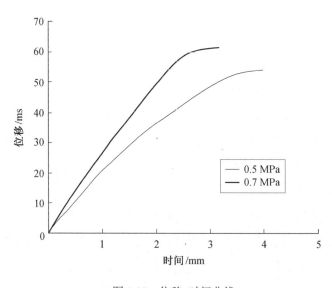

图 9.27　位移-时间曲线

由图 9.27 可知，在不同压强下，材料获得的速度不同，压强越大，速度越大，材料完成压缩过程所需的时间也较短；0.7 MPa 相比 0.5 MPa 时，材料发生更大位移，说明材料被压缩得更完全。图 9.28～9.30 为 0.5 MPa 下材料被压缩的结果。

图 9.28　0.5 MPa 压缩结果

图 9.29　0.5 MPa-被压一侧

图 9.30　0.5 MPa-固定一侧

图 9.31～9.33 为 0.7 MPa 下材料被压缩的结果。

图 9.31　0.7 MPa 压缩结果

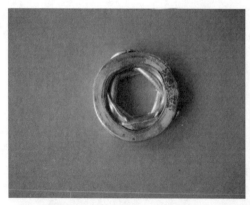

图 9.32　0.7 MPa-被压一侧

图 9.33　0.7 MPa-固定一侧

对 PFV 操作软件进行截图，可得到材料在高速摄像机拍摄下各个时刻的压缩状态。子弹以较高的速度冲向试样，试样用热熔胶及泡棉进行固定，子弹与试样发生正碰，试样在冲击力下不断地被压缩，其过程如图 9.34～9.36 所示。

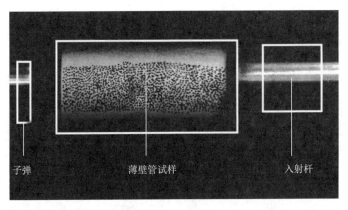

图 9.34　试验示例

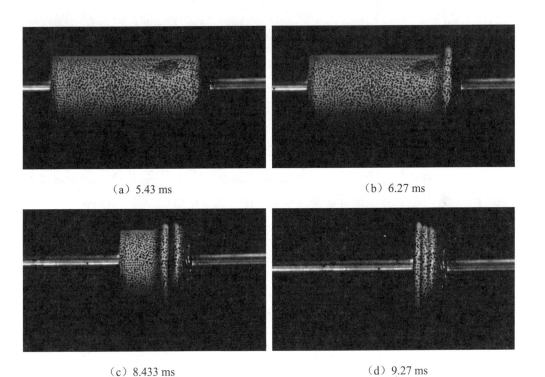

（a）5.43 ms　　　　　　　　　　　（b）6.27 ms

（c）8.433 ms　　　　　　　　　　　（d）9.27 ms

图 9.35　0.5 MPa 压缩过程

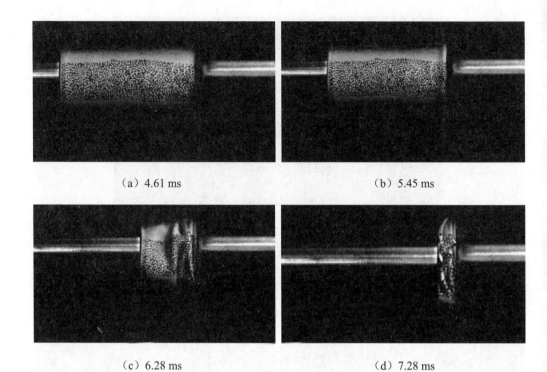

（a）4.61 ms （b）5.45 ms

（c）6.28 ms （d）7.28 ms

图 9.36　0.7 MPa 压缩过程

图 9.36 中两个压强状态下的四个压缩过程分别对应：子弹刚接触试样、试样开始出现褶皱、试样出现多处褶皱、压缩完成。两个压强状态下，材料都发生了非常大的变形，最后都能被完全压缩；但相比之下，在 0.5 MPa 下材料发生的变形更加稳定，出现的皱褶较为对称。

基于分离式霍普金森压杆试验可知，6061 铝合金薄壁管在轴向压溃力下能发生较为稳定的变形，材料在压缩过程发生变形时，位移的变化较为明显，且在冲击力过大时，压缩过程会出现较少的撕裂现象。考虑到试验的初始速度相比生活中常见的速度较大，冲击力较强，得到 6061 铝合金薄壁管在能量较低状态下，作为吸能装置会十分有效。

9.3.3　万能材料试验机准静态压缩试验

万能材料试验机准静态压缩试验与常温准静态拉伸试验所需的设备基本相同，夹具要更换为压缩夹具，摄像机要使用两台 Manta 千兆相机进行三维拍摄。

万能材料试验机在工作前要有一定的时间进行预热，一般时间 15 min，对材料试验机进行压缩器具安装，安装过程中要保证上下器具位置相互平齐，中心和万能材料试验机的承台中心在同一轴度上，并在下方器具的中心进行标记，能保证试验材料处在承台的中心，受力均匀；对试样进行合适的散斑处理后，放置在下方承台中心位置上，如图 9.37 所示；摆放 Manta 相机，左右各一个，将试件调至视野中央，通过最亮光圈-焦距-最暗光圈的方式拉长相机景深，来将画面调至最清晰；由于材料测定空间较小，制作了两个小型塑料面板及尺子对试件标距，并用标定板标定，计算可行之后，开始试验；手动调整万能材料试验机的横梁下降至刚好接触试样，设定下降速度为 1.2 mm/min，同时点击 DIC 系统与万能材料试验机试验系统，横梁开始下降，过程中观察试样的变化，当试样出现两个皱褶以上时将横梁停止，拍照后，手动上升横梁，拿下试样装入自封袋，记录相关数据，清理试验台，准备下一个试样。万能材料试验机会输出一个数据，同时相机传输的照片数据利用计算机 DIC 处理后会得到材料的云图和载荷-位移曲线等，将 DIC 处理出的数据应用到试验结果中。

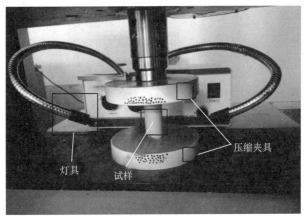

图 9.37　静态压缩过程

　　万能材料试验机准静态压缩试验，能利用万能材料试验机对力和位移进行实时监测，但为防止试验误差，试验结果均采用 DIC 操作软件得到的数据进行计算。对于准静态薄壁管 J-1 的 DIC 监测变形过程如图 9.38 所示；变形 DIC 系统能对试样在压缩过程中的变形位置进行云图绘制，不同变形位置上赋予不同的颜色表示变形程度的大小，但由于铝合金塑性较好，发生的变形过大，导致云图绘制不理想，J-1 部分 DIC 云图如图 9.39 所示。

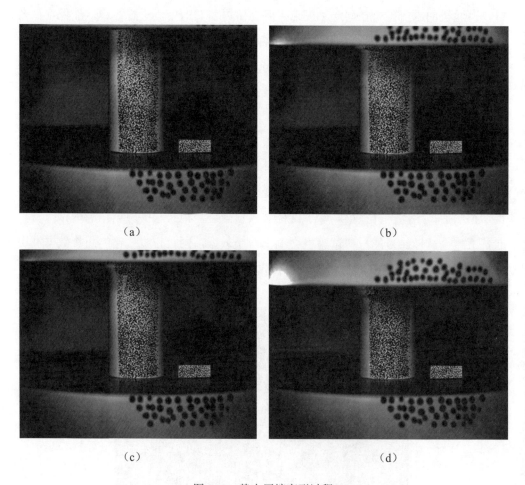

图 9.38　静态压缩变形过程

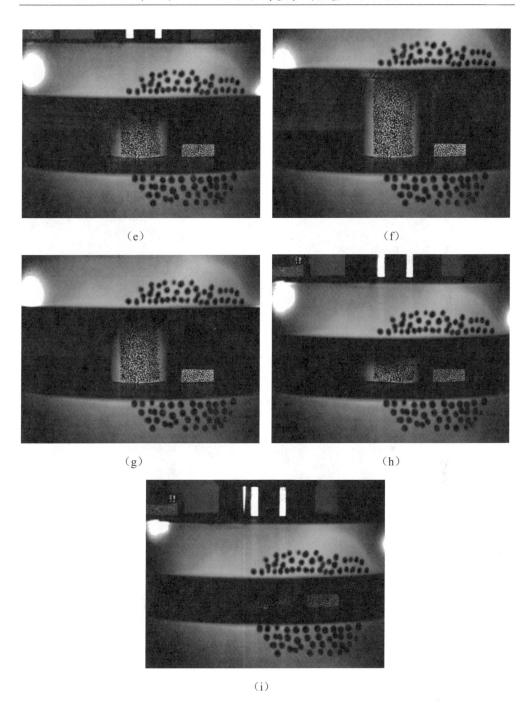

（e）

（f）

（g）

（h）

（i）

续图 9.38

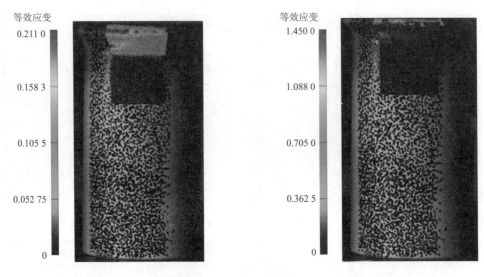

图 9.39　DIC 云图

　　由图 9.38 可知，材料的变形首先发生在施力位置，逐步向下方发展，变形出现"工字形"皱褶；从图 9.39 上可看出，在出现变形时，拱起部分的变形比凹陷部分的变形更明显；薄壁管出现第一个褶皱后，会接连在其附近出现多个褶皱，变形集中在一端。材料压缩完成后的实物图如图 9.40～9.42 所示。

图 9.40　J-1

图 9.41　J-2

图 9.42　J-3

利用万能材料试验机记录的载荷及位移，经 DIC 处理得到精确数据，再用 Excle 表格进行数据整理，得到 6061 铝合金准静态压缩试验的载荷-位移曲线，如图 9.43 所示。

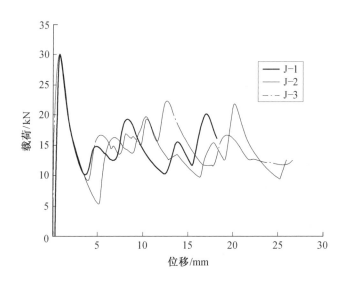

图 9.43　静态载荷-位移曲线

本书材料的能量吸收性能能根据材料的比吸能进行判断，材料的比吸能 S 通常与平均压溃力 P_m、最大压溃力 P_{max} 相关联。

平均值 P_m 表示在有效破坏位移内，材料所受所有力的平均值；最大值 P_{max} 即材料所受力的最大值；比吸能 S 表示在有效破坏长度内单位质量吸收的能量，其表达式为

$$S = \frac{P_m \eta}{m_a} \qquad (9.15)$$

式中，η 为有效压溃距离；m_a 为薄壁管总质量。

由载荷-位移曲线数据及试样的尺寸大小可得材料比吸能的相关参数，取 J-1 的有效破坏长度为 16.00 mm，J-2、J-3 的有效破坏长度为 25.00 mm，得到材料的平均值 P_m、最大值 P_{max}、比吸能 S，见表 9.2。

表 9.2　试样吸能参数

序号	P_m/kN	P_{max}/kN	S/(J·g^{-1})
J–1	14.27	29.88	30.45
J–2	13.89	30.13	46.30
J–3	14.88	29.47	49.60

9.4　有限元仿真

有限元分析是根据结构力学分析方法发展出来的一种计算方法，伴随着计算机技术的成熟，有限元分析也扩展到科学领域的各个方面，成为一种高效实用的数值分析方法。有限元分析将复杂问题解析为较简单的问题，汇总各个简单问题的答案，然后推导出问题的近似解，从而解决问题。

随着有限元计算软件被不断地广泛运用于科研，越来越多的本构模型和相关准则被写入有限元程序中。众多的本构模型和相关准则由于适用性广，表达式引入了许多未知参数，对于所用的不同材料、不同的试验条件，其对应的参数也经常不同。因此如果在有限元计算软件中要引用特定的本构模型和相关准则，将需要对相关的材性试验结果进行处理，最终标定所分析材料的本构模型和相关准则中的未知参数。而本构模型和相关准则未知参数标定的准确程度又将直接影响数值模拟的精度，所以参数的标定在数值模拟中有着至关重要的作用。

有限元分析软件也不断地被开发，其中代表有 ABAQUS、MSN、CATIA、LAMPS、ANSYS 及 UG 等。本章试验将采用 ABAQUS 对材料进行有限元分析，ABAQUS 拥有独特的分析能力和模拟复杂系统的可靠性，能解决结构位移、应变问题，还能够模拟其他工程领域问题。只需设置模型几何尺寸、材料性质、边界条件及载荷情况等一些基本数据，通过自动选择和调节参数，就能完成对材料的分析。

完成对材料的试验后，考虑到试验的偶然性及不可控因素的影响，用 ABAQUS 有限元分析软件对材料进行仿真模拟计算，并与试验得到的结果进行对比，从而得到更为精确可靠的数据。利用 ABAQUS 建立有限元模型过程中，利用材料轴向拉伸试验处理得到的试验数据进行仿真，使模拟得到的结果与试验进行对比时，更有可比性和说服性。

9.4.1　动态压缩试验

考虑到计算时间与对 ABAQUS 的影响等问题，在仿真模型建立时对霍普金森压杆试验系统进行了简化，只建立了子弹、材料和入射杆三个部件。模型建立的过程包括下面的几个步骤。

动态压缩试样采用 6061 铝合金制薄壁管，外径为 30 mm、壁厚为 1 mm、长度为 60 mm；子弹和入射杆为直径 40 mm，长度分别为 400 mm、1 800 mm 的实心薄壁管，如图 9.44 所示。

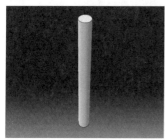

图 9.44　材料模型

压杆系统材料为 38CrSi 钢，试样为 6061-T6 铝合金。由于是动态模型，试样变化较为明显，因此需要对试样材料进行多种参数确定和本构关系定义。其中有材料的密度、弹性模量、泊松比、非弹性热份额的百分比等，较为复杂的有 J-C 损伤及损伤演化、J-C 塑性硬化本构关系的各项参数及依赖变化率，参数设置见表 9.2。压杆模型由于变化不明显，只需对其进行材料密度、弹性模量和泊松比参数的附属。几何形体的属性创建好后，需要对材料进行属性赋予，赋予后如图 9.45 所示。

图 9.45　材料属性赋予

　　根据试验实际情况，将子弹和压杆共同置于坐标系中进行组装，平移调整三个部件的位置，使其中心在同一轴线上，之后需将子弹和材料之间平移出一小段距离，能模拟出子弹在试验中冲击的能量，装配完成后如图 9.46 所示。

图 9.46　部件装配

　　场输出作用于整个模型，试验过程涉及多种输出变量，包括应力、应变、位移/速度/加速度、作用力/反作用力、接触、破坏/断裂、热学、体积/厚度/坐标及时间等变化；历程输出作用在一个集上，且输出变量为能量；分析步时间为 0.005 s。相互作用类型为表面与表面接触，状态是从上面分析步中继承，接触在法向和切向方向均有，且摩擦系数为 0.1，创建完成后如图 9.47 所示。

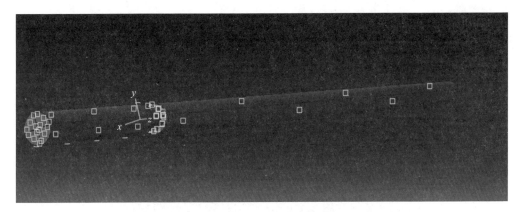

图 9.47　历程输出创建

　　子弹和材料完全自由，对入射杆进行约束，使其只能在水平方向（此试验为 z 轴方向）移动且可转动；预定义场温度为室温，作用于整个模型上，赋予子弹一定的速度场，试验测得的数据为 26.38 m/s 和 22.18 m/s，分别输入进行计算。此过程完成后仿真试验模型如图 9.48 所示。

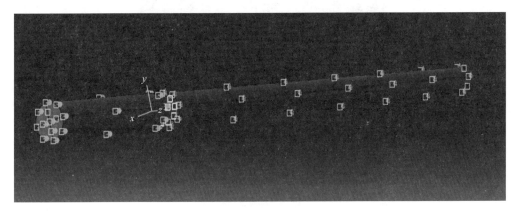

图 9.48　施加边界条件和预定义场

　　圆柱体材料如直接进行网格布置，将在转角处出现网格划分不均匀等情况，影响试验分析。因此对三个部分都进行了分割处理，三点划分，每个部分划分为四小部分；压杆采用均匀网格划分，网格大小为 1 mm×1 mm×1 mm，对变形较大的试验材料采用密集网格划分 0.2 mm×0.2 mm×1 mm。网格划分完成如图 9.49 所示。

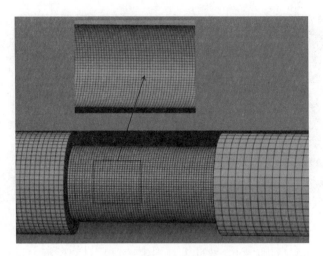

图 9.49 网格划分

在作业界面创建作业进行数据检查并提交，如有错误提示需及时更正，在可视化窗口对模拟的结果进行查看，模拟结果如图 9.50 所示。

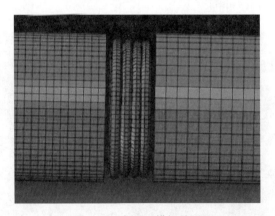

图 9.50 有限元模拟结果

试验分析步中设定的计算时间相对较长，计算机计算历程较长，可在结果查看中绘制能量历程变化曲线，根据能量是否再发生变化，手动结束计算过程。有限元仿真主要模拟薄壁管的变化与实际试验的对比，在可视化窗口中将薄壁管调整为唯一部件，下方为固定一端，上方为与子弹接触受打压一端，调整图例为等效塑性应变，对其进行分析研究。

模拟压强为 0.7 MPa，子弹速度为 26.38 m/s 时，薄壁管在压缩过程中的等效塑性应变变化，如图 9.51 所示。

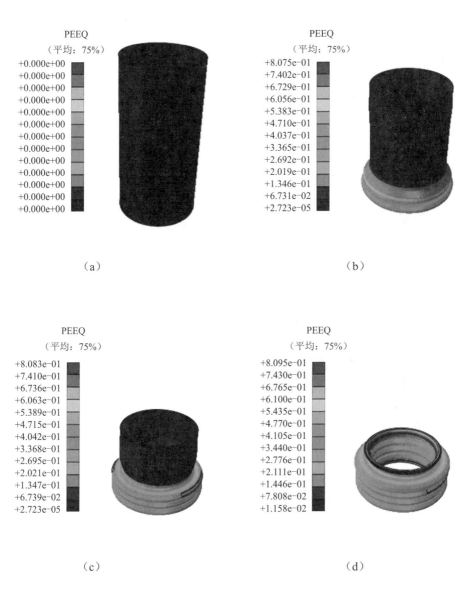

（a）　　　　　　　　　　　　　　　　　（b）

（c）　　　　　　　　　　　　　　　　　（d）

图 9.51　薄壁管动态压溃试验 D-1 有限元模拟等效塑性应变（PEEQ）

（e）

续图 9.51

模拟压强为 0.5 MPa，子弹初始速度为 22.18 m/s 时，薄壁管在压缩过程中的等效塑性应变变化，如图 9.52 所示。

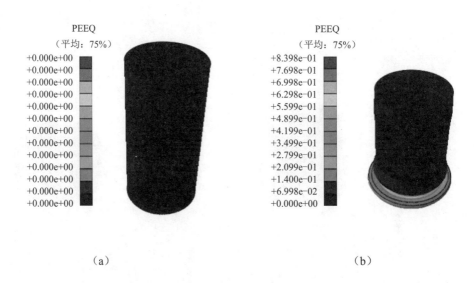

图 9.52　薄壁管动态压溃试验 D-2 有限元模拟等效塑性应变（PEEQ）

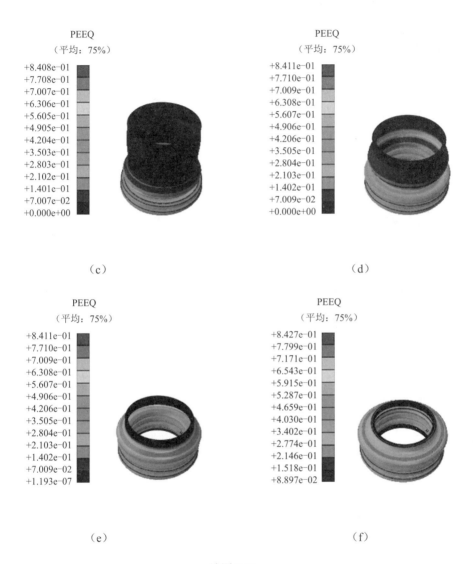

续图 9.52

由图 9.52 可以看出，材料在模拟过程中随着被压缩程度的变化，薄壁管的等效塑性应变不断地增大，压强越大，最终的塑性应变越大；变形由固定一端开始，逐步向打压一端发展，变形稳定，呈对称模式。变形过程随初始动能的增大，所需完成时间逐步减少，最终变形产生的皱褶基本相同。

9.4.2 准静态压缩试验

材料的几何外形与动态压缩试验相同，建立模型时，万能材料试验机结构复杂，同时也为减少计算时间，只对试件进行了建模（图 9.53（a）），在材料两端给予了刚性约束面（图 9.53（b）、（c））。

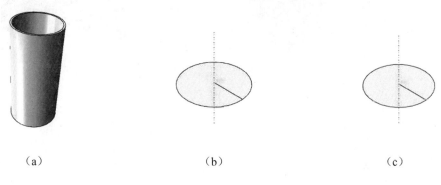

（a）   （b）   （c）

图 9.53　材料模型

材料属性包括弹性模量、泊松比、密度、本构模型参数等，数据仅采用拉伸试验得到的数据，并赋予模型属性，如图 9.54 所示。

图 9.54　材料属性赋予

对材料部件进行装配，模拟万能材料试验机的压缩机理，上端给予可移动压缩面，下端给予固定承接面，如图 9.55 所示。分析步中赋予材料静力，通用，时间为 1 s，场输出涉及应力、应变、位移、作用力等物理量，且历程输出有多个分析步；约束材料一端的全部自由度到区域上的紧外点，连接类型为运动。

图 9.55　部件装配（RP 代表参考点）

下端进行轴向的约束，上端给予一定的输出场，并添加参考点，为后期输出材料的载荷-位移数据进行布点；为使网格划分均匀，首先将薄壁管划分为三个部分，为边界布种后再全局布种，网格划分结果如图 9.56 所示；创建任务，检查数据无误后进行提交计算，计算完成的结果再通过可视化窗口进行查看，结果如图 9.57 所示。

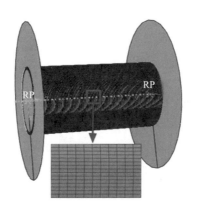

图 9.56　网格划分图

图 9.57　有限元模拟结果

　　对准静态下的有限元仿真模拟输出等效塑性应变进行结果分析，其变形过程中的皱褶变化及塑性应变值的变化如图 9.58 所示。

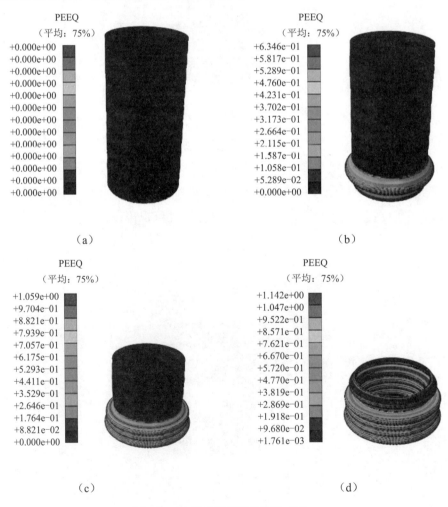

图 9.58　有限元模拟等效塑性应变

PEEQ
（平均：75%）

+1.142e+00
+1.047e+00
+9.524e-01
+8.575e-01
+7.625e-01
+6.676e-01
+5.727e-01
+4.778e-01
+3.828e-01
+2.879e-01
+1.930e-01
+9.806e-02
+3.132e-03

（e）

续图 9.58

由模拟过程可以看出，薄壁管首先在下端出现褶皱，发生屈服，完成第一个"工字形"凸起后，连接处贴合第一个凸起，出现第二个"工字形"凸起；整个变形过程对称分布，最终完全贴合在一起；材料的等效塑性应变也随着变形的增大而不断增大；在最后一个皱褶出现后，等效塑性应变不再增加。

由 ABAQUS 输出的试样在压缩过程中的仿真载荷-位移曲线如图 9.59 所示。取材料的有效破坏长度为 40 mm，由载荷-位移曲线数据可得在模拟下试样的吸能参数分别为 P_m=18.49 kN、P_{max}=34.84 kN、比吸能 S=98.61 J/g。对比 D-2 与仿真的载荷-位移曲线，如图 9.60 所示。可看出仿真与试验的曲线趋势基本相同，仿真得到的载荷最大值比较高，试验得到的在出现皱褶后所达到的最低值较低，模拟得到的最终的有效破坏长度较长，因此模拟得到的材料的比吸能参数值要比试验得到的好。

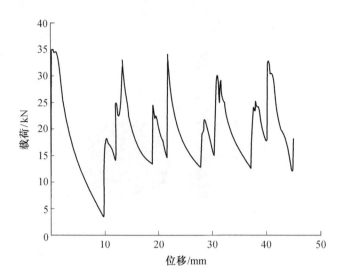

图 9.59　仿真载荷-位移曲线

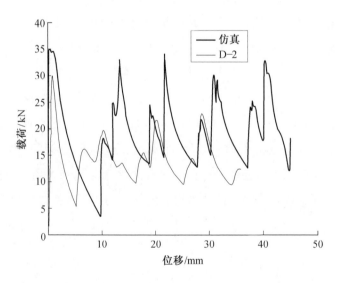

图 9.60　仿真与试验载荷-位移曲线对比

9.5　本章小结

本书以 6061 铝合金薄壁管为研究对象，采用试验与数值仿真模拟相结合的方法，对材料的能量吸收性能进行了研究。针对材料的力学性能及本构模型，进行了准静态拉伸试验，通过对试验数据的大量处理，获得了相关参数，为试验与仿真模拟之间建立联系；针对材料的变形模式及能量吸收性能，进行了压缩试验，并建立有限元仿真模型，分别对试验数据进行处理，对比变形模式及吸能参数，获得材料的能量吸收性能。研究结论主要如下。

（1）分析了开展本课题研究的目的和意义，通过对材料应用实例的介绍，了解了吸能材料的研究现状，对比分析不同材料、不同结构形态下的吸能结果，结合实际情况，选取了基于 6061 铝合金的试验方案及研究内容。

（2）通过对材料的准静态压缩试验，分析得到了 6061 铝合金的材料力学性能及材料的本构参数，建立了载荷-位移、工程应力-应变、真实应力-应变之间的关系，利用数据调试处理及有限元仿真，拟合得到材料的本构参数，为材料有限元仿真及试验之间的对比提供联系。

（3）针对材料的大变形、大应变进行了压缩试验，对比准静态与动态的变形模式及数值结果可以得到，材料的变形方式为 Alexander 的对称模型，变形模式为对称的"工字形"模式，材料能够在一定的冲击力下，通过稳定的变形模式对冲击力进行吸收，达到完全压缩状态，即达到吸收能量的效果；通过载荷-位移曲线可得到材料在压缩过程中位移及力的变化，同时能够计算得出材料在吸能方向的参数，在有效破坏范围内的平均值、最大值及比吸能，这些参数值的大小能直接反映材料在吸能方向的特性。

（4）通过有限元仿真模拟与试验的对比发现，在动态压缩试验时，仿真与试验结果相似，有限元仿真结果云图与试验结果对比，以及仿真试验过程云图与 PFV 记录的试验过程基本无差别；在进行静态压缩试验时，数值仿真模拟能较好地模拟出试样被压缩过程中的变形模式，但输出的数据曲线与试验相比差别较大，考虑到模拟过程的理想性，对比试验数据，可判定 6061 铝合金薄壁管材料的吸能参数，得到材料的能量吸收性能。

第 10 章 4340 钢薄壁管的能量吸收性能

10.1 概　述

现实的生产生活中，撞击是不可避免的，撞击的形式也是多种多样的。例如军事行动中武器装备的投放、抢险救灾中应急物资的空投、航天飞行器的返回舱着陆、电梯失控时应急装置的防护，以及轮船、列车、汽车的撞击等。因此，能量吸收装置在汽车、轮船、航空和铁路列车等众多领域被广泛应用。汽车、列车、轮船等发生碰撞时伴随着巨大的冲击动能，极有可能破坏机械原本的结构，给驾驶人员和乘客的人身安全带来巨大的潜在风险，甚至发生严重的事故。车辆被动安全技术应用在主动防护措施失去作用时，可以大大降低这种安全风险，因此，开发出一种能有效吸收车辆碰撞初始动能的能量耗散装置是十分迫切的。在实际工程中常采用一些缓冲装置来降低撞击过程中的冲击力，此类装置的原理是通过缓冲元件吸收撞击动能并转化为其他形式的能量，如势能、内能。如果在特定的位置安装专门的能量吸收装置，当发生交通事故形成撞击时，能量吸收装置能够保护这些机械在撞击载荷下避免遭受严重损失，最大限度地保障驾驶人员和乘客的安全。在发生猛烈碰撞等突发事件时，能量吸收装置是消耗有害冲击动能的主要构件。

本书拟采用轻质高强的 4340 钢薄壁管分别研究其在静态和动态载荷作用下的能量吸收性能。利用万能材料试验机对材料进行光滑圆棒单向拉伸试验，通过试验得到的应力-应变曲线计算 4340 钢的本构模型参数。使用万能材料试验机和分离式霍普金森压杆装置分别对 4340 钢薄壁管进行准静态和动态轴向压缩试验，通过计算得到试验过程中试样薄壁管的各项吸能参数。使用 ABAQUS 有限元分析软件构建薄壁管的数值仿真模型，分别模拟钢薄壁管在准静态压缩和动态冲击作用下的吸能过程，对比发现数值模拟的结果与实际的试验结果吻合度较高。分析钢薄壁管在不同加载状态下能量吸收的特点，所获得的结果可为 4340 钢薄壁管的吸能元件设计提供有重要价值的技术参数。

10.2　4340 钢模型的标定

为了获得材料在准静态下的本构关系，进行单向拉伸试验是一种常见的做法。通过这种方法，可以获取材料的应力-应变关系、弹性模量、屈服强度、延伸率等重要力学性能参数。本章对 4340 钢的光滑圆棒进行单向拉伸试验，以获得材料在准静态下的本构关系和其他力学性能参数，光滑圆棒具体尺寸如图 10.1～10.3 所示。

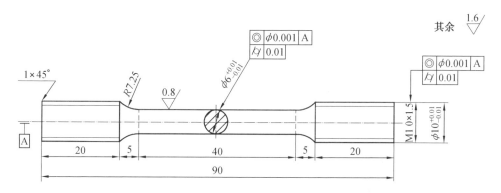

图 10.1　拉伸试验所用光滑圆棒尺寸示意图

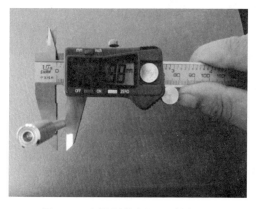

图 10.2　光滑圆棒实际尺寸图 1

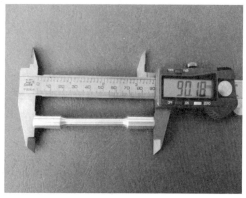

图 10.3　光滑圆棒实际尺寸图 2

材料拉伸试验所使用的设备主要包括万能材料试验机、DIC（数字图像相关）系统以及千兆网工业相机。这些设备在材料力学性能测试中起着关键作用，尤其是用来测量材料的拉伸性能和获得应力-应变曲线。万能材料试验机如图 10.4 所示，是拉伸试验的核心设备，负责施加拉伸力并记录材料的力学响应。试验机通过精确控制加载速度和载荷大小，模拟准静态拉伸条件，从而能够准确地测量材料的拉伸性能。DIC 系统利用千兆网工业相机（图 10.5）捕捉试样在拉伸过程中的变形情况。相机的帧率和分辨率必须足够高，以捕捉材料在拉伸过程中的快速变形。通过数字图像处理技术，DIC 系统能够计算试样的应变场，提供试样表面位移和应变的详细信息。这对于理解材料的变形行为和失效机制至关重要。

通过这些设备和技术的运用，研究人员能够获得材料的准确力学性能数据，为材料的设计和应用提供重要依据。

图 10.4　万能材料试验机

图 10.5　千兆网工业相机

在进行材料拉伸试验之前，确保试验机设备的稳定性和准确性至关重要。预热是试验前的一个重要步骤，它有助于试验机传感器元件达到稳定的工作状态。传感器元件是试验机的核心部分，负责测量和记录试验过程中的关键数据，如载荷、位移等。通过预热，这些元件能够逐渐适应环境温度，减少因温度变化引起的误差，从而确保试验结果的可靠性。图 10.6 展示了与试验机相连的计算机。这台计算机上安装了 DIC（数字图像相关）软件，用于处理和分析试验过程中采集的图像数据。打开计算机后，试验人员需要点击 DIC 软件，进入工作页面，进行后续的图像采集和分析工作。除了设备准备外，试验前还需要选择合适的夹具。夹具用于夹持试样，确保在拉伸过程中试样能够均匀受力。本试验所用的夹具为拉伸夹具，如图 10.7 所示。这种夹具适用于拉伸试验，能够确保试样在拉伸过程中保持稳定，减少因夹具不当引起的误差。

图 10.6　连接试验机的计算机

图 10.7　固定拉伸试样

为了得到材料在常温准静态下的本构关系，通常是做光滑圆棒的单向拉伸试验。光滑圆棒拉伸段的长度 40 mm，直径 6 mm，试样的全长 90 mm，两端直径 10 mm，两端与拉伸段用长度为 5mm 的圆弧段连接。试验过程中万能材料试验机的加载速度设置为 2 mm/min，并且试样跟踪标距段的长度为 30 mm，试验拉断后的试样（分别编号 T1～T4）如图 10.8 所示。

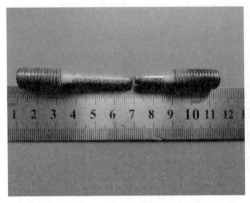

(a) T1

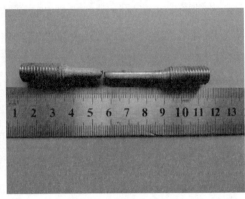

(b) T2

(c) T3

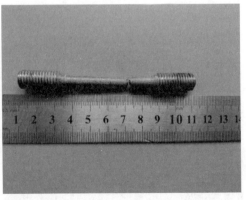

(d) T4

图 10.8　试验拉断后的试样

试验记录的数据通过 DIC 处理后可以得到 4340 钢材料在常温下单向拉伸过程中的载荷-位移曲线，如图 10.9 所示。

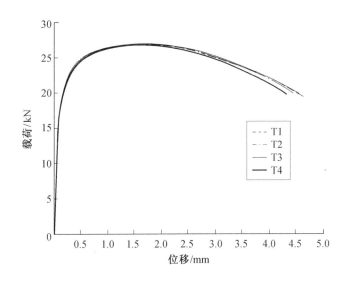

图 10.9　光滑圆棒拉伸试验载荷-位移曲线

通过试验数据所得到的载荷-位移曲线可以进一步转化为更简单的工程应力-应变曲线如图 10.10 所示。

利用 Origin2018 软件，拟合图 10.10 中拉伸试样的工程应力-应变曲线的弹性阶段，可以得到每个试样对应的弹性模量，由工程应力-应变曲线图可知，该材料的屈服平台并不明显。针对这种情况，在工程上屈服强度常采用 0.2% 塑性应变对应的工程应力值。在 Origin2018 软件中作弹性阶段向右平移 0.2% 个单位的直线，找到它们的交点，读取所对应的数值，即为试样的屈服强度。常温下光滑圆棒拉伸试验部分试验值见表 10.1。

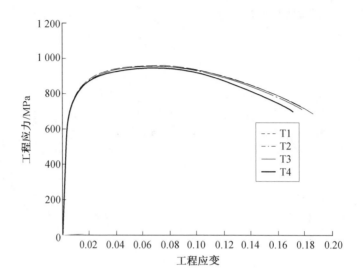

图 10.10　工程应力-应变曲线

表 10.1　常温下光滑圆棒拉伸试验部分试验值

试样编号	弹性模量/GPa	屈服强度/MPa	抗拉强度/MPa	极限应变	最大载荷/kN	最大位移/mm
T1	192.29	707.68	947.23	0.184	26.78	4.60
T2	181.63	690.13	957.73	0.177	27.08	4.42
T3	217.05	703.32	962.79	0.181	27.22	4.53
T4	150.91	717.73	949.79	0.171	26.85	4.27

　　根据表 10.1 给出的一些材料参数值，由于 T4 的弹性模量值与前三个试样的数值差别较大，因此弹性模量只选取前三个试样的平均值 E=196.99 GPa；屈服强度取平均值 $S_{0.2}$=704.72 MPa。

　　在使用有限元软件（如 ABAQUS）进行数值模拟时，应力、应变一般用到的是真实的应力、应变。

选取屈服点和颈缩点之间的真实应力-应变数据，对数据进行零处理（具体做法是将屈服点当作零点），此时屈服点与颈缩点之间数据连成一条过原点的曲线，如图 10.11 所示。

根据 Johnson-Cook 本构模型的流动应力定义式

$$\sigma_{eq} = \alpha(A + B\varepsilon_{eq}^{n}) + (1-\alpha)(A + Q(1 - \exp(-\beta\varepsilon_{eq})))$$

通过使 $\alpha=1$，利用模型的应变项，在 origin 软件中利用处理后的等效应力-应变曲线可以拟合出一条类型为 $y = ax^{b}$ 的函数（图 10.12）。通过拟合可以得到关于本构参数 A 为 707.68 MPa、B 为 952.25 MPa、n 为 0.406。

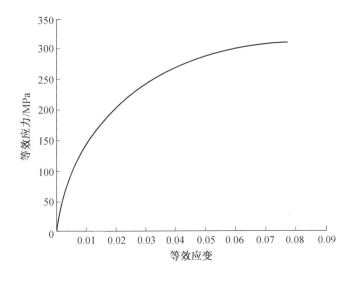

图 10.11　零处理后等效应力-应变曲线

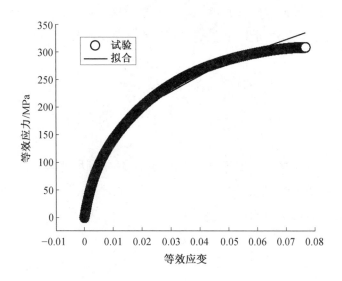

图 10.12　$\alpha = 1$ 时拟合出的函数

同上，通过使 $\alpha = 0$，可以拟合出一条关于类型为 $y = a(1-e^{-bx})$ 的函数（图 10.13），求得本构参数 Q 为 306.70 MPa、β 为 56.09。

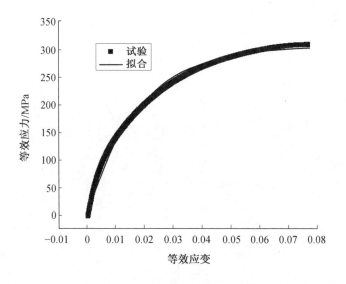

图 10.13　$\alpha = 0$ 时拟合出的函数

将拟合得到的本构模型参数代入 ABAQUS 有限元软件中进行有效性验证。在有限元软件中建立对称的二维模型,将拟合得到的 A、B、n 等本构参数代入二维模型中进行仿真,将仿真得到的载荷、位移数据与实际试验得到的载荷、位移数据进行对比,优化本构模型参数。

图 10.14 中,sm-1～sm-4 是实际试验得到的试样 1～试样 4 的载荷位移-曲线,sim 是通过有限元分析软件模拟出的载荷-位移曲线,通过对比发现模拟与试验得到的曲线基本吻合。通过优化、调整可以拟合出更加理想的本构模型参数,其中 A=631.7 MPa、B=656.3 MPa、n=0.251、Q=144.05 MPa、β=24.2。

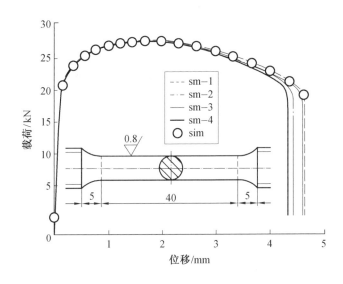

图 10.14　优化后的载荷-位移曲线

10.3　4340 钢薄壁管的常温准静态与动态压缩试验

10.3.1　准静态压缩试验

本章研究针对 4340 钢薄壁管进行霍普金森压杆试验和万能材料试验机准静态压缩试验,因此在对试验试样进行设计时需要综合考虑、合理设计。

用于分离式霍普金森试验的试样一般情况下设计成直圆柱，这是由于相比于其他形状，直圆柱形试样更容易加工，而确定试样的尺寸大小、形状则需要考虑多方面的因素。通常对于给定的一套霍普金森压杆装置，试验试样的直径一般选取为压杆直径的 0.8 倍（因为试样在压缩变形过程中的长度虽然会减小，但是试样的直径将会变大，在直径方面保留一定的空间可以得到真实的应变）。惯性效应和摩擦效应主要影响试验试样的长径比（即 L/r），而二维效应主要影响霍普金森压杆与试样的直径比。在霍普金森试验中，应力波发生振荡是因为弥散效应的存在，因此弥散效应的存在不可忽略，直径更细的弹性杆能够有效消除弥散效应的影响。

考虑到惯性效应的影响，根据国外学者 Davi 修改公式可以得到最佳的长径比公式为 $\dfrac{L}{r} = \dfrac{\sqrt{3}}{2}$。但此公式较为理想，只适合于小变形下的情况，并不普遍适用。美国金属学会在考虑到实验室的大应变率情况和材料尺寸的整体特性下推荐的试样长径比为 0.5～1.0。

综合上述内容，在既考虑到试验研究的目的，又考虑到试验设备（子弹直径为 40 mm）对试样尺寸约束的情况下，最终决定本次试验试样为外径尺寸 D=30 mm、内径 d=28 mm、壁厚 δ=1 mm、长度 L=60 mm 的薄壁管，如图 10.15 所示。

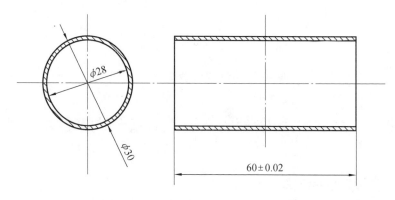

图 10.15　试样尺寸示意图（单位：mm）

本章试验试样由上海失力机械设备有限公司进行加工，试样加工的最终成品应保证两个端面的平行度在 0.01 mm 以上，同时试样表面和这两个端面应有足够的光滑度来降低摩擦作用对试验的影响，试样尺寸误差控制在 ±0.02 mm 之内。无论是拉伸试验所用的光滑圆棒还是压缩所用的薄壁管，均来自同一根直径为 40 mm 的 4340 钢棒。试样实际尺寸如图 10.16~10.18 所示。

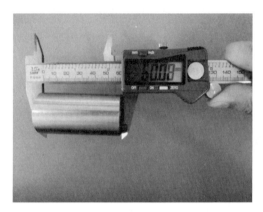

图 10.16　试样长度

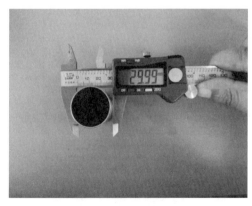

图 10.17　试样外径

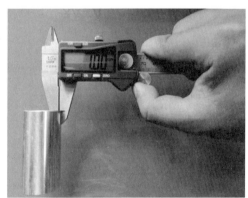

图 10.18　试样内径

准静态加载压缩试验用到的主要试验设备与光滑圆棒的拉伸试验相同，只需要更换万能材料试验机的夹具和改变千兆网工业相机的位置。试验在设备调试方面用时较长，主要的难度是相机的对焦问题，该试验需要相互合作，密切协调。

试验之前检查设备的工作电源是否正常，并更换上适合本章试验所用夹具，安装压缩试验所用夹具时要使上下压板端面水平，中心在同一轴线上。点击工作站界面右侧"快速方法列表"，双击相应的试验方法，选取后试验机会有声音响应，进入试验准备阶段。对试样做喷漆处理，在 4340 钢薄壁管试样表面形成适合试验所用 DIC 系统识别的人工散斑。在放置试样前需要找到下压板的中央并画线标定，确保试验时试样在下压板的中心位置。试验需要用到两个相机在试样的前方进行拍摄，调试试验所用千兆网工业相机，选取合适的角度确保两个相机都能够完整拍摄到试样表面的人工散斑，并通过对焦距和曝光度的调整使相机视野内容清晰。为了准确地获取试验数据，在调整好相机后需要使用标定板进行标定，由于试验室内标定板尺寸大小并不适合本章试验，因此制作了两个小的标定板（两个小标定板一个粘在上压板、一个粘在下压板并都在相机所拍摄的试样薄壁管的母线水平线上）。手动按试验机上"↑"或"↓"按钮调节横梁高度，放置试样，继续手动按试验机按钮调整横梁高度，待下压板下降到距离试样上端面 2～20 mm 的位置时停止手动下降，如图 10.19～10.20 所示。

图 10.19　横梁操作手柄　　　　　　　　图 10.20　急停按钮

开始关于第一个试样的试验，在万能材料试验机电子系统内设定横梁自动下降速度为 $v=2$ mm/min，DIC 系统内设置相机的拍摄频率为每秒一张，同时点击 DIC 工作站页面和万能材料试验机的开始按钮。4340 钢属于高强度合金钢，在压缩试验时能够承受的载荷更大，压缩时间较长，需要耐心等待。在压缩过程中试验人员不要靠近万能材料试验机和相机，以防止试样发生崩裂而伤人或误碰触相机而导致试验数据采集失败。在第一个试样压缩完成后，保存试验数据做好试验记录，手动升高上压板横梁，取下试样放入自分袋，并开始为第二个试样的压缩试验做准备。在进行第二个试样压缩时重复上述步骤，根据第一个试样的压缩情况，将自动压缩速度由 2 mm/min 调整为 1.5 mm/min 以便更好地采集试验数据。待压缩试验完成后，保存好数据结果，关闭 DIC 系统和计算机，将万能材料试验机的夹具取下，恢复到试验前的状态，关闭电源。

常温准静态金属薄壁管压缩试验由万能材料试验机完成，未做散斑喷漆处理的试样如图 10.21 所示，经散斑喷漆处理的试样如图 10.22 所示。

图 10.21　未做散斑喷漆处理的试样　　　　图 10.22　经散斑喷漆处理的试样

由于 4340 钢的强度较大，延展性较差，准静态压缩试验处理后，试样的破坏变形十分严重。试样在轴向压溃力的作用下会发生变形，持续的变形会使薄壁结构的试样产生褶皱，具体表现为管壁向内和向外翻折。随着位移的加大褶皱不断增加并贴合在一起，部分因压缩产生的褶皱因变形较大从试样上脱落，压缩后的试样如图 10.23 和图 10.24 所示。

图 10.23　试样 1 准静态压缩后的试样

图 10.24　试样 2 准静态压缩后的试样

　　对两个试样分别进行准静态压缩试验研究，将试验记录数据用 DIC 系统分析后，能够得到两个试样压缩过程中的载荷-位移曲线，如图 10.25 所示。

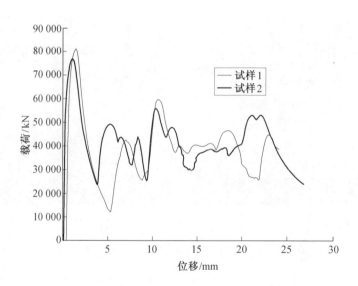

图 10.25　准静态压缩试样载荷-位移曲线

由于试样表面经过散斑喷漆处理，DIC 系统可以直接利用试样表面散斑的全场位移变化计算出应变云图。因为试样的变形较大，因此试样应变云图变化也十分明显，如图 10.26 和图 10.27 所示。

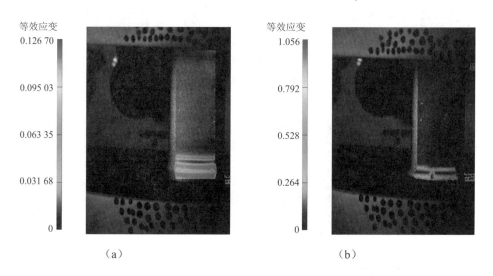

图 10.26　试样 1 应变云图

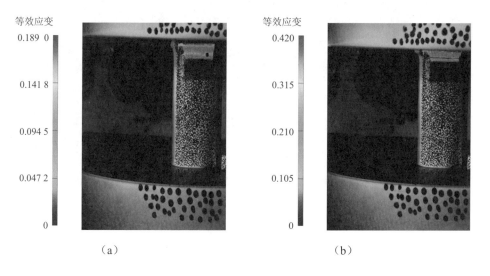

图 10.27　试样 2 应变云图

试验过程中试样的变形全过程由千兆网工业相机记录，试验过程中试样变形过程如图 10.28 所示。由图可知，试样在屈服之后在底部形成褶皱，随着压缩距离的增大，褶皱的数目增加，由于变形过大在产生褶皱的位置发生撕裂现象。

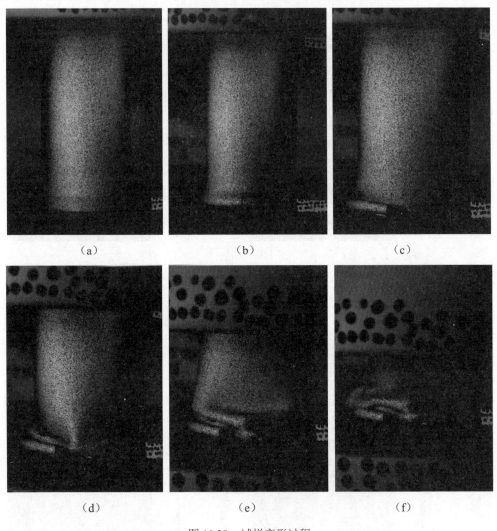

(a)　　　　　　　(b)　　　　　　　(c)

(d)　　　　　　　(e)　　　　　　　(f)

图 10.28　试样变形过程

比吸能 S 是衡量一个吸能元件是否具有良好吸能效果的重要参考因素，为了验证试验试样的比吸能，需要计算试样的质量 m_a，并且得到各个试样在压缩过程中的平均压溃力。试样在压缩过程中平均压溃力 F_{mean} 可以使用 Excel 表格的求和公式得到。

根据试验数据、试样的实际尺寸可以得到准静态压缩试样的部分吸能参数，见表 10.2。

表 10.2 试样部分吸能参数

试样编号	最大压溃力 F_{max}/kN	平均压溃力 F_{mean}/kN	比吸能 S/(kJ·kg^{-1})
试样 1	81.31	38.10	44.19
试样 2	76.98	40.14	46.56

根据表 10.2，能够得到关于试验试样的压溃力效率即平均压溃力与最大压溃力的比值，比值越大，说明该材料的薄壁管吸能效果越好。试样 1 与试样 2 的压缩力效率分别为 46.86% 和 52.14%。在工程中还可以通过冲程效率即在压缩过程中达到最大压溃力时的有效破坏长度与试样总长度的比值来判断试样的吸能能力。由试验得到的载荷、位移数据可知，试样 1 与试样 2 的冲程效率分别是 37.5% 和 39%。压缩过程中当试样被压缩到一定程度时，试样结构达到密实化，此时压缩载荷也达到最大值，这段压缩距离是有效利用长度。冲程效率比值越高说明材料的利用率越高，吸能效果越好。

10.3.2 动态压缩试验

动态压缩试验由分离式霍普金森装置完成，试验时空气炮的气压分别为 0.85 MPa 和 1 MPa。动态压缩试验前的试样如图 10.29 所示。

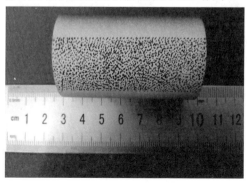

图 10.29 动态压缩试验前的试样

由于 4340 钢的强度较大、延展性较差，在受到动态冲击后试样有十分明显的撕裂现象，尤其是试验气压为 1 MPa 的试样，已基本完全撕裂，试验后的试样如图 10.30～10.31 所示。

（a）　　　　　　　　（b）　　　　　　　　（c）

图 10.30　试验气压为 0.85 MPa 的试样

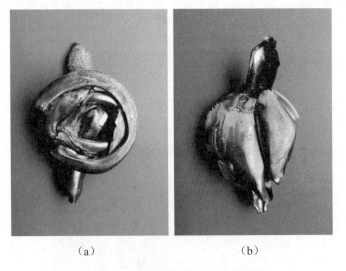

（a）　　　　　　　　　（b）

图 10.31　试验气压为 1 MPa 的试样

试验使用的高速摄像机记录下的撞击过程中试样的破坏模式如图 10.32 所示，由于撞击动能较大试样已完全撕裂变形，并产生大量碎屑。

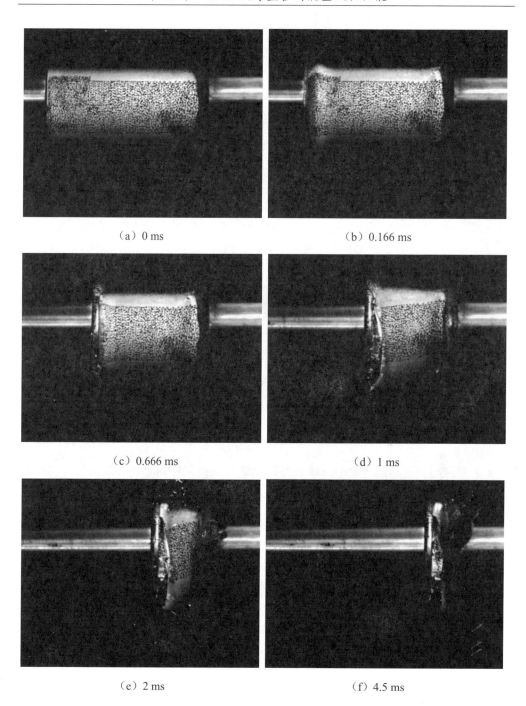

（a）0 ms

（b）0.166 ms

（c）0.666 ms

（d）1 ms

（e）2 ms

（f）4.5 ms

图 10.32　撞击过程中各个阶段试样的变形

　　根据高速摄像机所拍摄的照片，利用 PFV 软件可以得到试样在试验过程中每个时间点对应的位移。图 10.33 所示为 1 MPa 气压下试样的时间-位移曲线，当试验气压为 1 MPa 时，高速摄像机测得子弹撞击试样时的速度高达 31.464 m/s，因此动态冲击的整个过程只有几毫秒，试样的破坏在瞬间完成。

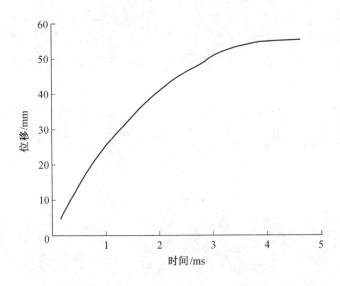

图 10.33　动态压缩时间-位移曲线

　　由图可知在压缩的过程中，随着时间的增长试样在相同时间段内的位移值逐渐减少，并且大概在 4 ms 时位移值不再增加。这是由于试样变形已经完成，剩余的冲击动能作用在与试样紧挨着的入射杆上，试样跟随入射杆继续运动（但不发生变形），最终剩余能量被缓冲装置消耗。

10.4　有限元模拟

10.4.1　动态有限元模拟

　　开始建模（关于动态冲击试验），双击 ABAQUS/CAE 快捷方式，启动软件。当 ABAQUS 启动之后会弹出 Start Session（开始任务）对话框，点击 Create Model

Database 创建一个新的分析过程。一般来说，要先点击 File（文件）创建一个合适的工作目录，然后在 Part（部件）模块里创建部件。分离式霍普金森压杆试验的部件模型比较简单，只需建立一个子弹、一个试件、一个入射杆共三个部件，如图 10.34～10.36 所示。入射杆和子弹均是直径为 40 mm 的实心钢圆柱，入射杆长度为 1 800 mm，子弹长度为 400 mm。试样采用 4340 钢材的空心薄壁管，外径为 30 mm，内径为 28 mm，壁厚为 1 mm，总长为 60 mm。

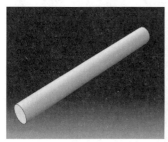  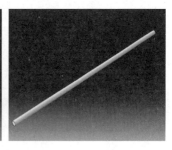

图 10.34　子弹模型　　　　　图 10.35　试样模型　　　　　图 10.36　入射杆模型

　　部件创建完成后，点击模块属性，赋予部件材料属性，如图 10.37 所示。霍普金森压杆系统材料均为 18Ni（350）钢，试样材料为 4340 钢。因为该模型是动态压缩，试样的变化较为明显，所以需要众多参数来确定该材料的本构方程，如泊松比、密度、金属熔点、参考温度、弹性模量等。

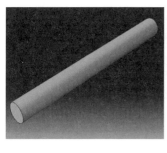 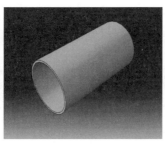 

（a）　　　　　　　　　　　（b）　　　　　　　　　　　（c）

图 10.37　赋予材料属性后的模型

赋予材料属性后，点击装配模块，将子弹、试样、入射杆按照实际情况进行装配，如图 10.38 所示。在部件功能模块导入部件时，整个过程在同一局部坐标系下完成。在装配时通过平移和旋转保证试样在子弹和入射杆之间，且三者的中心线在同一轴线上，试样与子弹留有一定的距离（子弹与试样之间紧挨将无法模拟试验中子弹撞击试样时能量的变化过程），与入射杆紧挨。

图 10.38　装配后的模型

进入分析步功能模块后，可以在初始步后创建一个或多个分析步，执行 Step（分析步）→Create（创建）命令。在分析步里可以输入关于对分析步的简单描述，输入分析步的时间长度，选择分析步是否需要考虑几何非线性，而且对于局部不稳定的问题需要施加阻尼。

在 Load（载荷模块）里可以选择用于所创建分析步的加载种类，包括力学、热学、电学、声学、流体等，对于不同的分析步可以施加不同种类的载荷。本章建模主要赋予子弹速度，定义边界条件，子弹和试样薄壁管是自由的，只对入射杆施加约束使其只能在水平方向上移动。

进行网格划分，如图 10.39 所示，种子是单元的边界节点在区域上的标记，它决定了网格的密集程度。由于 ABAQUS 的单元库十分丰富，因此可以根据模型的实际情况来选择适合的单元类型。先将每个部件进行等分分割处理，在视图区中选择部件表面的几个点，单击鼠标，就可以将部件划分为几个相等的模型区域，再选用部件单元进行结构化或扫掠网格划分。子弹和入射杆的网格大小一致，均为 1 mm×1 mm×2 mm，试样的网格大小为 0.2 mm×0.2 mm×1 mm。网格划分完成之后，可以进行网格质量的检查，高质量的网格能够更好地提高试样模型变形时的计算精准度和效率。

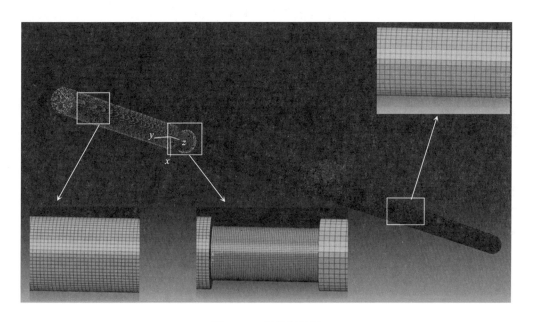

图 10.39　网格划分图

进入 Job 模块，执行 Job（作业）→Create（创建）命令，输入分析作业的名称，对分析作业进行编辑输入命令，提交分析作业，之后打开作业分析监控器，可以看到分析作业的进程。作业时如需停止可以点击 Kill 按钮中断作业，点击可视化可以看到部件模型被压缩的实际情况。作业完成后计算分析结果保存在 ODB 文件中，包括试样模型变形前后的模型图、矢量/张量符号图、各种变量的分布云图、变量的图表、动画等，以及以文本形式选择性输出的各种变量的具体数值。

动态压缩过程中的整个碰撞过程及变形过程都可以通过该分析软件得到。通过有限元分析软件获得的数值仿真数据具有十分重要的参考价值，可以揭示试样在受到压缩时对冲击动能的消耗过程。

在数值模拟中给予子弹的初始撞击速度是 31.464 m/s，该速度是由使用了 1 MPa 的气压作为测试条件下，并通过高速摄像机来捕捉和记录的数据。仿真过程中试样的变形过程如下。

图 10.40 所示为试样在受到撞击前的一瞬间，此时试样并未受力，因此未发生变形。

图 10.40　试样变形前

图 10.41（a）显示的是试样受到撞击并开始屈服，在靠近试样底部的部分已经形成第一个褶皱。图 10.41（b）显示的是产生的第一个褶皱因为压缩逐渐靠近试样底部，在靠近第一个褶皱上面继续产生新的褶皱，此时的应力主要集中在新的褶皱上，并且不断叠加，如图 10.41 所示。

从图 10.42（a）可以看出，此时试样底部的变形较大，底部径向尺寸增大，薄壁管之间形成挤压和相互摩擦。图 10.42（b）中褶皱被挤压到一起，相互紧贴。

如图 10.43（a）和（b）所示，试样继续变形，褶皱数目继续增加。

图 10.44 所示为冲击过程基本结束，试样变形最终完成，此时试样不再消耗能量。

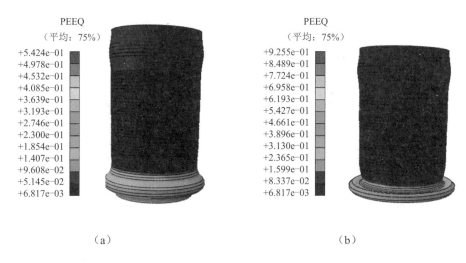

图 10.41　试样变形第一阶段

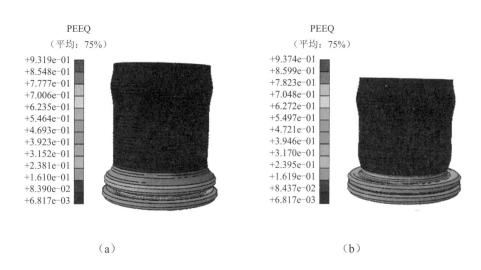

图 10.42　试样变形第二阶段

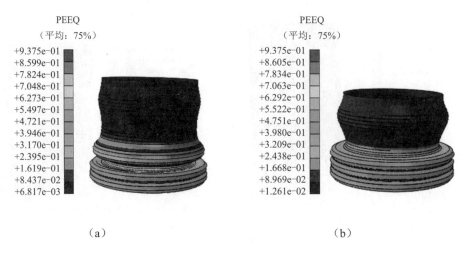

（a） （b）

图 10.43 试样变形第三阶段

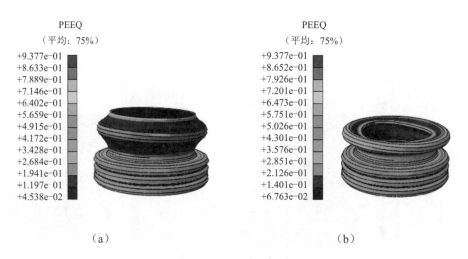

（a） （b）

图 10.44 试样变形第四阶段

　　为了观察试样在压缩过程中对能量的消耗情况，需要通过有限元软件的计算结果输出相关能量随时间变化的曲线，如图 10.45 所示。根据仿真过程中 JOB 工作结束时的监控页面可知，到 0.004 s 分析结束时，试样以变形的方式消耗的能量约为 1 600 J，占到总的能量输出的 82.05%，这个结果说明仿真过程中模拟试样以变形的形式吸收了绝大多数的冲击能量。

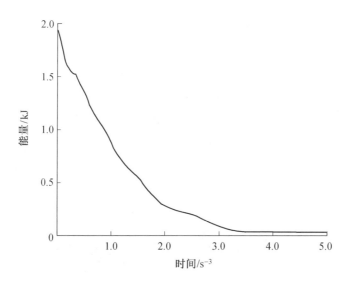

图 10.45　试样受到冲击的能量历史变化曲线

10.4.2　准静态有限元模拟

准静态压缩试验的有限元模拟过程基本与动态压缩试验模拟的过程一致，下面再简单叙述一下。首先打开 ABAQUS 软件建立模型，为了简便计算与节省时间，只建立一个试样、一个上压板和一个下压板共三个部件，数值模拟试样尺寸与实际试样尺寸一致，如图 10.46 所示。

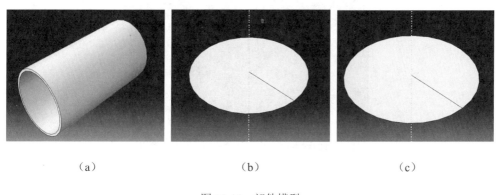

（a）　　　　　　　　　　（b）　　　　　　　　　　（c）

图 10.46　部件模型

完成部件的创建后接下来赋予试样属性（如密度、弹性模量、泊松比等），如图 10.47 所示。

对部件进行装配，装配的整个过程在同一局部坐标系下完成。装配后的模型如图 10.48 所示。

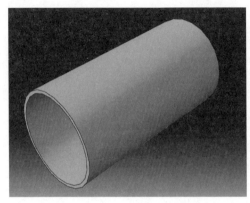 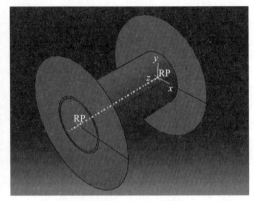

图 10.47　赋予属性的部件　　　　　　图 10.48　装配后的模型

在分析步模块中，选择分析步的类型，设置分析步的时间，选择分析步是否考虑几何非线性，设置阻尼控制参数等。在载荷模块中选择分析步的加载种类，本次模型设置的加载速度为 2 mm/min。选择合适的边界条件，试样模型下端保持固定，上端施加载荷。接下来对试样模型进行网格划分，网格大小为 0.2 mm×0.2 mm×1 mm，如图 10.49 所示，网格质量是决定计算效率和计算精度的重要因素。

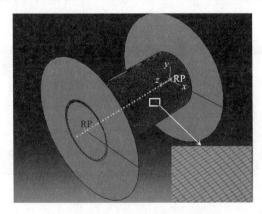

图 10.49　划分网格后的试样模型

最后在作业模块中创建命令，提交分析命令，在作业分析监控器中可以查看作业的进程。

在有限元软件仿真模拟中设置的加载速度为 2 mm/min，仿真过程中试样的变形过程如下。

图 10.50 所示为施加载荷前的一瞬间，此时试样还没开始发生变形。

图 10.50　试样变形前

由图 10.51（a）可知模拟试样薄壁管上部在加载情况下首先发生屈服变形，薄壁管向外发生翻折形成第一个褶皱，随着试样变形和压缩量的加大，褶皱逐渐发展到最上部，如图 10.51（b）所示。

从图 10.52（a）中可以看出，试样上部的变形继续加大，在靠近第一个褶皱的上方继续产生新的褶皱，此时应力主要集中在新的褶皱上。试样上部因变形导致径向尺寸增大，薄壁管因压缩产生的褶皱被挤压到一起，如图 10.52（b）所示。

如图 10.53 所示，随着压缩量的不断增加，试样继续变形，褶皱的数目还在增加，直至压缩过程结束。

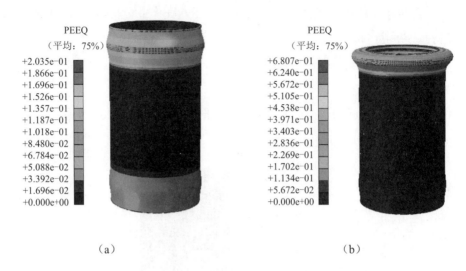

（a）　　　　　　　　　　　　　（b）

图 10.51　试样变形第一阶段

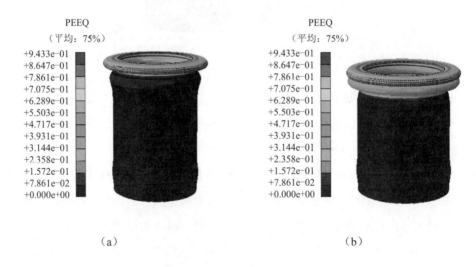

（a）　　　　　　　　　　　　　（b）

图 10.52　试样变形第二阶段

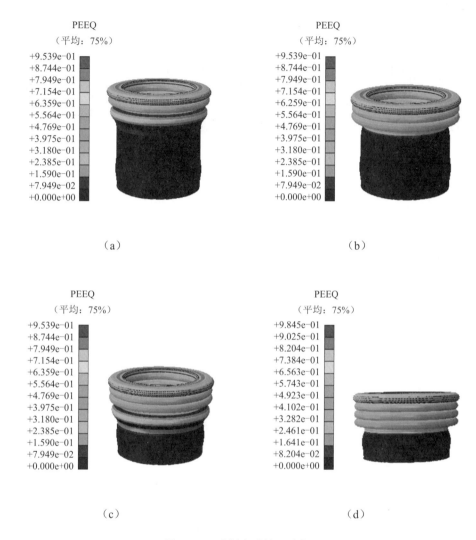

图 10.53　试样变形第三阶段

　　试验过程中由于 4340 钢延展性太差导致试样在压缩过程中撕裂，而仿真过程是比较理想的状态，模拟试样通过塑性变形吸收能量，因此仿真结果图与实际试验结果有一定差别，这是可以接受的，图 10.54 中仿真与试验的变形趋势基本吻合。

（a）   （b）

图 10.54　实际试验压缩图与仿真结果图

数值仿真结束后可以通过 ABAQUS 软件导出仿真模型在压缩过程中的载荷–位移曲线，图 10.55 所示为准静态压缩仿真与试验的载荷–位移曲线对比图。

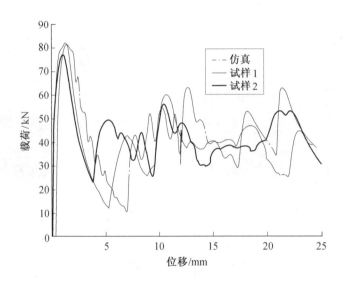

图 10.55　准静态压缩仿真与试验的载荷–位移曲线对比图

由图 10.55 和表 10.3 可知，仿真模型的载荷位移–曲线与实际试验的载荷–位移曲线的吻合度较高，并且数值模拟的最大压溃力、平均压溃力、比吸能等参数与实际试验所得相差无几，因此该仿真结果是有效的。

表 10.3　仿真与试验所得参数对比

试样编号	最大压溃力 F_{max}/kN	平均压溃力 F_{mean}/kN	比吸能 S/(kJ·kg^{-1})
试样 1	81.31	38.10	44.19
试样 2	76.98	40.14	46.56
仿真	81.96	43.02	49.90

10.5　本章小结

本章对薄壁金属结构的 4340 钢薄壁管在准静态和动态压缩作用下的能量吸收性能展开研究。为了得到 4340 钢材料的本构模型参数，专门设计了关于 4340 钢材料的光滑圆棒单向拉伸试验。利用万能材料试验机对 4340 钢薄壁管进行准静态压缩试验，利用分离式霍普金森压杆装置对 4340 钢薄壁管进行动态压缩试验。在实际试验的基础上使用 ABAQUS 有限元软件对试验过程进行了数值仿真模拟，并将实际试验数据与仿真模拟结果进行了对比。本章的主要研究内容和成果如下。

（1）通过处理 4340 钢的光滑圆棒拉伸试验数据得到了该材料的本构模型参数，为数值仿真模型的建立提供了数据支持。

（2）利用万能材料试验机对试样的准静态压缩试验，得到关于试样的载荷-位移曲线，利用霍普金森装置对试样进行动态压缩试验并通过高速摄像机得到了试样在冲击状态下的时间-位移曲线，最后通过试验数据对 4340 钢薄壁管的吸能情况进行了研究。通过试验载荷数据可以发现试样在受到外力作用时有较高的最大压溃力，能够有效抵抗变形。但是由于 4340 钢的延展性较差，试验过程中有撕裂现象，平且加载速度越快，撕裂现象越严重。

（3）利用 ABAQUS 分析软件对压缩试验进行了仿真模拟，并将数值模拟的结果与试验结果进行了对比，通过对比发现准静态压缩试验的数值模拟结果与实际试验结果高度相似。试验所得试样薄壁管的最大压溃力、平均压缩力载荷、比吸能等参数能为金属薄壁结构的吸能元件提供设计参考。

第11章 铁质多级薄壁管的能量吸收性能

11.1 概　述

人们对吸能装置的研究一直是在不断发展的，从古代将各种木屑、草木树叶等自然造物当作吸能装置，到现在逐渐由人工造物代替其作为缓冲材料，人们对防撞吸能的研究一直没有停下脚步。现如今薄壁结构是一种性能十分优秀的吸能构件，其在各种碰撞引起动能耗散的问题中有着广泛的应用。薄壁结构的塑性变形能够缓解冲能，研究其不同的变形所耗费的冲能，进而得出最佳的吸能材料，也就是现在国内外进行的薄壁结构在外部力作用下的耐撞性研究。因为薄壁结构自身截面形式发生变形时会吸收大量能量，所以这个研究也是耐撞性研究的重要课题。

近些年来，针对各种具有缓冲能量吸收性能材料的研究受到诸多国内外学者越来越多的关注。目前世界各国各个领域已经研究出大量的能量缓冲装置。宋嘉祺以某矿山地质条件为工程背景，在刚性支架抗冲击性能研究方面，采用数值模拟的方法建立了刚性液压支架的数值模型。以塑性性能、最大塑性应变、屈服面积等参数为研究指标，研究了刚性液压支架在顶部冲击载荷和侧向冲击载荷作用下的支护性能，分析了其破坏程度，给出了冲击载荷作用下刚性液压支架的最易损部位和主支承位置的演化特征。在吸能装置的研究方面，首先通过试验和数值模拟的方法对现有吸能装置的力学特性进行了研究。

吉林大学的王会霞通过仿真试验，发现节点数的增加并不能提高结构的比吸能，10B 薄壁管结构的比吸能较高。增大节点内径和倒角可以有效改善薄壁管的能量吸收性能，如图 11.1 和图 11.2 所示。将竹节形式应用于薄壁管体结构设计中，可以改善其能量吸收性能，而仿竹结构可以显著提高其横向压溃力和能量吸收性能。

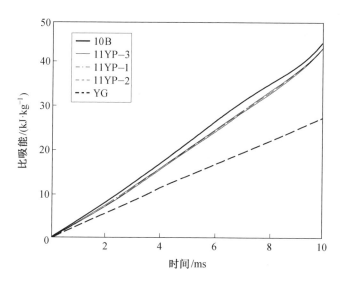

图 11.1　仿竹结构薄壁管压缩曲线

（编号 11YP-1 中的第一个 "1" 表示截面 1；第二个 "1" 表示加一个 "节"，即单节；

YP 是节的形状——圆盘的汉语拼音首字母；第三个 "1" 表示节的位置。

具有截面 1 的无节薄壁吸能结构可命名为 10B。普通圆管命名为 YG）

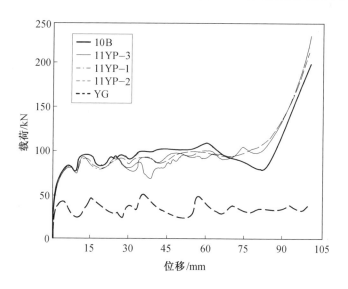

图 11.2　单节薄壁管位移曲线

刘志芳、王军、秦庆华等学者通过数值模拟的方法对泡沫铝夹层圆管施加横向的冲击载荷，进而对它的能量吸收性能进行了分析，然后分析了夹层截面的几何参数，研究了芯材相对密度和冲击速度对力学性能的影响。结果表明构件冲击初期由于塑性变形吸收了大量的能量，然后能量被构件弯曲的变化所吸收。得出结论为，随着外管直径的变化、内管壁厚度或泡沫铝芯厚度的变化，构件的比吸能也有所变化。当冲击速度小于 30 m/s 时，双圆夹芯管具有对称变形模式。当冲击速度大于 30 m/s 时，双圆夹芯管的变形模式为左右对称，比吸能效率随着横向压溃力冲击速度的增加而增加；构件的芯材料的相对密度较高时，双圆夹芯管结构的比吸能效率越大。

在 2019 年，马其华通过准静态横向弯曲试验，研究了 CFRP-al 复合管的抗弯曲性能和能量吸收性能。结果表明，小角度缠绕内层可以抑制管材的轴向拉伸变形，提高管材的最大压溃力和比吸能效率；大角度缠绕内层可以提高管材的环向刚度，提高整体破碎效率。分析结果可为 CFRP-al 复合管的合理设计提供有效依据。

张玲等研究发现单桩在水平载荷作用下会产生一定的水平位移和弯矩，轴向压溃力会使桩体出现一定的屈曲和附加弯矩，因此，单桩在轴向横向压溃力作用下的变形与水平载荷或单独轴向压溃力作用下的变形有很大不同。本章基于能量法，首先分别建立了单桩在轴向水平载荷作用下的能量方程和桩周上的能量方程；然后考虑桩土变形协调和一定的桩土相互作用，基于最小势能原理，得到了单桩变形控制微分方程，并用幂级数求解，得到了轴向水平载荷作用下单桩变形分析的幂级数解；通过编程计算，将该方法的计算结果与试验结果、数值分析结果和标准方法的计算结果进行了比较，验证了该方法的合理性和可行性；在求解的基础上，对影响参数进行了分析。

Zhu 等主要进行了关于泡沫铝和 CFRP 骨架填充横向破碎薄壁截面形式的吸能机理和截面形式耐撞性研究，研究发现，FCFT-1（填充泡沫的薄壁管和方形细胞的 CFRP 骨架）表现出优越的比吸能，然而，FCFT-2（填充泡沫的薄壁管和三角形细胞的 CFRP 骨架）提供了相对较低的吸能能力，因为其铝管在破碎过程中产生了数条轴向裂纹，导致泡沫的变形水平较低。此外，为了更好地理解 FCFT-1 的吸能机理，进行了压溃模拟。数值结果表明，分离泡沫的塑性变形占总吸能的主要部分。此外，FCFT-1 性能的提高部分归因于破碎过程中分离的泡沫产生较大的塑性变形。除此之外，分离泡沫与 CFRP 骨架相互作用效应的增强导致了较高的 FE（摩擦能），这也对 FCFT-1 的性能提升贡献不大。最后，进行参数化研究，探讨设计参数对 FCFT-1 耐撞性能的影响。说明通过提高泡孔的数量和 45°层泡沫密度，可以略微提高吸能能力。

在现今社会中，越来越多的碰撞问题显现，人们急需一种合理的吸能结构来保障自身的生命安全，而多级薄壁金属构件具有价格低廉、能量吸收性能优异的特点，已作为能量吸收元件在众多交通工具中得到了十分广泛的应用。目前市场上实际应用较多的均为延展性较高、塑性变形能力较好，但强度偏低的金属材料。

本章采用的是铁质多级薄壁正六边形金属构件，以准静态压缩试验为基础，通过 ABAQUS 分别研究其在不同内部截面形式下和不同厚度作用下的吸能情况，以此判断哪一种多级薄壁正六边形金属构件能够作为新的缓冲装置的吸能结构。

为使吸能装置安全可靠，设计时应该在耐撞性有保障的情况下遵循下列原则：装置要满足其刚度和强度的要求，并且保证其破坏变化是递增的，耗散冲击动能的过程是不可逆的，而且要做到在撞击时无次生破坏发生（如吸能部件压溃时发生迸射伤人）。可以从以下方面进行能量吸收性能的研究。

11.2 构件设计

对构件进行设计，具体分为 4 个不同的截面形状，即 A1、A2、A3、A4（以下简称 A1～A4 构件），这 4 个草图的六边形外框均为 30 mm，构件 A3 为构件 A2 的六边形中点连接出的一个新结构，构件 A4 同理。构件草图使用 CAD 软件绘制，如图 11.3 所示。构件共有三种不同的横截面面积：第一种 180 mm^2、第二种 270 mm^2、第三种 360 mm^2。通过对以上几组数据进行组合，可以得到 12 组不同的试验数据，具体见表 11.1。

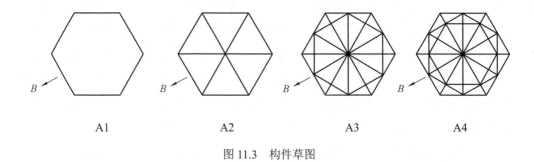

图 11.3　构件草图

表 11.1　构件设计数据

试件	高度/mm	厚度/mm	截面面积/mm²
A1	50	$t_1=1.000$	180
		$t_2=1.500$	270
		$t_3=2.000$	360
A2	50	$t_1=0.500$	180
		$t_2=0.750$	270
		$t_3=1.000$	360
A3	50	$t_1=0.268$	180
		$t_2=0.402$	270
		$t_3=0.536$	360
A4	50	$t_1=0.223$	180
		$t_2=0.335$	270
		$t_3=0.446$	360

通过图 11.3 可以得出，构件的边长均为 B，当构件为 A1 时，由于其为最初构件原型，所以单独得出相应的截面面积公式：

$$S_1 = 6Bt_1 \tag{11.1}$$

剩下的三个构件公式规律如下：当构件为偶数时，构件有重复线段，当构件为奇数时，构件没有重复线段，所以有不同公式。设构件之间的增加面积与构件厚度 t 之间的函数为 ΔS_n，n 为构件的排序，可以得出：

当 n 为偶数时，

$$\Delta S_n = 6B\left(\frac{\sqrt{3}}{2}\right)^{n-2} t_n \tag{11.2}$$

当 n 为奇数时，

$$\Delta S_n = 12B\left(\frac{\sqrt{3}}{2}\right)^{n-2} t_n \tag{11.3}$$

设构件的截面面积为 S_n，由上述公式可以得出截面面积公式：

$$S_n = 8Bt_n + \sum_2^n \Delta S_n \tag{11.4}$$

11.3　有限元模拟

将所要使用的 CAD 草图导入 ABAQUS 软件中，对草图进行拉伸，拉伸长度为 100 mm，草图拉伸完成后，点击部件创建 Part-1，类型为可变形，基本特征为拉伸壳，然后建立相应的刚性面 Part-2、Part-3，以便于进行构件的压缩。刚性面为正方形，类型为解析刚性，基本特征为拉伸实体，并在工具中选择参考点一项，对 Part-2 及 Part-3 附加一个参考点，以便于后续附加载荷。一个 ABAQUS 模型共需 Part-1、Part-2、Part-3 这几个部件，本试验需要 12 组模型，相应的部件建模过程相同，但不同部件导入草图不同，产生的部件也有所不同。在 ABAQUS 软件模块中点击属性，进入界面，点击材料管理器，对部件进行属性赋予，具体为密度、弹性、塑性这三种属性，该构件为铁质金属，其密度应为 7.86 g/cm^3，弹性中的弹性模量为 210 000 MPa，泊松比为 0.25，塑性中的屈服应力和应变见表 11.2。

表 11.2　屈服应力和应变

σ_y/MPa	343	360.8	386.75	407.21	445.43	463.21	479.68	490.77
ε	0	0.026	0.036	0.046	0.072 1	0.093 3	0.124 6	0.168 9

点击截面管理器，定义该构件的厚度，具体厚度数值按仿真模拟要求进行输入。然后对截面进行截面的指派，选择整个构件为截面进行指派。将两个正方形部件 Part-2、Part-3 分别放在部件 Part-1 的上下表面。具体如图 11.4 所示。

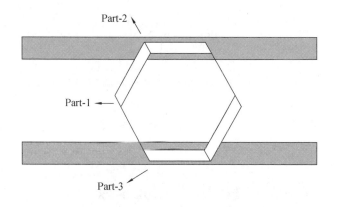

图 11.4　厚度为 1 mm 的正六边形构件

进入 ABAQUS 中的分析步模块，点击分析步管理器，创建步骤为动力-显式，时间为 0.1 s。然后点击输出管理器和力场输出管理器，对场输出和力场输出进行相应的编辑。然后在 ABAQUS 中点击相互作用模块，在相互作用管理器中分别建立刚性板下表面与构件上表面接触、刚性板上表面与构件下表面接触、通用接触。将相互作用属性管理器中的接触选项选择切向行为和法向行为，切向行为摩擦系数为 0.15。点开载荷模块，选择边界条件管理器，确定下平面不变，上平面向下位移 50 mm，类型为位移/转角，则构件的压缩位移即为-50 mm。

进入 ABAQUS 网格模块，为部分实例进行布种，选取构件 Part-1，全局网格尺寸划分为 2 mm，进行划分网格。划分结果为厚度为 1 mm 的正六边形构件的网格数量为 4 500 个。具体如图 11.5 所示。不同厚度及截面形式不同的 12 组数据有不同的网格数量。

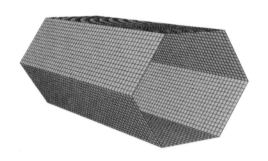

图 11.5 构件划分网格

最后选择作业选项创建计算文件并提交然后得出计算结果。整个模型的建立与仿真试验的建立过程结束。然后使用 Origin 软件进行数据的处理分析，得到最终的结果。

11.4 影响因素

通过 ABAQUS 对 12 组试验构件进行演算，得出相应的力-位移曲线，并通过 Origin 对数据进行分析比较。控制截面面积不变，以截面形式为变量，共有 A1、A2、A3、A4 这四种截面形式，控制截面形式不变，以厚度为变量，其截面面积分别有 180 mm^2、270 mm^2、360 mm^2 三种截面面积参数，它们的厚度分别为 t_1、t_2、t_3。将其分别进行比较，分析得到成果。

11.4.1 厚度

通过对相同截面形式、不同厚度的构件进行有限元仿真模拟，得到相应的数据，然后通过 Origin 软件进行对比分析，进而得到吸能性较好、结构造价较低、较为轻量化的设计。

通过 ABAQUS 软件对构件进行分析，得到力和位移的对应数据，然后将数据导入 Origin 计算软件中进行数据的图表处理，进而对其比较。

图 11.6～11.9 中图（a）分别为 A1～A4 构件不同厚度下的力-位移曲线；图 11.6～11.9 中图（b）分别为厚度 t_1 的不同构件在不同时间下的压缩变形。

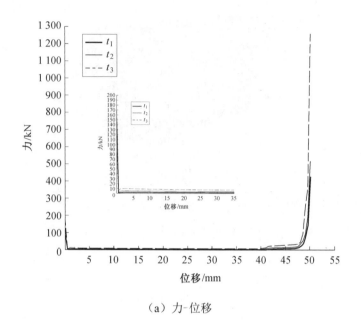

（a）力-位移

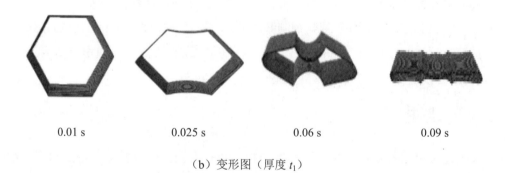

| 0.01 s | 0.025 s | 0.06 s | 0.09 s |

（b）变形图（厚度 t_1）

图 11.6　A1 构件不同厚度下的力-位移曲线和厚度 t_1 的 A1 构件在不同时间下的压缩变形

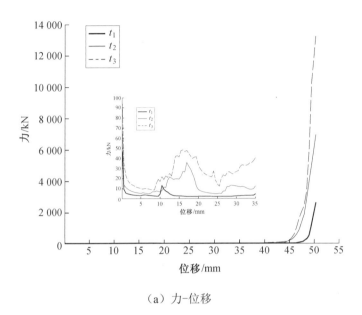

（a）力-位移

0.01 s　　　　　0.025 s　　　　　0.06 s　　　　　0.09 s

（b）变形图（厚度 t_1）

图 11.7　A2 构件不同厚度下的力-位移曲线和厚度 t_1 的 A2 构件在不同时间下的压缩变形

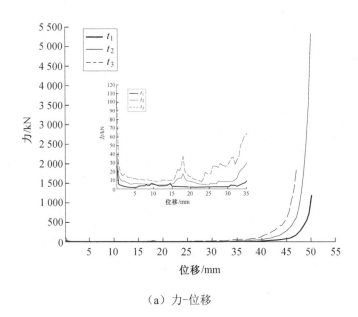

（a）力-位移

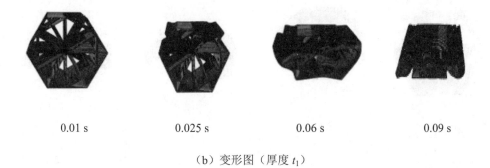

| 0.01 s | 0.025 s | 0.06 s | 0.09 s |

（b）变形图（厚度 t_1）

图 11.8　A3 构件不同厚度下的力-位移曲线和厚度 t_1 的 A3 构件在不同时间下的压缩变形

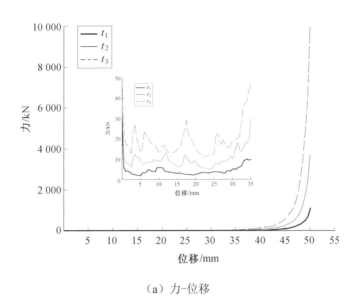

（a）力-位移

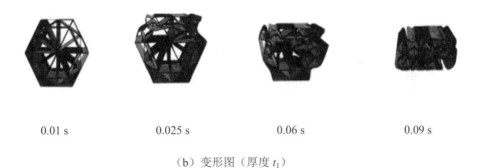

| 0.01 s | 0.025 s | 0.06 s | 0.09 s |

（b）变形图（厚度 t_1）

图 11.9　A4 构件不同厚度下的力-位移曲线和厚度 t_1 的 A4 构件在不同时间下的压缩变形

由图 11.6～11.9 及表 11.3 可得，在相同截面形式不同厚度之间对比，以 A1 构件为例，当厚度为 1 mm 时最大压溃力为 93.2 kN，当厚度为 1.5 mm 时最大压溃力为 139.8 kN，当厚度为 2 mm 时峰值为 186.4 kN，对以上数据进行分析对比可得最大压溃力最大为厚度为 2 mm 时，最大压溃力最小为厚度为 1 mm 时，其他三组构件的规律相同。由此可得，当截面形式相同时，构件厚度越大，构件的最大压溃力越大。

表 11.3　构件压缩初始受力峰值 P_{max}

厚度/mm	P_{max}/kN			
	A1	A2	A3	A4
t_1	93.2	49.51	29.59	24.85
t_2	139.8	74.27	44.39	37.34
t_3	186.4	99.03	64.53	49.71

在 30 mm 之前，构件的受力变化并不大，不同厚度之间的受力比较接近；35 mm 之后，构件的受力开始发生突变，并且随着构件厚度的增大，构件受力变化速率越快。50 mm 时相同截面形式不同厚度构件的受力对比如图 11.10 所示。

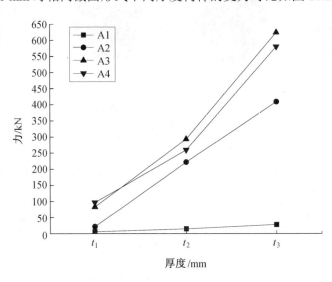

图 11.10　50 mm 时相同截面形式不同厚度构件的受力对比

由图 11.10 分析可得，在相同截面形式不同厚度的定点对比中，A1 构件不同厚度之间的受力变化不大，其他三个都有明显变化。A1 构件和 A2 构件这两组数据不同厚度之间的斜率变化不是很大，但也有逐渐增大的趋势，而 A3 构件和 A4 构件不同厚度之间数据的斜率变化明显加快，由此可以验证上述得到的规律。

通过力–位移曲线能够得到相应的比吸能数据，然后将数据导入 Origin 计算软件中进行数据的图表处理，进而对其比较。图 11.11～11.14 分别为 A1～A4 构件不同厚度下的比吸能曲线对比。比较结果如下。

由图 11.11～11.14 可得，在 A1 构件中，比吸能最大的是厚度为 2 mm 时的构件，比吸能最小的是厚度为 1 mm 时的构件，其他截面形式也是相同的规律。由此可见，当构件厚度越大时，它的比吸能越大。

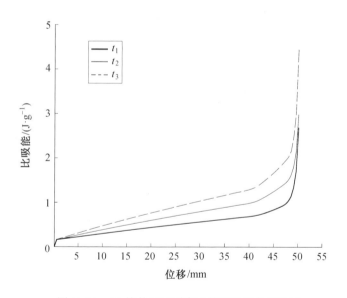

图 11.11　A1 构件不同厚度下的比吸能曲线对比

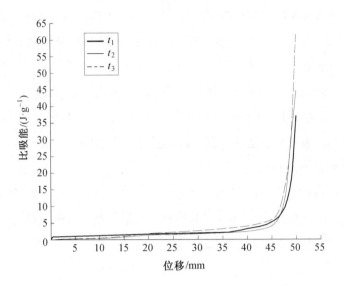

图 11.12　A2 构件不同厚度下的比吸能曲线对比

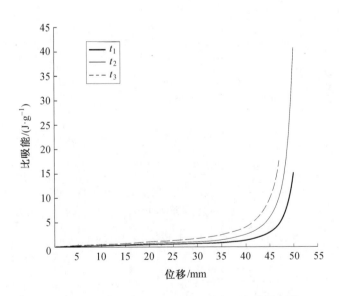

图 11.13　A3 构件不同厚度下的比吸能曲线对比

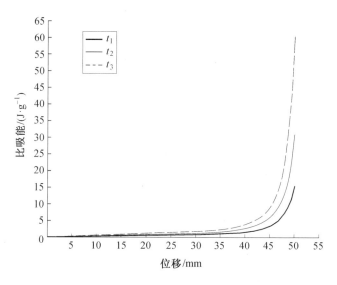

图 11.14　A4 构件不同厚度下的比吸能曲线对比

当结构压溃距离在 0～30 mm 时，3 个不同厚度的构件的比吸能数值是比较接近的。当压缩位移达到 30 mm 之后，结构的比吸能开始发生较大的变化，一直到结构被压溃，其比吸能的数值达到顶峰。选取 A3 构件为例，当结构压溃距离在 40～50 mm，厚度为 0.268 mm 时，构件的比吸能变化量为 13.79 J/g；厚度为 0.402 mm 时，构件的比吸能变化量为 38.2 J/g；厚度为 0.536 mm 时，构件的比吸能变化量为 61.3 J/g。对数据进行比较分析可以得到，当构件厚度为 0.536 mm，即厚度最大时，其比吸能的变化量最大；厚度为 0.268 mm，即厚度最小时，其比吸能变化量最小。其他 3 种构件厚度之间对比规律也和 A3 相同，因此可以得出规律：在相同截面形式不同厚度的对比中，构件的厚度越大，其构件的比吸能变化增加量越大，比吸能的增加速率越快。

最大压溃力是结构被压溃时受到的最大载荷，定义为最大压溃力 P_{max}。对结构来说，最大压溃力越小越好。在结构被压溃的过程中，结构所受压力的第一个峰值就是最大压溃力。

截面形式相同厚度不同构件的最大压溃力对比如图 11.15 所示。

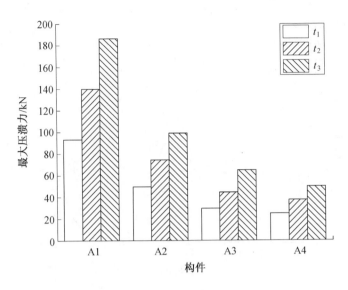

图 11.15　截面形式相同厚度不同构件的最大压溃力对比

由表 11.4 可得，当结构为 A1 构件时，厚度为 1 mm 时的最大压溃力数值为 93.2 kN，厚度为 1.5 mm 时的最大压溃力数值为 139.8 kN，厚度为 2 mm 时的最大压溃力数值为 186.4 kN。对以上 3 组数据进行对比可得：当厚度为 2 mm 时，最大压溃力最大；当厚度为 1 mm 时，最大压溃力最小。A2、A3、A4 不同截面形式相同厚度之间的对比也和 A1 的规律相同。由此可以得出，当构件的截面形式相同时，构件的厚度越大，构件的最大压溃力越大。

表 11.4　最大压溃力数值

厚度/mm	P_{max}/kN			
	A1	A2	A3	A4
t_1	93.200 07	49.512 54	29.593 5	24.858 74
t_2	139.800 06	74.268 79	44.390 37	37.343 86
t_3	186.400 14	99.025 08	65.359	49.717 4

对于 A1 构件，厚度从 1 mm 到 1.5 mm 时的最大压溃力增长量约为 46.63 kN，增长速率约为 50.53%；厚度从 1.5 mm 到 2 mm 时的增长量约为 46.68 kN，增长速率约为 33.39%。对于 A2 构件，从 0.5 mm 到 0.75 mm 时的增长量约为 24.75 kN，增长速率

约为 49.98%；从 0.75 mm 到 1 mm 时的增长量约为 24.76 kN，增长速率约为 33.33%。对于 A3 构件，从 0.268 mm 到 0.402 mm 的增长量约为 14.8 kN，增长速率约为 50.01%；从 0.402 mm 到 0.536 mm 的增长量约为 20.96 kN，增长速率约为 47.21%。对于 A4 构件，从 0.223 mm 到 0.335 mm 的增长量约为 12.48 kN，增长速率约为 42.17%，从 0.335 mm 到 0.446 mm 的增长量约为 10.37 kN，增长速率约为 27.77%。由上述数据分析可得：在截面形式相同时，构件厚度变大，其构件的最大压溃力增长量数值差距不大，但其中 A4 截面形式的增长量降低，其他三组的增长量均逐渐变大，增长速率随着构件厚度增大而逐渐变小。

平均压溃力 P_m 是表示整个能量耗散过程中载荷的平均值，其表征与能量吸收和变形距离有关，其值越大越好。

由图 11.16 及表 11.5 分析可得：以 A1 为例，厚度为 1 mm 的构件的平均压溃力为 2.53 kN，厚度为 1.5 mm 时其值为 5.402 kN，厚度为 2 mm 时其值为 9.398 kN。根据上述数据进行对比分析，可以得到当厚度为 2 mm 时构件平均压溃力最大，当厚度为 1 mm 时构件平均压溃力最小。A2、A3、A4 的相同截面形式不同厚度之间的对比规律和 A1 的规律相似，由此可得，在截面形式相同时，随着构件的厚度增加，构件的平均压溃力也随之增大。

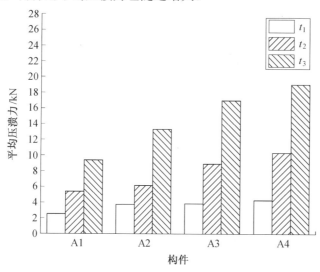

图 11.16　截面形式相同厚度不同构件的平均压溃力对比

表 11.5 平均压溃力数值

厚度/mm	P_m/kN			
	A1	A2	A3	A4
t_1	2.531 41	3.234	3.85	4.295 99
t_2	5.402 75	7.174	8.921 7	10.337
t_3	9.398 46	13.34	17.364	19.038

A4 构件相同截面形式不同厚度之间的增加量及增加效率对比分析：A4 构件厚度从 0.223 mm 到 0.335 mm 时平均压溃力增加量约为 6.402 kN，增长速率约为 149.02%，从 0.335 mm 到 0.446 mm 时的增加量约为 8.701 kN，增长速率约为 84.17%；A3 构件厚度从 0.268 mm 到 0.402 mm 的增长量约为 5.072 kN，增长速率约为 131.74%，从 0.402 mm 到 0.536 mm 的增长量约为 8.444 kN，增长速率约为 94.66%；A2 构件厚度从 0.5 mm 到 0.75 mm 的增长量约为 3.94 kN，增长速率约为 121.98%，从 0.75 mm 到 1 mm 的增长量约为 6.166 kN，增长速率约为 85.94%；A1 构件厚度从 1 mm 到 1.5 mm 的增长量约为 2.871 kN，增长速率约为 113.47%，从 1.5 mm 到 2 mm 的增加量约为 3.996 kN，增长速率约为 73.97%。根据上述数据可得，当截面形式相同时，厚度越大，构件的平均压溃力增长量越大，但是构件的平均压溃力增长速率逐渐减少。

由图 11.17 及表 11.6 可得，对于 A4 构件，厚度为 0.223 mm 时的压溃力效率为 0.172，厚度为 0.335 mm 时的压溃力效率为 0.277，厚度为 0.446 mm 时的压溃力效率为 0.383。由以上数据对比分析可得，对于 A4 构件，厚度为 0.446 mm 时的构件压溃力效率最大，厚度为 0.223 mm 时的构件压溃力效率最小。其他几组构件的压溃力效率对比分析也具有与 A4 构件相似的规律。由此可得，在截面形式相同时，构件的厚度越大，结构的压溃力效率越好。

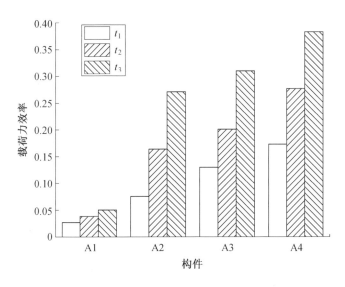

图 11.17　截面形式相同厚度不同构件的压溃力效率对比

表 11.6　压溃力效率数值

厚度/mm	CFE			
	A1	A2	A3	A4
t_1	0.027 16	0.075 75	0.1301	0.172 82
t_2	0.038 65	0.163 93	0.200 98	0.276 81
t_3	0.050 42	0.271 07	0.29	0.382 9

　　对于 A4 构件，厚度从 0.223 mm 到 0.335 mm 时压溃力效率的增长量约为 0.105，增长速率为 61.04%；厚度从 0.335 mm 到 0.446 mm 时增长量约为 0.106，增长速率为 38.26%。对于 A3 构件，厚度从 0.268 mm 到 0.402 mm 时增长量约为 0.07，增长速率为 53.84%；厚度从 0.402 mm 到 0.536 mm 时增长量约为 0.09，增长速率为 45%。对于 A2 构件，厚度从 0.5 mm 到 0.75 mm 时增长量约为 0.085，增长速率为 78%；从 0.75 mm 到 1 mm 时增长量约为 0.113，增长速率为 68%。对于 A1 构件，厚度从 1 mm 到 1.5 mm 时增长量约为 0.011 5，增长速率为 40.74%；从 1.5 mm 到 2 mm 时增长量约为 0.011 7，增长速率为 28.95%。由以上数据可得，当

构件截面形式相同时，随着构件厚度的逐渐增大，构件的压溃力效率逐渐增大，但是增加的量变化不大，增加的效率逐渐减小。

通过对相同截面形式不同厚度的构件进行对比，分别对它的力-位移曲线、比吸能、最大压溃力、平均压溃力、压溃力效率进行对比分析，可以得到构件的最大压溃力随着厚度增加而增加，力-位移曲线走势随着构件的厚度变大，其变化幅度也在变大。比吸能随厚度变大而变大，增长速率也随之增加。最大压溃力随厚度变大而变大，增长速率随之减少。平均压溃力也随构件厚度变大而变大，增长速率减少。在相同截面形式不同厚度对比下可以得出，当厚度最大时，构件的压溃力效率也是最大的。可得出结论，在本次有限元模拟分析中，构件厚度越大，其压溃力效率越大，吸能性越好。

11.4.2　截面形式

通过对相同截面面积，不同截面形式的构件进行有限元仿真模拟，得到相应的数据，然后通过 Origin 软件进行对比分析，进而得到吸能性较好、结构轻量化的构件设计参数。

通过 ABAQUS 软件对构件进行分析，得出力和位移的对应数据，然后将数据导入 Origin 计算软件中进行数据的图表处理，进而对其比较。

图 11.18～11.20 分别为截面面积 180 mm²、270 mm² 和 360 mm² 各构件的力-位移曲线对比。由图 11.18～11.20 及表 11.6 可得，以截面面积为 180 mm² 为例，当构件开始受力时，A1 构件的最大压溃力为 93.2 kN，A2 构件的最大压溃力为 49.51 kN，A3 构件的最大压溃力为 29.59 kN，A4 构件的最大压溃力为 24.85 kN。A1 构件的最大压溃力最大，A4 构件的最大压溃力最小。由此可得，当构件结构复杂程度增大时，构件的初始受力随之减少。其他两组数据分析也与截面面积为 180 mm² 时的规律相同。根据数据可得：构件比较复杂时，其刚开始的受力较小，随着压缩位移的逐渐增大，其受力也增大，而且结构越为复杂，其受力的增加速率越大。

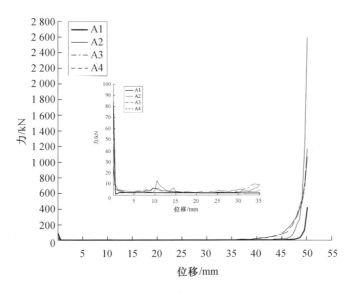

图 11.18　截面面积 180 mm² 各构件的力-位移曲线对比

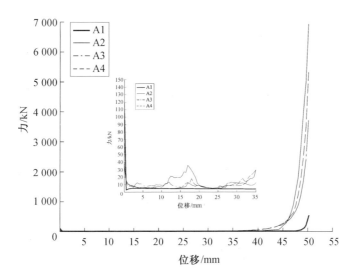

图 11.19　截面面积 270 mm² 各构件的力-位移曲线对比

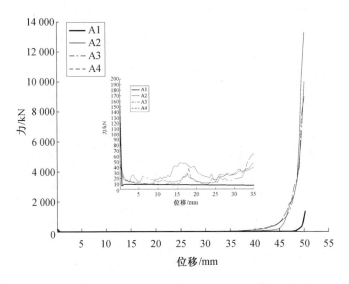

图 11.20　截面面积 360 mm² 各构件的力-位移曲线对比

图 11.21 所示为 50 mm 时相同截面面积不同截面形式构件的受力对比。

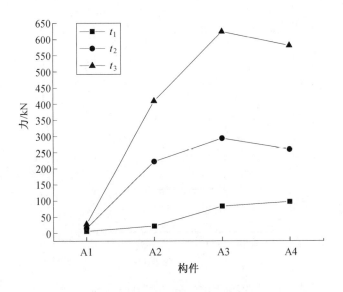

图 11.21　50 mm 时相同截面面积不同截面形式构件的受力对比

从图 11.21 中分析可得，在相同截面面积不同截面形式的定点对比中，A3 的数据是最大的，即在 50 mm 时受力最大的是 A3。因此可以得到，在结构即将被压溃时，A3 构件受力最大。

通过力-位移曲线能够得到相应的比吸能数据，然后将数据导入 Origin 计算软件中进行数据的图表处理，进而对其比较。图 11.22～11.24 分别为截面面积为 180 mm^2、270 mm^2 和 360 mm^2 各构件比吸能对比。

由 11.22～11.24 可得，以截面面积 180 mm^2 各构件比吸能对比图为例，将其进行对比分析，A4 构件的比吸能最大，A1 构件的比吸能最小。三组数据对比（图 11.25）后可得，相同截面面积的构件，随着构件截面形式复杂程度逐渐增加，构件的比吸能也逐渐增加。

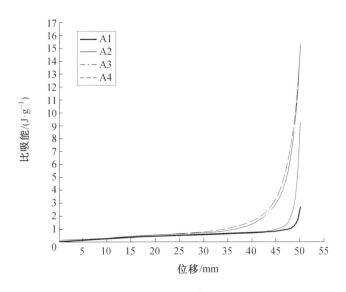

图 11.22　截面面积 180 mm^2 各构件比吸能对比

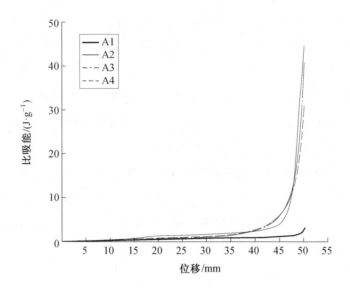

图 11.23　截面面积 270 mm² 各构件比吸能对比比

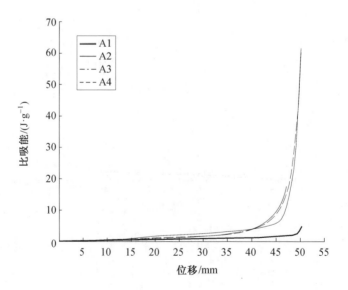

图 11.24　截面面积 360 mm² 各构件比吸能对比

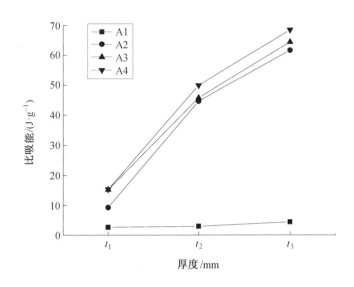

图 11.25　50 mm 时相同厚度不同截面形式构件的比吸能对比

在比吸能对比图中，随着结构越来越复杂，比吸能发生突变时的压缩位移逐渐提前。以厚度为 t_1 的构件为例，A4 结构中比吸能发生突变的位移约为 35 mm，A3 构件比吸能发生突变的位移约为 40 mm，A2 构件发生突变的位移约为 47 mm，A1 构件发生突变的位移约为 49 mm，其中 A1 的突变位移最大，A4 的突变位移最小。其他两组数据对比具有相同的规律，由此可得，构件复杂程度越大，构件的比吸能发生突变的时间越为提前。

如图 11.26 所示，以截面面积为 180 mm^2 为例，构件不同截面形式相同截面面积之间的数据为：A1 的平均压溃力为 2.53 kN，A2 的平均压溃力为 3.23 kN，A3 的平均压溃力为 3.85 kN，A4 的平均压溃力为 4.29 kN。其中 A4 的平均压溃力最大，A1 的平均压溃力最小。其他两组构件的数据对比规律也和截面面积为 180 mm^2 时的规律相同。由上述数据分析可得，在截面面积相同时，不同截面形式之间的构件对比，截面形式越复杂，结构越为复杂，构件的平均压溃力越大。

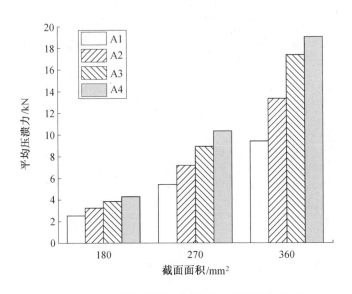

图 11.26   相同截面面积不同结构的平均压溃力对比

截面面积为 180 mm² 时，构件从结构 A1 到结构 A2 的平均压溃力增长量约为 0.703 kN，其增长速率约为 27.77%；构件从结构 A2 到 A3 的平均压溃力增长量约为 0.616 kN，其增长速率约为 19.05%；构件从结构 A3 到 A4 的平均压溃力增长量约为 0.446 kN，其增长速率约为 11.58%。截面面积为 270 mm² 时，构件从结构 A1 到结构 A2 平均压溃力增长量约为 1.772 kN，其增长速率约为 32.80%；从结构 A2 到 A3 平均压溃力增长量约为 1.748 kN，其增长速率约为 24.36%；从结构 A3 到 A4 平均压溃力增长量约为 1.415 kN，其增长速率约为 15.86%。截面面积为 360 mm² 时，构件从结构 A1 到结构 A2 平均压溃力增长量约为 3.94 kN，其增长速率约为 41.94%；从结构 A2 到 A3 增长量约为 4.024 kN，其增长速率约为 30.16%；从结构 A3 到 A4 增长量约为 1.674 kN，其增长速率约为 9.6%。对上述数据进行对比分析可以得出，当构件截面面积相同时，随着其结构截面形式复杂程度的加剧，构件的平均压溃力增长量逐渐减小，增长速率也逐渐减小。

由图 11.27 可得，以截面面积为 180 mm² 为例，不同截面形式相同截面面积之间的对比为，A1 最大压溃力约为 93.2 kN，A2 最大压溃力约为 49.51 kN，A3 最大压溃力约为 29.59 kN，A4 最大压溃力约为 24.86 kN。其中最大的是 A1，最小的是

A4。可以得出，在相同截面面积下，随着构件的结构复杂程度的增加，构件的最大压溃力逐渐减小。

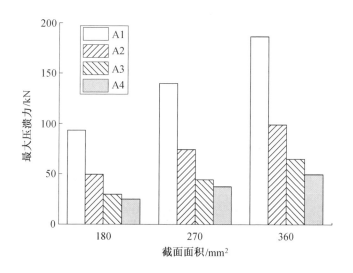

图 11.27　构件相同厚度不同构件的最大压溃力对比

在不同截面形式下，截面面积为 180 mm² 时构件从 A1 到 A2 最大压溃力变化量约为 43.68 kN，变化速率约为 46.87%，从 A2 到 A3 最大压溃力变形量约为 19.92 kN，变化速率约为 40.23%，从 A3 到 A4 最大压溃力变化量约为 4.735 kN，变化速率约为 16%；截面面积为 270 mm² 时构件从 A1 到 A2 变化量约为 65.53 kN，变化速率约为 46.87%，从 A2 到 A3 变化量约为 29.88 kN，变化速率约为 40.23%，从 A3 到 A4 变化量约为 7.05 kN，变化速率约为 15.88%；截面面积为 360 mm² 时，构件从 A1 到 A2 变化量约为 87.38 kN，变化速率约为 46.87%，从 A2 到 A3 变化量约为 33.66 kN，变化速率约为 33.99%，从 A3 到 A4 变化量约为 15.642 kN，变化速率约为 23.93%。由上述数据可得，在截面面积相同的前提下，随着结构的逐渐复杂，最大压溃力的变形量也逐渐变大，变形速率逐渐减小。

由图 11.28 可得，以截面面积为 180 mm² 为例，相同截面面积不同结构的数值为：A1 压溃力效率为 0.027，A2 压溃力效率为 0.075，A3 压溃力效率为 0.13，A4 压溃力效率为 0.17。对上述数据进行对比分析可得，压溃力效率最大的是 A4 构件，最小的是 A1 构件。在图 11.28 中可以明显看出其他两组数据也具有上述规律，因此可以得出，当构件截面面积相同时，构件的结构越复杂，构件的压溃力效率越好。

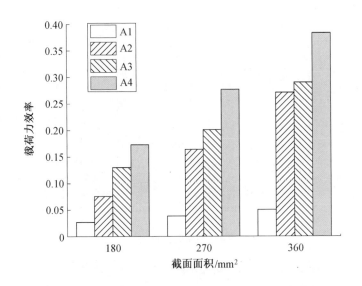

图 11.28　相同截面面积不同截面形式构件的压溃力效率对比

截面面积为 180 mm² 时结构从 A1 到 A2 压溃力效率增加量约为 0.048，增长速率约为 177%，从 A2 到 A3 压溃力效率增加量约为 0.055，增加速率约为 73.33%，从 A3 到 A4 压溃力效率增加量约为 0.042，增加速率约为 32.31%；截面面积 270 mm² 时，结构从 A1 到 A2 增长量约为 0.122，增加速率约为 321%，从 A2 到 A3 增长量约为 0.04，增加速率约为 25%，从 A3 到 A4 增加量约为 0.076，增加速率约为 38%；截面面积为 360 mm² 时，结构从 A1 到 A2 增长量约为 0.22，增加速率约为 440%，从 A2 到 A3 增加量约为 0.02，增加速率约为 7.4%，从 A3 到 A4 增加量约为 0.09，增加速率约为 31.03%。由上述数据分析可得，构件中结构从 A1 到 A2 的增长量是最大的，增长速率也比较大。

通过对相同截面面积不同截面形式的构件进行对比，分别对它的力-位移曲线、比吸能、最大压溃力、平均压溃力、压溃力效率进行对比分析，可以得到构件的最大压溃力随着截面形式复杂程度的增加而增加，力-位移曲线走势随着它的截面形式复杂程度变大，其变化幅度也在变大。比吸能随截面形式复杂程度变大而变大，增长速率也逐渐增加。最大压溃力随截面形式复杂程度变大而变大，增长速率随之减少。平均压溃力也随构件截面形式复杂程度变大而变大，增长速率减少。在相同截面面积不同截面形式对比下可以得出，当截面形式最复杂时，构件的压溃力效率也是最大的。可得出结论，在本次有限元模拟分析中，构件复杂程度越大，其压溃力效率越大，吸能性越好。

11.5　理论研究

虽然通过 ABAQUS 有限元软件进行了构件的仿真模拟，但这并不能有效地分析得出构件的压溃力效率，因此需要通过对构件的理论分析来确定其能量吸收性能。

本节以基础的正六边形 A1 为例进行研究，构件的相应数据见表 11.7。

表 11.7　构件参数表

构件	构件高度 h/mm	构件长度 L/mm	构件厚度 t/mm
A1-t_1	100	50	1.0
A1-t_2	100	50	1.5
A1-t_3	100	50	2.0

对该构件进行压缩（图 11.29）时，由于其金属管的整体能量平衡，横向压溃力所做的功 $P_m(L-2t)$ 是由胞元的塑性薄膜变形能和塑性铰的弯曲变形能构成，由此可以得到

$$P_m(L-2t) = E_b + E_m \tag{11.5}$$

式中，E_b 和 E_m 分别代表了构件的弯曲能和膜能量；$L-2t$ 代表了有效压溃距离系数。

E_b 的能量组成有两种：E_b^A 代表为顶角平面的变化能量，顶角从 120° 逐渐增大，完全压溃时的角度为 180°；E_b^B 代表了中间角平面的变化能量，中间角从开始的 120° 逐渐减小，一直到完全压溃时角度为 0°。

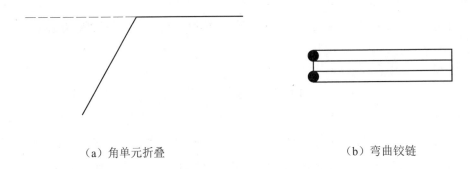

（a）角单元折叠　　　　　　　　　　　　　　　（b）弯曲铰链

图 11.29　压缩时构件塑性模型

由图 11.29（a）变化分析可得，E_b^A 的变化能量公式为

$$E_b^A = \frac{1}{12}\sigma_0 t^2 \pi h \tag{11.6}$$

由图 11.29（b）变化分析可得，E_b^B 的变化能量公式为

$$E_b^B = \frac{1}{6}\sigma_0 t^2 \pi h \tag{11.7}$$

E_m 同样由两种能量组成；E_m^A 代表顶角的能量；E_m^B 代表中间角的能量。

在图 11.30 中，虚线圈为顶角平面，实线圈为中间角平面，图中共有 2 个中间角平面，4 个顶角平面。分析可得，E_m^A 的能量变化公式为

$$E_m^A = \frac{1}{6}\sigma_0 t^2 \pi h \tag{11.8}$$

E_m^B 的能量变化公式为

$$E_m^B = \frac{2}{3}\sigma_0 t^2 \pi h \tag{11.9}$$

该种构件共有 4 个 A 型角和 2 个 B 型角，因此可以推出能量的平衡公式：

$$P_m(L-2t) = 4E_b^A + 2E_b^B + 4E_m^A + 2E_m^B \qquad （11.10）$$

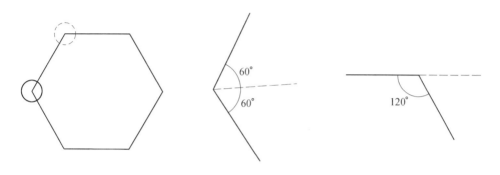

（a）厚度为 1 mm 的 A1 构件截面　　　（b）中间角平面　　　（c）顶角平面

图 11.30　结构变形

　　把数据代入公式中，得到相应的平均压溃力 P_m，而相应的有限元分析中也可以得到一个值。将两种数据进行对比分析，共有 3 组对比数据，具体数值见表 11.8。表中，d 为能量吸收的有效位移。在厚度为 1.0 mm 时，这种理论分析的结构破坏是大致相同的，理论值和仿真值误差不大。在后续的两组对比中，由于它的厚度的原因，构件的有效压溃距离发生了变化，厚度越大，有效压溃距离越靠前，因此要选取不同的位移进行计算，结果误差变小。误差控制在了 5% 左右，证明本章理论分析与有限元分析结果呈现出良好的一致性。

表 11.8　理论仿真对比

厚度/mm	理论值/kN	仿真值/kN	误差/%
1.0（d=48）	7.57	7.27	2.7
1.5（d=46）	16.71	15.94	4.6
2.0（d=44）	30.35	28.58	5.2

11.6　本章小结

本章就铁质多级薄壁管在截面形式及厚度不同情况下的能量吸收性能进行了研究。利用 ABAQUS 有限元模拟软件进行了仿真测试，对准静态横向压溃力作用下的能量吸收性能展开研究。本章的主要研究内容和成果如下。

在相同截面形式不同厚度的对比分析中，可以得到其最大压溃力随着厚度增加而增加，力-位移曲线走势随着构件的厚度变大，其变化幅度也在变大。比吸能随厚度变大而变大，增长速率也逐渐增加。最大压溃力随厚度变大而变大，增长速率逐渐减少。平均压溃力也随构件厚度变大而变大，增长速率逐渐减少。在相同截面形式不同厚度对比下可以得出，当厚度最大时，构件的压溃力效率也是最大的。可得出结论，在本章有限元模拟分析中，构件厚度越大，其压溃力效率越大，吸能性越好。

控制截面面积不变，对构件的不同截面形式进行分析，当构件的截面形式较为复杂时，它的初始受力较小。在力-位移曲线比较中，当构件截面形式越复杂时，其力-位移曲线的波动越多，越有利于吸收能量。构件截面形式变复杂时，构件比吸能增加，发生突变时的位移提前，平均压溃力变大，增长速率减小，最大压溃力减少，增长速率减少。当构件横截面面积为 180 mm^2 时，A4 的压溃力效率最大，数据约为 0.17，当构件横截面面积为 270 mm^2 时，A4 的压溃力效率最大，数值为 0.27，当构件横截面面积为 360 mm^2 时，A4 的压溃力效率最大，数值为 0.38。得出结论，在本章有限元模拟分析中，当构件截面形式越复杂，构件的压溃力效率越大，其构件吸能越好。

在理论分析中，使用最简单的算例，可以得到当厚度较小时，其理论值与有限元分析值误差较小，误差为 2.7%，当构件厚度较大时，由于其有效压溃距离的提前，因此产生了误差。将厚度较大的构件的压溃距离提前，结果误差变小。最终结果分析中，误差控制在了 5% 左右，本章理论分析与有限元分析结果呈现出良好的一致性。

第12章 3D 打印多胞薄壁管的能量吸收性能

12.1 概 述

增材制造技术俗称 3D 打印技术，呈现了百花齐放、百家争鸣的发展状况，2012 年，美国奥巴马总统将增材制造技术列为国家 15 个制造业创新中心，英国著名杂志《经济学人》发表专题报告《3D 打印推动第三次工业革命》，推动 3D 打印发展的政治、经济力量正式形成，使得 3D 打印技术成为一种热潮并迅速吸引了全世界的眼球。这项技术一改以前比较厚重的打印模式，通过与互联网等技术相结合，能够快速准确地打印出人们所需的物品。对于结构复杂的试件也能够轻松应对，可以说，应用前景十分广阔，能给人类的各行各业带来无限可能。如图 12.1 所示的南京欢乐谷主题乐园东门和图 12.2 所示的成都驿马河流云桥都是 3D 打印的。

图 12.1 南京欢乐谷主题乐园东门

图 12.2 成都驿马河流云桥

3D 打印技术是近 30 年快速发展的先进制造技术，其优势在于三维结构的快速和自由制造，被广泛应用于新产品开发、单件小批量制造。它的工作原理是将极小的粉末通过逐层的合理堆积，最终得到目标产物。3D 打印是三维模型制造的有效手段，不仅提高了材料的利用率，而且大幅度提高生产效率，相较于传统的制造业有着明显的优势。对于一些复杂构件，也能够准确快速地生产出来。在建筑领域、医疗行业、航天航空、道路工程中都有所涉及。

当前，全球正在兴起新一轮数字化制造浪潮。发达国家面对近年来制造业竞争力的下降，大力倡导"再工业化、再制造化"战略，提出智能机器人、人工智能、3D 打印是实现数字化制造的关键技术，并希望通过这三大数字化制造技术的突破，巩固和提升制造业的主导权，加快 3D 打印产业发展。世界各国政府纷纷出台政策，支持本国 3D 打印产业的发展，而各国研究 3D 打印的方向也有所差别。

3D 打印的发展既是机遇又是挑战，应当看到仅有技术层面的发展远远不够，应在转变产业模式、推进技术创新等方面做足工作，才能让 3D 打印技术更好地为制造业创新转型提供新的发展动力。3D 打印制造技术可能从根本上改变全球供应链，彻底影响全球制造业的生产方式，并对当前我国产业发展和结构转型造成深刻影响。3D 打印制造不需在工厂进行操作，也就意味着无须机械加工或者任何模具。这毫无疑问将大大缩短产品的研制周期，提高生产效率并降低生产所需的人力资源成本。

目前 3D 打印金属零件昂贵，随着金属 3D 打印技术的逐步发展，预计制造成本会下降，表面光洁度的提升、零件质量的改进及零件尺寸的增加将会使其在各行各业开辟应用空间。我国的 3D 打印技术起步相对较早，并且目前在国际上也处于领先水平。由于国家重视创新与发展，对于这些新兴技术，国家投入了大量的精力和资金的支持，与此同时，也创立了关于这项技术负责研究的单位，并取得了很大的进步，以此激发各个企业加入其中，催生出了很多的相关的企业，服务于整个行业。在这个过程中，很多高校发挥了推动作用，例如西北工业大学打印出最大尺寸为 3 m，质量高达 196 kg 的飞机零件，西南交通大学成功打印出骨科领域所用材料。目前，3D 打印主要的阵地在各个高校，并以高校为中心点向外散发，形成了一种良好的局面，为以后的发展奠定了很好的基础，也给我国的 3D 打印提供了理论和技术支撑。但是 3D 打印技术也有一定的局限性，例如如果要用熔化金属打印这种方法，则对于金属材料的塑性要求很高，而且一些打印成型的零件也会出现变形，或者是角部会发生翘曲现象。一项新技术的出现，必定会推动社会的发展，3D 打印技术也许还并不完美，但是人们已经看到了它的优势，并且对于改进工作也在跟进，在未来，它会站在更高的舞台上发挥作用。

12.2　材料本构模型的标定

首先通过对光滑圆棒的拉伸试验设计和试验结果的研究，得出这种材料的弹性模量、屈服强度、应力应变等参数。然后进行薄壁管试件的压缩试验，探究其能量吸收性能。然后用仿真软件 ABAQUS 对薄壁管进行压缩试验，将试验与仿真的平均压溃力、最大压溃力、压溃力效率、吸收的能量、比吸能等吸能参数进行分析。

为了得到多胞薄壁管的弹性模量、屈服强度、塑性应变等力学参数，对相同材质的光滑圆棒在准静态的情况下进行拉伸试验，得到随时间变化的应力应变值，最后通过换算求出工程应力应变。

通过万能试验材料试件进行拉伸。试验前期要做好试验尺寸的测量记录，试验过程中要严格遵守试验的流程和仪器的操作顺序，确保试验结果的准确。

本章试验用万能材料试验机和全自动引伸计对试件进行拉伸，所用到的试验试样有两个。试件的名义直径是 6 mm，拉升段的长度是 36 mm。但试样 1 和试样 2 的实际尺寸如图 12.3～12.6 所示。同时，为保证试验过程的稳定性，对夹持部分做了螺纹处理。

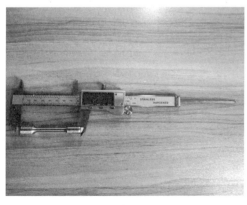

图 12.3　光滑圆棒 1 全长

图 12.4　光滑圆棒 1 直径

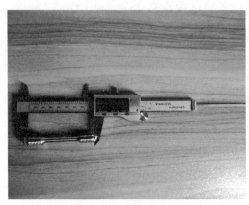

图 12.5　光滑圆棒 2 全长

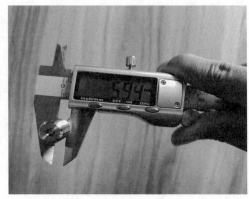

图 12.6　光滑圆棒 2 直径

从表 12.1 可以看出，试样 1（编号 T1）和试样 2（编号 T2）的直径误差分别为 0.08 mm 和 0.06 mm，长度误差分别为 0.20 mm 和 0.25 mm。由于是人工测量，而且误差很小，对试验结果不会有影响。

表 12.1　常温下试样尺寸和设计尺寸对比

试样编号	实测直径/mm	实测长度/mm	设计直径/mm	设计长度/mm	直径误差/mm	长度误差/mm
T1	5.92	82.20	6	82	0.08	0.20
T2	5.94	82.25	6	82	0.06	0.25

试验器材主要用到的是万能材料试验机和全自动引伸计，在土木工程材料试验室进行试验。万能材料试验机如图 12.7 所示。全自动引伸计如图 12.8 所示。

万能材料试验机是用来进行材料力学性能指标测定的设备。其反应速度敏捷，采用的是独立的液压夹紧的系统，这是为了让系统能在运行时处于低噪声状态。可以运用于金属棒、塑料、网绳、防水材料、纺织物等多种材料的拉伸，适用范围广泛。

图 12.7　万能材料试验机　　　　图 12.8　全自动引伸计

　　全自动引伸计是自动测量试样变形的装置，在试样条件一致的情况下其工作效率较高，而且可以长时间持续稳定地工作，实现了全力学性能试验的自动化测试，能够自动追踪并记录材料在测试过程中的变形数据，包括变形量、变形速率等关键参数。全自动引伸计在工作时，如果是小变形测量，则采用应变片式传感器，如果是大变形测量，则使用磁感应传感器，这是为了满足精度的要求。全自动引伸计是测量材料拉伸得到应力应变不可缺少的器材，这个过程是由计算机设定和操作的。

　　试验步骤如下。

　　（1）准备试件。试验用到的试件有两个，分别测出两个试件拉伸段的直径，每个试件要测三组，最后求平均值，根据测出的直径，可以求出拉伸段的面积。

　　（2）准备万能材料试验机。在此之前，必须了解并遵守试验室的相关规定，熟悉仪器的操作方法，计算机的软件使用也要熟练，如图 12.9 所示，将计算机与试验机连接到一起。

　　（3）安装全自动引伸计。

　　（4）进行试件的安装。所用的试件两头经过螺纹处理，在安装时，可以先将金属安装在万能材料试验机上夹头的位置，再通过调整下夹头的位置，调整到合适的位置，从而把试件夹紧，如图 12.10 所示。

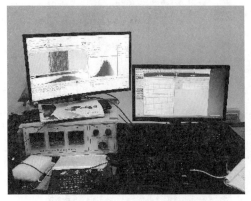

图 12.9　连接试验机的计算机　　　　　　　图 12.10　固定拉伸试样

（5）进行试验。确认设备各个地方连接可靠和牢固，电源也已经是打开状态，做好必要的安全措施，然后打开试验机，预热 10 min 左右。待系统稳定后开始工作。开始加载后，要时刻观察测力指针的转动情况，以及自动绘图的情况。

（6）试验结束。将试件放入提前准备好的密封袋。

试样 1 被拉断后的截面形状和整体形状如图 12.11 和图 12.12 所示。试样 2 被拉断后的截面形状和整体形状如图 12.13 和图 12.14 所示。

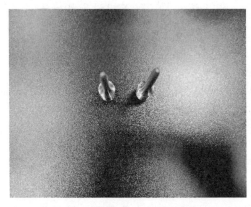

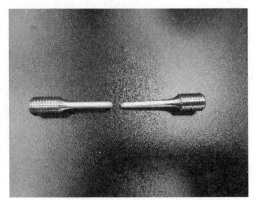

图 12.11　试样 1 拉断截面形状　　　　　　图 12.12　试样 1 拉断整体形状

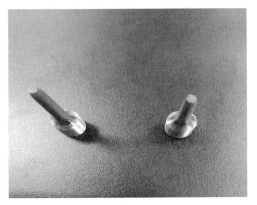

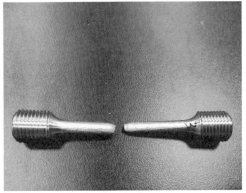

图 12.13　试样 2 拉断截面形状　　　　　图 12.14　试样 2 拉断整体形状

在静态拉伸试验结束后，通过 DIC 的处理得到两个试件的载荷、位移等参数，将参数导入 Origin 进行分析，绘制出光滑圆棒试样 1 和试样 2 的载荷-位移曲线，如图 12.15 所示。从图中可以看到，两条曲线几乎重合，在拉伸时受力情况几乎一致。

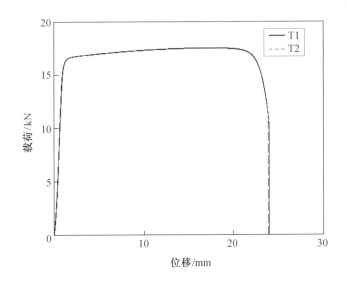

图 12.15　试样 1 和试样 2 的载荷-位移曲线

通过式（9.1）和式（9.2），可以得到两个试样的工程应力-应变曲线图，拟合度也很高，如图 12.16 所示。

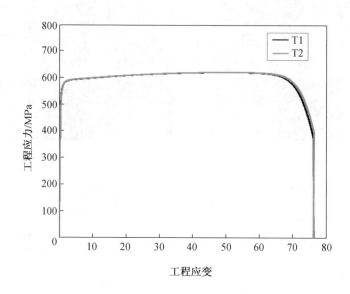

图 12.16 试样 1 和试样 2 工程应力-应变曲线图

用 Origin 软件可以从工程应力-应变曲线图中得到试样的弹性模量，从图 12.16 中可以看出，这种材料屈服的程度不是很明显。因此，在求屈服强度时。可以用 0.2%塑性应变所对应的工程应力大小来确定。用 Origin 软件中作弹性阶段向右平移 0.2%个单位的直线，找出它们的交点，然后读取对应的数值，可得到屈服强度，见表 12.2。

表 12.2 常温下单向拉伸试验部分试验值

试样编号	弹性模量/GPa	屈服强度/MPa	抗拉强度/MPa	极限应变	最大载荷/kN	最大位移/mm
T1	125.32	515	618.76	0.74	17.47	23.80
T2	120.84	505	621.88	0.74	17.08	23.95

根据表 12.2 可以求出试样的弹性模量（取两者的平均值）E=123.08 GPa；屈服强度（取两者的平均值）$S_{0.2}$=510.00 MPa。

进行有限元模拟的试验时，用到的是真实的应力应变。通过式（9.8）和式（9.10），可以由工程应力和应变得到真实的应力和应变。试样 1 和试样 2 的真实应力-应变曲线如图 12.17 所示，两者的曲线几乎重合。

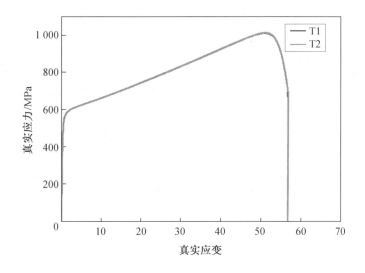

图 12.17　试样 1 和试样 2 真实应力-应变曲线

12.3　薄壁管压缩试验

用万能材料试验机压缩试件，将得到的结果用计算软件做后续处理。通过与试验结果进行对比，验证了采用数值模拟方法预测薄壁管轴向压溃吸能量和变形模式的可行性。

本章所研究的 3D 打印多胞薄壁管的压缩试验是用微机控制万能材料试验机进行的，该试验机由试验机器和计算机两部分组成，由于计算机上装载了数据处理系统，所以可以在计算机上直接得出力、位移和时间的关系，极大地方便了试验数据的处理。而且测量出来的数据精度高，速度也快，维护方面也比较方便。能够满足国家的相关标准，该试验机的试验速度可选择性也较多，如图 12.18 和图 12.19 所示。

图 12.18   万能材料试验机   图 12.19   安装试件

试验开始前应熟知试验的流程和注意事项，以避免安全事故的发生和确保试验的顺利进行。试验过程如下。

（1）接通电源，如果是长期不用的试验机，要在试验前进行检修，确保能够正常运作。预热仪器，最好是预热 15 min 以上。

（2）打开计算机，运行试验软件，连接主机。

（3）编辑试验方案，设置名称（为了后面方便查找）；设置试验的参数，试验压缩的速度是 5 mm/min。

（4）安装夹具。在万能试验机上有方便操作的小键盘，使用小键盘将横梁的位置调到合适的高度，然后将试验所需的夹具安装好。将试验试样放在夹具下方，缓慢地移动夹具，调整到合适的位置，让夹具和试样刚好接触，然后将力传感器清零，点击开始按钮开始试验。

（5）运行试验。在试验的运行过程中，密切关注计算机上的力-位移曲线变化是非常关键的，因为这可以实时反映材料的变形行为和受力状态。试验人员需要时刻保持警惕，观察曲线的变化，以便及时发现问题或异常情况。

（6）保存数据。将得到的力、位移和时间的关系数据保存好，以便后续的使用研究。

试验注意事项如下。

（1）在试验机工作前，一定要检查电源是否连通，插头是否松动，线路有无问题，避免试验的中断和影响试验的进度。

（2）不同的试验所需的夹具不同，一定要选择合适的夹具，既是为了保证试验数据的准确可靠，也是为了保护试验仪器。

（3）在试验进行时，不要触碰试验机和计算机端的任何按钮，不然都会对试验的准确性产生一定的影响。

（4）试验进行时，要避免无关人员靠近试验机，但是操作人员必须时刻观察试验的进度。

（5）试验结束后，按照合理的顺序关闭仪器，并且将试验仪器和实验室打扫干净，做好仪器使用的记录工作。

图 12.20 是薄壁管 1 的壁厚实测图，厚度是 1 mm。图 12.21 是薄壁管 1 的高度实测图，高度是 100.02 mm。

 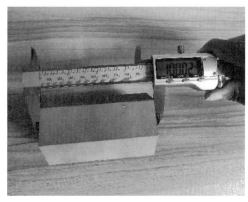

图 12.20　薄壁管 1 壁厚　　　　　　　图 12.21　薄壁管 1 高度

图 12.22 是薄壁管 2 的宽度实测图，宽度是 60.18 mm。图 12.23 是薄壁管 2 的高度实测图，高度是 99.94 mm。

图 12.22　薄壁管 2 宽度　　　　　　图 12.23　薄壁管 2 高度

薄壁管 1、薄壁管 2 的设计尺寸和实测尺寸的设计值对比见表 12.3。

表 12.3　薄壁管 1、薄壁管 2 的设计尺寸和实测尺寸的设计值对比

试样编号	设计壁厚 /mm	设计宽度 /mm	实测壁厚 /mm	实测宽度 /mm	壁厚误差 /mm	宽度误差 /mm
薄壁管 1	1	60	1	60	0	0
薄壁管 2	0.536	60	0.536	60.18	0	0.18

从对比中可以看到，宽度最大的误差是 0.18 mm，这个误差对试验结果的影响在预估范围内。

图 12.24 和图 12.25 是薄壁管 1 从开始压缩到压缩结束的效果。可以看到试验先从中间开始，然后一层一层地发生折叠，从中间到两端，从压缩结束后的试件可以看出，压缩得非常规整。图 12.26 和图 12.27 是薄壁管 2 从开始压缩到压缩效果。可以看到，在试验开始后，首先被压缩的是试件的最下端位置，从下到上，一层一层地压缩，直到试件被完全压缩，停止试验。

图 12.24　薄壁管 1 开始压缩

图 12.25　薄壁管 1 压缩结束

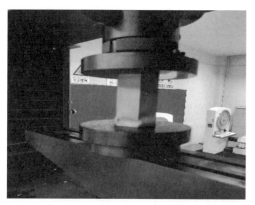

图 12.26　薄壁管 2 开始压缩

图 12.27　薄壁管 2 压缩结束

通过万能材料试验机获得的载荷-位移曲线数据对于分析材料的力学行为至关重要。将这些数据导入 Origin 软件中进行进一步处理和绘图，可以直观地展示薄壁管 1 和薄壁管 2 的载荷与位移之间的关系，如图 12.28 所示。通过两条曲线的对比分析发现，薄壁管 2 的吸能效果更好，因为在压缩的过程中，薄壁管 2 受力更加平稳，曲线的波动很小，而薄壁管 1 的波动很大。

材料能量吸收性能主要与材料吸收的能量 E、比吸能 S、平均压溃力 P_{m}、最大压溃力 $P_{\max}$、压溃力效率 CFE 有关。经计算，薄壁管的吸能参数见表 12.4。

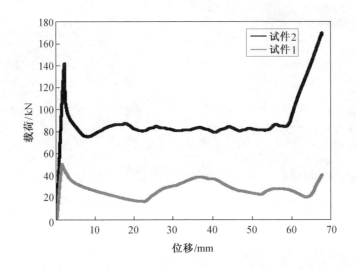

图 12.28　薄壁管 1 和薄壁管 2 的静态载荷-位移曲线对比图

表 12.4　薄壁管的吸能参数

序号	P_m/kN	P_{max}/kN	S/ $(J \cdot g^{-1})$	E/J	C/%
薄壁管 1	28.334	46.765	17.438	2 408.888	60.59
薄壁管 2	76.359	115.998	22.178	5 979.902	65.83

　　从试验的结果可以看到，薄壁管 1 和薄壁管 2 的压溃力效率分别为 60.59%和 65.83%，比值越高，说明能量吸收性能越好。

12.4　有限元分析

　　通过建立多边形薄壁管模型来进行仿真模拟，确实可以更加便捷地预测和分析试验过程和结果。这种方法允许研究人员在虚拟环境中模拟试验条件，调整参数，并观察不同条件下的响应，从而优化试验设计或预测实际试验结果。

12.4.1　有限元建模

多胞薄壁管在吸能领域应用十分广泛，下面是六边形单胞薄壁管建立和压缩的整个过程，使用的模型如图 12.29 所示，也就是薄壁管 1。

图 12.29　薄壁管 1 模型

本章仿真模拟用的软件是 ABAQUS，由部件（Part）、属性（Property）、装配（Assemble）、分析步（Step）、相互作用（Interaction）、载荷（Load）、划分网格（Mesh）、提交运算（Job）、后处理（Visualization）、草图（Sketch）等十个模块共同组成。以薄壁管 1 为例，下面是仿真的操作步骤。

（1）建立部件。构件模块，将构建的类型设置为可变形的拉伸壳，然后绘制构建的平面图，设置高度为 100 mm。设置盖板，类型为解析刚体，拉伸壳，将盖板复制。在工具栏中为盖板添加参考点，两个盖板都要设置参考点，并且两个盖板不能混淆。部件和盖板如图 12.30 和图 12.31 所示。

（2）建立材料属性特性。在材料管理器中建立材料的属性特性（密度为 7.8 g/cm^3、泊松比为 0.3、弹性模量为 123 080 MPa，屈服应力和塑性应变见表 12.5。将建立好的属性特征赋予部件 Part-1，如果修改特性，那么部件 Part-1 材料特性也将会随之改变。

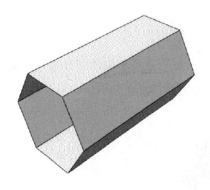

图 12.30　部件　　　　　　　　　　　　　　图 12.31　盖板

表 12.5　屈服应力和塑性应变表

屈服应力/MPa	塑性应变
511.780 000 0	0
601.181 020 4	0.025 434 455
696.030 224 9	0.145 470 822
800.775 526 5	0.264 374 834
900.123 748 3	0.374 637 283
1 012.112 333	0.594 838 382

（3）模型的装配。在两个板上设置的参考点要互相对齐，试验类型的选择要用非独立（网格在部件上），最后完成模型的装配工作。

（4）分析步的设置。在这个模块中，选择的程序类型是动力-显式，将时间长度按照需要设为 0.1 s，在场输出请求管理器将频率设置为均匀时间间隔，200。

（5）设置相互作用。前面设置的构件从表面看起来是互相接触的，但实际上需要设置接触的方式，即盖板与试件之间为表面与表面接触（Explicit），将上下两个表面都设置好。接触作用属性为接触。设置法向行为、切向行为，摩擦要求是罚摩擦，摩擦系数是 0.15。试件的自接触设置为通用接触。装配完成的试件如图 12.32 所示。

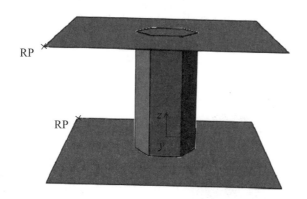

图 12.32　试件装配完成

（6）设置边界条件和载荷。由于构件在其他方向上都是固定的，只有向 z 负方向的压缩，所以设置 $U_1=U_2=UR_1=UR_2=UR_3=0$。分析步类型为位移/转角。设 $U_1=U_2=U_3=UR_1=UR_2=UR_3=0$。

（7）网格的划分。部件 Part-1 划分为 2 mm×2 mm 的网格，划分网格后的部件如图 12.33 所示。

图 12.33　试件划分网格

（8）作业环节。对作业进行命名，方便后面查找，然后将作业提交，在监控面板可以看到作业的完成情况，待作业完成后，将其保存。

（9）可视化处理。在动画-时间历程模块使变形过程可视化，如图 12.34 所示。本章设置的压缩时间是 0.1 s。开始压缩时，试件底部位置开始变形，最先被压缩；当压缩 0.035 s 后，变形由下到上，一层一层地变形，而且很有规律；当压缩 0.07 s 后，仿真试件变形十分明显，受力效果特别均匀；0.1 s 时压缩结束。

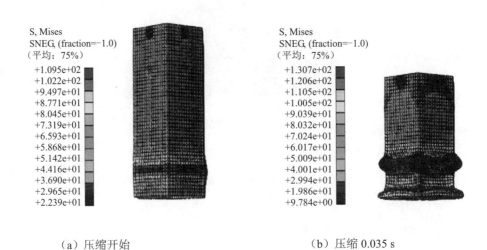

（a）压缩开始　　　　　　　　　　　　　（b）压缩 0.035 s

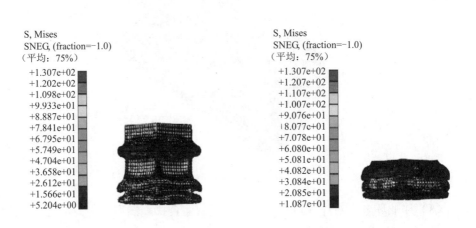

（c）压缩 0.07 s　　　　　　　　　　　　　（d）压缩完成

图 12.34　试件受压变形过程

12.4.2　有限元分析

通过整个仿真过程，得到薄壁管 1 的载荷-位移数据，根据相同的步骤，得到薄壁管 2 的载荷-位移数据。将薄壁管 1 和薄壁管 2 仿真试验载荷-位移曲线图进行对比，如图 12.35 所示。

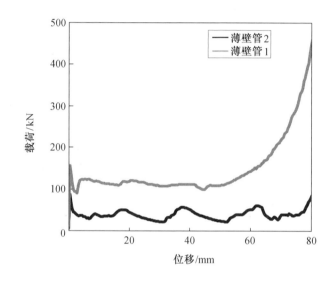

图 12.35　薄壁管 1 和薄壁管 2 仿真试验载荷-位移曲线对比

通过薄壁管 1 和薄壁管 2 的仿真得出的载荷-位移曲线，可以看到多胞薄壁管相比于单胞薄壁管，吸能效果更好，受力也更加稳定。得出的结果和试验的结果一致，因此更加证实了试验的可靠性。

最后将薄壁管 1 和薄壁管 2 的试验和仿真的吸能参数进行对比，见表 12.6 和表 12.7。

表 12.6　薄壁管 1 试验和仿真吸能参数对比

序号	P_m/kN	P_{max}/kN	S/（J·g^{-1}）	E/J	C/%
薄壁管 1 试验	28.334	46.765	17.438	2 408.888	60.59
薄壁管 1 仿真	34.442	54.643	18.287	2 526.166	63.03

表12.7　薄壁管2试验和仿真吸能参数对比

序号	P_m/kN	P_{max}/kN	S/（J·g⁻¹）	E/J	C/%
薄壁管2试验	76.359	115.998	22.178	5 979.902	65.83
薄壁管2仿真	77.336	114.673	23.445	6 112.456	67.44

从表12.6可以得到，薄壁管1的试验和仿真的平均压溃力相差6.103 kN，最大压溃力相差7.878 N，比吸能相差0.849 J/g，能量差117.278 J，压溃力效率相差2.44%。

从表12.7可以得到，薄壁管2的试验和仿真的平均压溃力相差0.977 kN，最大压溃力相差1.325 N，比吸能相差1.267 J/g，能量差132.554 J，压溃力效率相差1.61%。将薄壁管1和薄壁管2的误差对比后可以得出，薄壁管2的误差更小，仿真和试验的结果更加接近，但薄壁管1的误差也是可以接受的，压溃力效率误差最高也是2.44%。因为薄壁管结构比较复杂，所以有误差也是合理的。

12.5　本章小结

本章运用3D打印技术，制造多胞薄壁管并研究其能量吸收性能。通过万能材料试验机测得3D材料的力学属性，并对多胞薄壁管进行压溃试验，获得其平均压溃力、比吸能和最大压溃力能量吸收性能。用ABAQUS对试件进行仿真模拟，对得出结果进行分析，得出结论如下。

（1）试验与仿真模拟变形一致，且薄壁管2的压溃力效率相比于薄壁管1的误差更小，误差分别是1.61%和2.44%。

（2）薄壁管1和薄壁管2的仿真与试验的平均压溃力误差为6.103 kN和0.977 kN，由此可以看出试验和仿真结果较为吻合。

（3）传统的六方管与多胞薄壁管的比吸能分别为17.438 J/g和22.178 J/g，说明多胞薄壁管的吸能效果更好。

第13章 3D打印类蜘蛛网薄壁管的能量吸收性能

13.1 概　述

随着科技经济水平的提高，汽车已经成为众多家庭出行的首选交通工具，而这也造成道路系统压力巨大，导致交通事故发生的概率显著增加。世界各国公路严重伤亡事故调查资料表明，碰撞时车体产生塑性变形大破坏是乘员伤亡的主要原因。如何提高车辆的安全性是当今社会关注的一个热点问题。国内外许多学者研究广泛应用于飞机、轮船、火车、汽车等交通工具上的吸能元件，对其进行优化，进而设计出更为良好的耐撞性元件。一个良好的吸能装置应具有将碰撞产生的动能尽最大可能转变为不可逆转的变形能，而非以弹性形变存储能量。它还要有成本低、质量轻、强度高、能量吸收高、工作性能可靠、结构简单等特点。普遍认为薄壁结构可以充分发挥材料的特性，所以选材上选取薄壁金属。3D打印技术被认定为推动第三次工业革命的力量，其具有快速成型所需结构的优点，带动了航天、汽车、建筑等多个领域的快速发展。而对于3D打印类蜘蛛网薄壁结构耐撞性的研究可以让人们更加深入了解构件特性，借此设计更加科学的产品，保障人们的切身利益。通过仿真与试验相结合对其力学性能进行研究分析以及进行薄壁结构的优化，来判断其作为吸能装置的可行性。

13.2　材料拉伸试验

本章试验器材主要用到的是日本岛津万能材料试验机和全自动引伸计。

为了研究在常温准静态下试件的弹性模量、屈服强度等属性，需要进行材料拉伸试验。为了提高试验数据的准确性，主要对试件、试验仪器、试验设备等进行限定。拉伸试件设计示意图如图13.1所示。

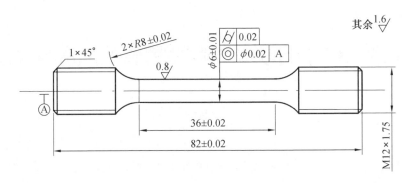

图 13.1　拉伸试件设计示意图

304 不锈钢 3D 打印光滑圆棒分为两组，分别命名为 Test1、Test2。Test1 测得尺寸如图 13.2 和 13.3 所示，Test2 测得尺寸如图 13.4 和 13.5 所示。

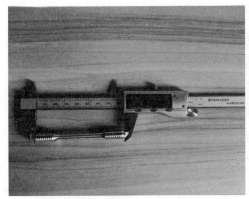

图 13.2　Test1 拉伸试件长度

图 13.3　Test1 拉伸试件直径

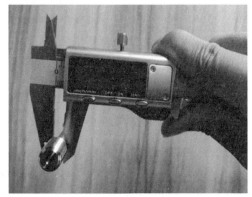

图 13.4　Test2 拉伸试件长度　　　　　　图 13.5　Test2 拉伸试件直径

Test1 试件测得拉伸长度为 82.25 mm，直径为 5.93 mm。Test2 试件测得拉伸长度为 82.28 mm，直径为 5.95 mm。试件设计长度为 ±820.02 mm，拉伸直径为 6±0.01 mm。由于制造过程的系统性误差，设计尺寸与实际测量尺寸存在误差，但误差在允许范围内，制作的试件符合试验要求。为了得到更严谨的试验结果，拉伸试验操作系统中输入的是试件的实测直径。

打开万能材料试验机主机电源开关预热 15 min 以上；启动计算机打开试验处理系统连接主机；设置试验方案并输入相应参数；将拉伸夹具更换为 9～14 mm 型号，调整上下夹头的位置，试件先夹下部再夹上部确保夹紧；将全自动引伸计安装到试样中间位置；进行室内光线调节，找好角度，安放摄影设备进行对焦，保证试件拉伸的全过程拍摄清晰；一切就绪之后，设置横梁向上移动，速度为 1 mm/min，调试完系统设置后，点击试验开始，观察试件拉伸过程的外形变化，试件在即将拉断时有明显的颈缩现象，在试件拉断的瞬间，脱机，关闭软件操作系统；升起夹具取出试件，拍照后放置在自封袋中，并对自封袋依次编号；提取试验数据并保存；最后清理并复原试验机、工具和现场。

试验注意事项如下。

（1）试验开始前检查试验设备是否有漏油、螺丝松动等问题。

（2）预先计算试件的承载力，避免超过万能材料试验机加载能力。

（3）试验机开关包括油泵和电源开关，试验时先启动软件再将电源开关旋转至"开"，再启动油泵开关。

（4）试件夹紧后不能对力传感器进行清零操作，避免产生试验误差。

（5）试验过程中严禁对梁进行加卸载。

（6）试验参数调试完毕后，开始压缩试验，不能随意点击计算机控制界面以保证试验结果的相对准确性。

（7）试验过程中如果试验设备出现故障，应立即手动按下试验机上的红色按钮，随后不要再触碰设备，立即向实验室管理员报告情况。

（8）试验达到预期效果后，停止加载，注意及时保存好试验数据。

（9）试验结束后先关闭油泵开关，再将电源开关旋转至"关"，最后关闭软件。

（10）拷贝试验数据时使用试验室提供的 U 盘，避免试验机配备的计算机受不明病毒干扰影响设备。

（11）试验机使用完毕后，如实填写试验设备情况表。

常温准静态轴向拉伸试验完成，拉断后试件如图 13.6 所示，拉断部位大致在拉伸段中部偏右一点。试件断口如图 13.7 所示，断口呈杯锥状。

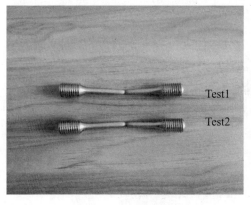

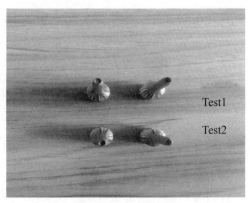

图 13.6　拉断后试件　　　　　　　　图 13.7　试件断口

将试件在常温准静态轴向拉伸试验中测得的数据用 Origin 软件处理，可得到如图 13.8 所示的载荷-位移曲线。

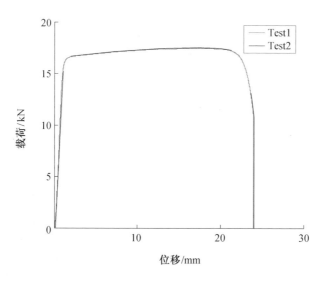

图 13.8　载荷-位移曲线

由式（9.1）和式（9.2）可得图 13.9 所示的工程应力-应变曲线。

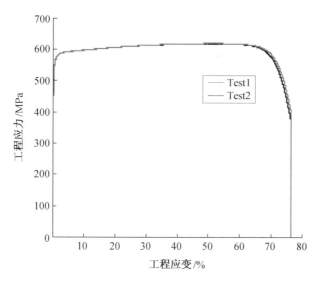

图 13.9　工程应力-应变曲线

一般的不锈钢圆棒常温准静态拉伸试验得到的工程应力-应变曲线中有明显的屈服阶段，载荷-位移曲线中表现出强度低的特点。从图 13.8 和图 13.9 可以看出试件的强度高，拉伸过程没有明显的屈服阶段的特点。可能试验所用的两个 304 不锈钢 3D 打印光滑圆棒中的碳含量较高，属于高碳钢。材料只能用条件屈服强度代替屈服强度。

在 Origin 软件中取工程应力-应变曲线的弹性阶段，取比较直的一段线段进行拟合，Test1 试件拟合的直线方程式为

$$y = 1\ 202.3x + 56.60 \tag{13.1}$$

得 Test1 试件的弹性模量 E=120.23 GPa。

屈服强度取 0.2%弹性阶段对应的工程应力，在 Test1 试件绘制出的工程应力-应变曲线中添加函数

$$y = 1\ 202.3(x - 0.002) + 56.60 \tag{13.2}$$

工程应力 应变曲线与该直线的交点的纵坐标即为材料的屈服强度，拟合得到 Test1 试件的屈服强度 σ_s =497.76 MPa。

Test2 试件的弹性模量与屈服强度的计算方法与上述过程一致，两个试件通过拉伸试验得到的力学性质见表 13.1。

表 13.1　304 不锈钢 3D 打印材料属性

试样编号	弹性模量/GPa	屈服强度/MPa	抗拉强度/MPa	极限应变	最大载荷/kN	最大位移/mm
Test1	120.23	497.76	619.87	0.76	17.53	23.90
Test2	124.65	512.48	620.55	0.76	17.48	23.99

弹性模量与屈服强度均取试件 Test1 和 Test2 的平均值，则 304 不锈钢 3D 打印圆棒的弹性模量 E=122.44 GPa、屈服强度 σ_y=505.12 MPa、抗拉强度 σ_u=620.21 MPa。

在 ABAQUS 中进行仿真模拟试验时，为了更接近真实的试验，本构参数需要用真实应力与真实应变（计算过程见第 9 章）。

根据式（9.8）和式（9.10）对试验得到的数据进行处理，然后使用 Origin 软件绘制曲线。试件的真实应力-应变曲线如图 13.10 所示。

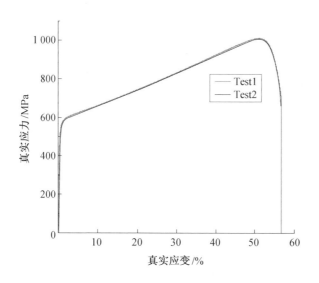

图 13.10　真实应力-应变曲线

13.3　有限元仿真

非线性分析 ABAQUS 具有强大的模型管理能力，可以解决各种复杂工程的建模与仿真设计。本试验将利用 ABAQUS 软件对 3D 打印类蜘蛛网薄壁试件建立模型并进行分析，只需设置模型厚度、高度、屈服强度、泊松比、压缩时间等基本的数据，通过参数变动，就能完成对不同模型的仿真分析。

仿真模型为基于正六边形进行形状变化的类蜘蛛网薄壁结构，在 ABAQUS 中构建模型，研究其在准静态载荷作用下的能量吸收性能。图 13.11 和图 13.12 所示分别为试件的二维模型和三维模型，将试件分别命名为 A1 和 A2。仿真模型 A1 和 A2 的基本正六边的边长均为 30 mm，体积、高度均相同，厚度不同。

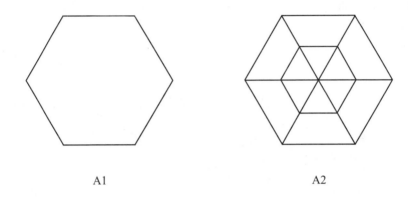

A1   A2

图 13.11 试件二维模型

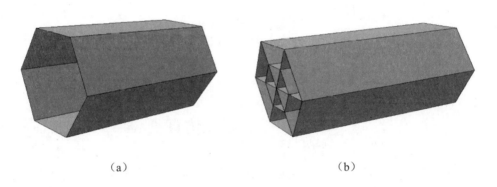

（a）   （b）

图 13.12 试件三维模型

  表 13.2 为两个仿真模型的尺寸参数。我们将基本正六边形的边长记作 a，厚度分别记作 t_1 和 t_2，截面面积为 S_1 和 S_2。由图 13.12 可推导出仿真模型 A2 的截面面积计算公式为 $S=15at$。仿真模型 A1 的截面面积公式为

$$S=6at \tag{13.3}$$

表 13.2　仿真模型的尺寸参数

类蜘蛛网薄壁结构	高度/mm	厚度 t/mm	截面面积 S/mm^2
A1	100	1	180
A2	100	0.4	180

以 A1 试件仿真为例，在 ABAQUS 部件模块中点击创建部件，命名为 part1，选择可变形壳，点击拉伸，点击确定，然后根据模型尺寸绘制出它的二维图，试件拉伸输入数值 100，点击确定，part1 完成。

点击解析刚体拉伸壳，绘制出长宽均为 200 mm 的盖板，命名为 part2，在 part2 基础上复制一个盖板命名为 part2copy。part2 与 part2copy 均需要设置参考点。

进入属性模块，在材料管理器上设置材料密度为 2.7×10^{-9} g/cm³、弹性模量为 122.44 MPa、泊松比为 0.3。材料的应力-应变数据见表 13.3。属性模块设置完成后，在截面管理器中创建 1 mm 厚度的均质壳，进入 part1 点击指派截面将上述属性赋予它，属性模块编辑完成。

表 13.3　应力-应变数据

屈服应力/MPa	塑性应变
505.12	0
600.18	0.02
696.03	0.15
800.78	0.26
900.01	0.37
1 012.41	0.51

进入装配模块，在实例下将 part1、part2、part2copy 装配成如图 13.13 所示的图形，装配模块完成。

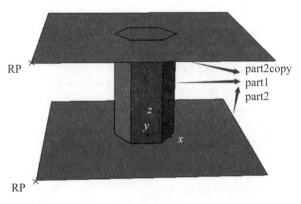

图 13.13　仿真模型 A1 装配

进入分析部模块，在分析步骤管理器中创建动力-显示，编辑分析步的时间长度设置为 0.1 s，场输出请求管理器中设置间隔频率为 200，分析步模块完成。

进入相互作用模块，在相互作用管理器中将 part2、part2copy 与 part1 采用表面与表面接触，其命名分别为 lint2、lint1，接触作用属性中 lint1 中设置了力的切向行为，设置罚摩擦系数为 0.15，法向行为未进行设置。lint2 是底部的盖板，是固定状态，未进行切向与法向行为设置，其相互作用状态为从前面的分析步继承。创建 lint3，选择通用接触，接触属性为全局接触指派 LntProp-1，相互作用模块结束。

进入载荷模块，本次仿真中三维坐标呈 z 轴正方向向上，在载荷模块的边界条件管理器中创建边界管理条件，part2copy 中的命名为 BC-1，选择位移与转角，z 轴方向 U_3 设为-80 其余设置为 0，幅值设置见表 13.4，part2 创建的命名为 BC-2，由于其为底部支撑，位移与角度不会变化，它的位移与转角均设置为 0，幅值设置与表 13.4 一致，载荷模块完成。

表 13.4　Amp-1 幅值数据

类蜘蛛网薄壁结构	时间/频率	幅值
A1	0	0
A2	0.1	1

进入网格模块，在本模块内将 part1 划分为 2 mm×2 mm 的均匀网格，划分网格后的 part1 如图 13.14 所示。

图 13.14　仿真模型 A1 网格划分

进入作业模块，运行文件，提交得到仿真结果。之后将 ABAQUS 中提取出的数据导入到 Origin 软件中可得到载荷-位移曲线和能量-位移曲线，由此计算得到结构的吸能能力、比吸能、平均压溃力、最大压溃力、压溃力效率这五个评价能量吸收性能的指标数据。

13.4　薄壁管压缩试验

A1 试件实际尺寸与设计尺寸对比见表 13.5。从表中可以直观地看出，试件厚度的误差最大，直径的误差最小。试件实际尺寸与设计尺寸存在偏差，偏差很小且在允许范围内。综合分析该打印试件满足所需要求。

表 13.5　A1 试件尺寸对比

A1 试件	实际尺寸	设计尺寸	误差/%
高度/mm	99.88	100.00	0.12
厚度/mm	1.01	1.00	1.00
直径/mm	60.00	60.00	0
截面面积/mm	181.80	180.00	1.00
体积/mm^3	18 158.18	18 000.00	0.88

A1 试件实际尺寸如图 13.15～13.17 所示。

A2 试件实际尺寸与设计尺寸对比见表 13.6。从表中可以直观地看出，试件体积的误差最大，直径的误差最小，实际尺寸与设计尺寸存在偏差，偏差很小且在允许范围内，综合分析该打印试件满足所需要求。

图 13.15　A1 试件高度

图 13.16　A1 试件厚度

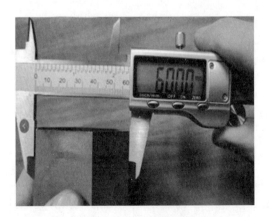

图 13.17　A1 试件外径

表 13.6　A2 试件尺寸对比

A2 试件	实际尺寸	设计尺寸	误差/%
高度/mm	99.90	100.00	0.10
厚度/mm	0.39	0.40	2.50
直径/mm	60.00	60.00	0
截面面积/mm	175.50	180.00	2.50
体积/mm³	17 532.45	18 000.00	2.60

A2 试件实际尺寸如图 13.18～13.20 所示。

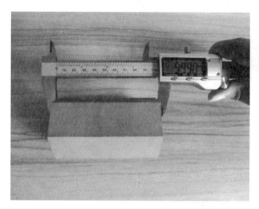

图 13.18　A2 试件高度

图 13.19　A2 试件厚度

图 13.20　A2 试件外径

同样采用万能材料试验机在准静态载荷下对试件进行压缩，需要把拉伸夹具更换为压缩夹具，304 不锈钢 3D 打印类蜘蛛网薄壁结构在准静态轴向拉伸试验所用仪器如图 13.21 所示。

图 13.21   试验仪器

试验正式开始前，对万能材料试验机进行大约 15 min 的预热准备，为了保证试件受力均匀，压缩器的安装要保证上下器具位置相互平齐，试件中心与机器承台中心在同一轴度上，对器具中心标注，保证试件在承台正中心。试验准备完毕后，通过按钮手动调整万能材料试验机的横梁下移，直至刚好接触到试件，进行拍照。之后在试验软件中设置下降速度为 2 mm/min，同时点击全自动引伸计系统与万能材料试验机系统，横梁开始向下移，在此过程中观察系统图像中载荷与位移的变化，当观察到图像位移基本无变化时停止试验。再次进行拍照，之后按横梁上升按钮，上升至合适高度，拿下试件放在桌面再次拍照，之后将试件装入自封袋中，记录保存相关数据，清理试验台，准备安放下一个试件。试验结束及时提取试验数据并做好试验场地的清理及设备复位。万能材料试验机高度较高，更换压缩夹具时，需要手扶试验机身，一定要至少两人在现场，保证换下来的夹具能够传递给另一个人放置在安全位置。压缩试验可能会有金属碎片飞出，观察试件压缩过程保持一定的安全距离。

如图 13.22 所示，A1 试件在万能材料试验机作用下首先从中间段开始发生塑性变形，内凹和外凸的变形模式交替出现，逐渐堆叠，大约出现 3 个褶皱，最终 A1 试件压缩结果如图 13.23 所示。

图 13.22　A1 试件压缩试验　　　　图 13.23　A1 试件压缩结果

如图 13.24 所示，A2 试件在万能材料试验机作用下首先从中间段开始发生塑性变形，内凹和外凸的变形模式交替出现，逐渐堆叠，大约出现 4 个褶皱，最终 A2 试件压缩结果如图 13.25 所示。

将试验所得的数据在 Origin 软件中处理，图 13.26 所示是试验件在相同截面面积、相同材料用量、相同薄壁管长、不同截面结构形式下准静态轴向压缩得到的载荷-位移曲线对比。从图中可以看出，载荷-位移曲线首先有一个最大压溃力载荷，之后迅速降低，并在平均压缩载荷附近振荡，最后呈现上升趋势。A1 试件曲线的起伏较大，A2 试件曲线的起伏相对平缓，说明 A2 试件在受到外部载荷作用下能量吸收性能较稳定。

试件 A1 和 A2 的最大压缩位移分别为 75.56 mm、70.91 mm。再结合图 13.26 的曲线，为了得到更加准确的结论，最终选取试件压缩位移为 71 mm 时，研究试件的能量吸收性能。

图 13.24　A2 试件压缩试验

图 13.25　A2 试件压缩结果

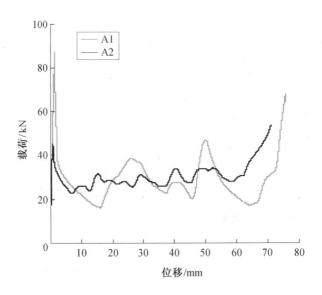

图 13.26　试件 A1 和 A2 的载荷-位移曲线

表 13.7 中列举了试件 A1 和 A2 在 71 mm 时五个吸能参考指标，从数据对比中可以直观地看到试件的吸能能量、比吸能、平均压溃力、最大压溃力、压溃力效率数值对比相差不多，A1 试件的平均压溃力与最大压溃力的差值与 A2 试件相比更大，说明 A2 试件在受到外部载荷作用下更稳定一些。在交通工具的设计中最大压溃力是评估结构性能的一个至关重要的指标，因为在发生碰撞时，结构受到冲击所产生的最大压溃力会作用在人身上，人体负载越大对人身造成的威胁越大，综合评估 A2 试件的吸能效果更好一些。

表 13.7　试件吸能参数

序号	吸能能量/kJ	比吸能/(kJ·kg^{-1})	平均压溃力/kN	最大压溃力/kN	压溃力效率/%
A1	1.96	15.88	27.97	47.23	59.22
A2	2.12	15.35	30.35	45.50	66.70

13.5　结果对比

13.5.1　变形模式

在仿真试验中，A1 试件是从底部开始出现褶皱，经过准静态轴向压缩，弯曲褶皱逐渐增多，压溃完毕后高度变为 20.19 mm，产生大约 3 个褶皱。在试验中，A1 试件是从中间段开始出现褶皱，经过准静态轴向压缩，弯曲褶皱逐渐增多，压溃完毕后高度变为 22.44 mm，产生大约 3 个褶皱。

试件开始屈服的位置不同，可能是由于仿真试验中模型的状态是理想化的，材料是均质的，而打印原材料可能有缺陷、试件成型的过程中有的地方缺少粉末填充、设备不完全稳定等。如表 13.8 所示，A1 试件分别取压缩前、压缩中、压缩完成这三个阶段进行仿真与试验的图像对比。从图中可以看出，3D 打印 A1 薄壁结构的试验与仿真变形模式一致。

表 13.8 A1 试件仿真与试验图像对比

A1 试件 压缩过程	仿真平面图	仿真立面图	试验图
压缩前		S, Mises SNEG, (fraction=-1.0) （平均：75%） +1.012e+03 +9.298e+02 +8.472e+02 +7.645e+02 +6.819e+02 +5.993e+02 +5.166e+02 +4.340e+02 +3.514e+02 +2.688e+02 +1.861e+02 +1.035e+02 +2.088e+01	
压缩中		S, Mises SNEG, (fraction=-1.0) （平均：75%） +1.012e+03 +9.334e+02 +8.545e+02 +7.755e+02 +6.965e+02 +6.175e+02 +5.386e+02 +4.596e+02 +3.806e+02 +3.016e+02 +2.227e+02 +1.437e+02 +6.472e+01	
压缩 完成		S, Mises SNEG, (fraction=-1.0) （平均：75%） +1.012e+03 +9.353e+02 +8.581e+02 +7.810e+02 +7.038e+02 +6.267e+02 +5.495e+02 +4.724e+02 +3.952e+02 +3.181e+02 +2.409e+02 +1.638e+02 +8.665e+01	

在仿真试验中，A2 试件是从底部开始出现褶皱，经过准静态轴向压缩，弯曲褶皱逐渐增多，压溃完毕后高度变为 19.99 mm，产生大约 4 个褶皱。在试验中，A2 试件是从中间段开始出现褶皱，经过准静态轴向压缩，弯曲褶皱逐渐增多，压溃完毕后高度变为 29.00 mm，产生大约 4 个褶皱。试件开始屈服的位置不同，可

能与打印原材料有缺陷、试件成型的过程中有的地方缺少粉末填充、设备不完全稳定有关。如表 13.9 所示，A2 试件分别取压缩前、压缩中、压缩完成这三个阶段进行仿真与试验的图像对比。从图中可以看出，3D 打印 A2 薄壁结构的试验与仿真变形模式一致。

表 13.9　A2 试件仿真与试验图像对比

A2 试件压缩过程	仿真平面图	仿真立面图	试验图
压缩前		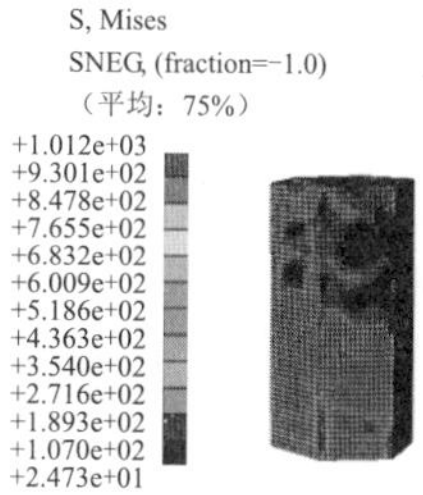	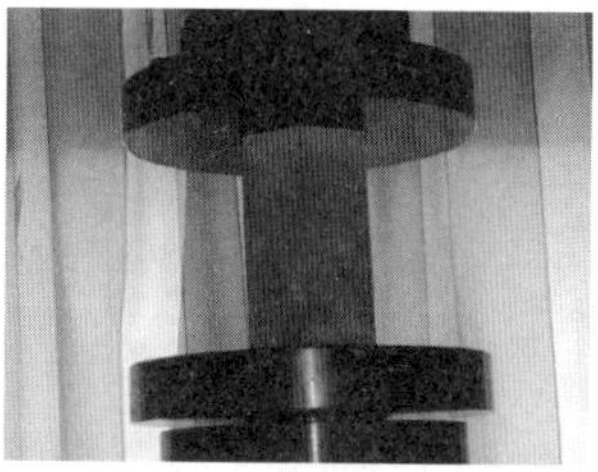
压缩中	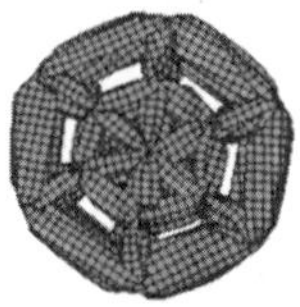	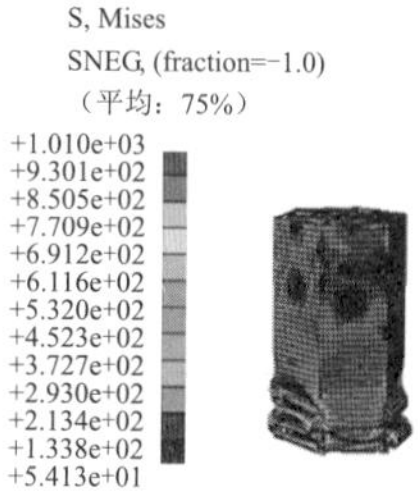	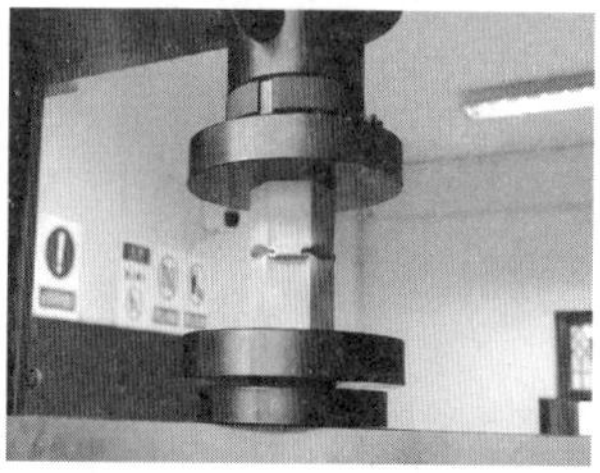
压缩完成	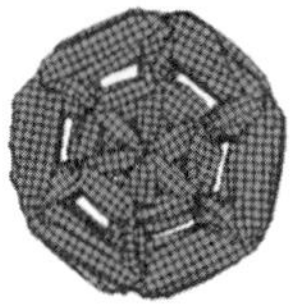	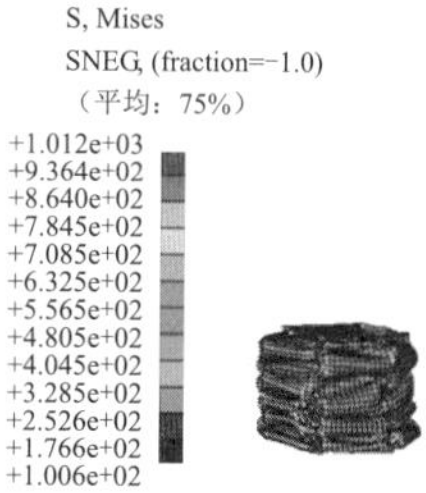	

　　将试件 A1 仿真与试验得到的数据分别进行分析处理，两者分析处理得到的载荷与位移数据在 Origin 软件中进行载荷-位移曲线绘制。图 13.27 所示为就是在 Origin 软件中绘制的 A1 试件仿真与试验的载荷-位移曲线对比图，从曲线中可以看出，首先有一个最大压溃力载荷，之后迅速降低，并在平均压缩载荷附近振荡，最后又呈现上升趋势。仿真载荷-位移曲线比试验载荷-位移曲线的大一些，可能是由于 3D 打印原材料的缺陷和机器不稳定造成了误差，但载荷走势基本一致。试验结果与仿真结果保持一致。

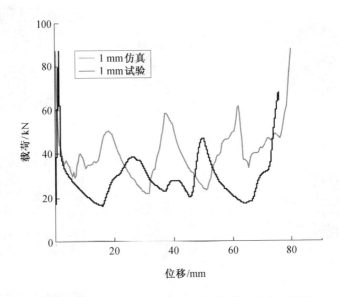

图 13.27　A1 试件仿真与试验的载荷-位移曲线对比图

　　A2 试件的数据处理方法与 A1 试件数据处理方法一样，其仿真与试验的载荷-位移曲线对比图如图 13.28 所示。从曲线中可以看出，首先出现一个最大压溃力，之后迅速下降，曲线开始在平均压溃力附近振荡，最后又进入上升状态。仿真载荷-位移曲线比试验载荷-位移曲线的大一些，可能是由于 3D 打印原材料的缺陷和机器不稳定造成了误差，但载荷走势基本一致。试验结果与仿真结果保持一致。

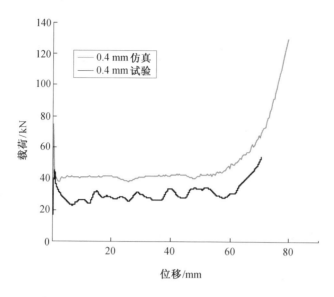

图 13.28　A2 试件仿真与试验的载荷-位移曲线对比图

13.5.2　能量吸收性能

根据 A1 试件的试验压溃最终位移为 75.56 mm，A1 试件的仿真最终压溃距离为 79.91 mm，结合图 13.27 A1 试件仿真与试验的载荷-位移曲线走势，最终研究 A1 试件在压缩位移为 75.60 mm 时的仿真与试验能量吸收性能。A1 试件仿真与试验能量吸收性能对比见表 13.10，仿真与试验的最大平均压溃力误差最小，比吸能的误差最大。吸能指标结果偏差很小且均在允许范围内。

表 13.10　A1 试件仿真与试验能量吸收性能对比

名称	能量/kJ	比吸能/(kJ·kg⁻¹)	平均压溃力/kN	最大压溃力/kN	压溃力效率/%
A1 试件仿真	2.97	21.88	39.22	50.42	77.79
A1 试件试验	2.19	15.88	29.04	47.23	61.49
误差/%	26.26	27.42	25.96	6.32	20.10

　　根据 A2 试件的试验压溃最终位移为 70.91 mm，A2 试件的仿真最终压溃距离为 80.01 mm，结合图 13.28 所示 A2 试件仿真与试验的载荷-位移曲线走势，最终研究 A2 试件在 71 mm 时的仿真与试验能量吸收性能。A2 试件仿真与试验能量吸收性能对比见表 13.11，仿真与试验的压溃力效率的误差最小，最大压溃力误差最大，吸能指标结果偏差很小且均在允许范围内。

表 13.11　A2 试件仿真与试验能量吸收性能对比

名称	能量/kJ	比吸能/(kJ·kg^{-1})	平均压溃力/kN	最大压溃力/kN	压溃力效率/%
A2 试件仿真	3.12	22.53	43.95	69.51	63.22
A2 试件试验	2.17	15.69	30.63	45.50	67.31
误差/%	30.44	30.36	30.31	34.54	6.10

13.6　本章小结

　　本书以 3D 打印类蜘蛛网薄壁结构为对象，研究其在准静态轴向压缩下的能量吸收性能。首先测定材料的力学性能与本构模型，对 304 不锈钢 3D 打印光滑圆棒进行了常温准静态拉伸试验，通过试验得到材料的力学属性；然后在 ABAQUS 仿真软件中分别构建 A1 仿真试件和 A2 仿真试件进行准静态轴向压缩试验；最后采用万能材料试验机对 3D 打印 A1 试件和 A2 试件分别进行准静态轴向压缩试验，对得到的试验数据分别进行处理。由此得出如下研究结论。

　　（1）试验测试与有限元仿真的变形结果一致，验证了有限元模型的准确性；平均压溃力误差在 30% 以内，在允许的范围内。

　　（2）A2 试件的比吸能比 A1 试件高，说明 3D 打印类蜘蛛网薄壁结构 A2 在轴向压溃力作用下的吸能效果好于传统薄壁管。

参考文献

[1] MCKINNEY J，TAYLOR T. Use of LS-DYNA to simulate the airbag landing impact attenuation of the Kistler K1 Reusable Launch Vehicle[C]. In：Proc of 5th International LS-DYNA User's Conference. Southfield，1998，21-30.

[2] TENG X，WIERZBICKI T，HUANG M. Ballistic resistance of double-layered armor plates[J]. Int J Impact Eng，2008，35（8）：870-884.

[3] BLATT W，KOHLEY T，LOTZ U，et al. The influence of hydrodynamics on erosion-corrosion in two-phase liquid-particle flow[J]. CORROSION，1989，45（10）：793-804.

[4] 李世岳，胡洪林，陈哲伦. 薄壁结构在汽车吸能盒中的应用与展望[J]. 汽车文摘，2024（2）：42-49.

[5] 余跃. 大变形结构耐撞性分析优化及应用技术研究[D]. 杭州：浙江大学，2017.

[6] 李勇. 新一代冲压技术及设备[J]. 机床与液压，1997，25（3）：56，20.

[7] 苏远，汤伯森. 缓冲包装理论基础与应用[M]. 北京：化学工业出版社，2006.

[8] 余同希，卢国兴. 材料与结构的能量吸收：耐撞性·包装·安全防护[M]. 华云龙，译. 北京：化学工业出版社，2006.

[9] OLABI A G，MORRIS E，HASHMI M S J. Metallic tube type energy absorbers：A synopsis[J]. Thin-walled structures，2007，45（7/8）：706-726.

[10] LU G，YU T X. Energy absorption of structures and materials[M]. Cambridge：Woodhead，2003.

[11] 侯凯，范艳辉，赵长利. 新能源汽车前防撞梁结构优化仿真与耐撞性提升研究[J]. 农业装备技术，2024，50（1）：13-17.

[12] ABRAMOWICZ W. Thin-walled structures as impact energy absorbers[J]. Thin-

walled structures，2003，41（2/3）：91-107.

[13] LAKES R. Materials with structural hierarchy[J]. Nature，1993，361：511-515.

[14] FRATZL P，WEINKAMER R. Nature's hierarchical materials[J]. Progress in materials science，2007，52（8）：1263-1334.

[15] TSANG H H，RAZA S. Impact energy absorption of bio-inspired tubular sections with structural hierarchy[J]. Composite structures，2018，195：199-210.

[16] MALIK I A，BARTHELAT F. Toughening of thin ceramic plates using bioinspired surfacepatterns[J]. International Journal of Solids and Structures，2016，97-98：389-399.

[17] MIRKHALAF M，DASTJERDI A K，BARTHELAT F. Overcoming the brittleness of glass through bio-inspiration and micro-architecture[J]. Naturecommunications，2014，5：3166.

[18] TAYLOR C M，SMITH C W，MILLER W，et.al. The effects of hierarchy on the in-planeelastic properties of honeycombs[J]. International Journal of Solids and Structures，2011，48（9）：1330-1339.

[19] FAN H L，JIN F N，FANG D N. Mechanical properties of hierarchical cellular materials. Part I：Analysis[J]. International journal of solids and structures，2008，68（15-16）：3380-3387.

[20] MURPHEY T，HINKLE J. Some performance trends in hierarchical truss structures[C]//44th AIAA/ASME/ASCE/AHS/ASC Structures，Structural Dynamics，and Materials Conference. 07 April 2003 - 10 April 2003，Norfolk，Virginia. Reston，Virginia：AIAA，2003：1903.

[21] VIGLIOTTI A，PASINI D. Mechanical properties of hierarchical lattices[J]. Mechanics of materials，2013，62：32-43.

[22] KOOISTRA G，DESHPANDE V，WADLEY H N G. Hierarchical corrugated core sandwichpanel concepts[J]. Jouralof applied mechanics-transactions of the ASME，2005，74（2）：259-268.

[23] YADAV R，GOUD R，DUTTA A，et al. Biomimicking of hierarchal molluscan shell structure via layer by layer 3D printing[J]. Ind Eng Chem Res，2018，57（32）：10832-10840.

[24] 唐智亮. 薄壁结构轴向冲击能量吸收性能分析与改进设计[D]. 大连：大连理工大学，2012.

[25] ALAVI NIA A，HADDAD HAMEDANI J. Comparative analysis of energy absorption and deformations of thin walled tubes with various section geometries[J]. Thin-walled structures，2010，48（12）：946-954.

[26] ALEXANDER J M. An approximate analysis of the collapse of thin cylindrical shells under axial loading[J]. Thequarterlyjournal of mechanics andapplied mathematics，1960，13（1）：10-15.

[27] YAMAZAKI K，HAN J. Maximization of the crushing energy absorption of tubes[J]. Structuraloptimization，1998，16（1）：37-46.

[28] YAMAZAKI K，HAN J. Maximization of the crushing energy absorption of cylindrical shells[J]. Advances in engineering software，2000，31（6）：425-434.

[29] KURTARAN H，ESKANDARIAN A，MARZOUGUI D，et al. Crashworthiness design optimization using successive response surface approximations[J]. Computationalmechanics，2002，29（4）：409-421.

[30] MAMALIS A G，YUAN Y B，VIEGELAHN G L. Collapse of thin wall composite sections subjected to high speed axial loading[J]. International journal of vehicle design，1992，13：564-579.

[31] LANGSETH M，HOPPERSTAD O S. Static and dynamic axial crushing of square thin-walled aluminum extrusions[J]. International journal of impact engineering，1996，18（7-8）：949-968.

[32] ABRAMOWICZ W，JONES N. Dynamic progressive buckling of circular and square tubes[J]. International journal of impact engineering，1986，4（4）：243-270.

[33] WIERZBICKI T，ABRAMOWICZ W. On the crushing mechanics of thin-walled

metal columns[J]. International journal of impact engineering，1983，50：727-734.

[34] NAGEL G M，THAMBIRATNAM D P. Computer simulation and energy absorption of tapered thin-walled rectangular tubes[J]. Thin-walled structures，2005，43（8）：1225-1242.

[35] CHO Y B，BAE C H，SUH M W，et al. A vehicle front frame crash design optimization using hole-type and dent-type crush initiator[J]. Thin-walled structures，2006，44（4）：415-428.

[36] FAN Z，LU G，LIU K. Quasi-static axial compression of thin-walled tubes with different cross-sectional shapes[J]. Engineering structures，2013，55：80-89.

[37] ZHANG X，ZHANG H. Numerical and theoretical studies on energy absorption of three-panel angle clements[J]. Internationaljournalof impact engineering，2012，46：23-40.

[38] ZHANG X，HUH H. Crushing analysis of polygonal columns and angle elements[J]. International journal of impact cngineering，2010，37（4）：441-451.

[39] TANG Z L，LIU S T，ZHANG Z H. Analysis of energy absorption characteristics of cylindrical multi-cell columns[J]. Thin-walled structures，2013，62：75-84.

[40] ZHANG X，ZHANG H. Energy absorption of multi-cell stub columns under axial compression[J]. Thin-walled structures，2013，68：156-163.

[41] SONG J，CHEN Y，LU G X. Axial crushing of thin-walled structures with origami patterns[J]. Thin-walled structures，2012，54：65-71.

[42] SONG J，CHEN Y，LU G X. Light-weight thin-walled structures with patterned windows under axial crushing[J]. International journal of mechanical sciences，2013，66：239-248.

[43] 万育龙，程远胜. 几种新型薄壁组合结构的轴向冲击吸能特性研究[J]. 中国舰船研究，2006，1（5）：15-18.

[44] KECMAN D. Bending collapse of rectangular and square section tubes[J]. International journal of mechanical sciences，1983，25（9/10）：623-636.

[45] GUPTA N K，RAY P. Simply supported empty and filled thin-square-tubular beams undercentral wedge loading[J]. Thin-walled structures，1999，34（4）：261-278.

[46] 亓昌，董方亮，杨姝，等. 锥形多胞薄壁管斜向冲击吸能特性仿真研究[J]. 振动与冲击，2012，31（24）：102-107.

[47] SUN G Y，LIU T Y，FANG J G，et al. Configurational optimization of multi-cell topologies for multiple oblique loads[J]. Structuralandmultidisciplinary optimization，2018，57（2）：469-488.

[48] FAN H L，QU Z X，XIA Z C，et al. Designing and compression behaviors of ductile hierarchical pyramidal lattice composites[J]. Materials&design，2014，58：363-367.

[49] ZHENG J J，ZHAO L，FAN H L. Energy absorption mechanisms of hierarchical woven lattice composites[J]. Composites part B：engineering，2012，43（3）：1516-1522.

[50] YIN S，WU L Z，NUTT S. Compressive efficiency of stretch-stretch-hybrid hierarchicalcomposite lattice cores[J]. Materials and design，2014，56：731-739.

[51] SUN F F，LAI C L，FAN H L. In-plane compression behavior and energy absorption of hierarchical triangular lattice structures[J]. Materials&design，2016，100：280-290.

[52] SUN F F，LAI C L，FAN H L，et al. Crushing mechanism of hierarchical lattice structure[J]. Mechanics of materials，2016，97：164-183.

[53] CHEN Y Y，LI T T，JIA Z A，et al. 3D printed hierarchical honeycombs with shape integrity under large compressive deformations[J]. Materials &design，2018，137：226-234.

[54] MOUSANEZHAD D，EBRAHIMI H，HAGHPANAH B. Spiderweb honeycombs[J]. International journal of solids and structures，2015，66：218-227.

[55] ZHANG D H，FEI Q G，JIANG D，et al. Numerical and analytical investigation on crushing of fractal-like honeycombs with self-similar hierarchy[J]. Composite structures，2018，192：289-299.

[56] ABRAMOWICZ W，JONES N. Dynamic axial crushing of circular tubes[J]. International journal of impact engineering，1984，2（3）：263-281.

[57] GRZEBIETA R H. An alternative method for determining the behaviour of round stocky tubes subjected to an axial crush load[J]. Thin-walled structures，1990，9（1/2/3/4）：61-89.

[58] WIERZBICKI T，BHAT S U，ABRAMOWICZ W，etal. Alexander revisited - A two folding element model of progressive crushing of tubes[J]. Int J Solids Struct，1992，29（24）：3269-3288.

[59] PUGSLEY A. The large-scale crumpling of thin cylindrical columns[J]. The quarterly journal of mechanics and applied mathematics，1960，13（1）：1-9.

[60] JOHNSON W，SODEN P，AL-HASSANI S. Inextensional collapse of thin-walled tubes under axial compression[J]. The journal of strain analysis for engineering design，1977，12（4）：317.

[61] SINGACE A A. Axial crushing analysis of tubes deforming in the multi-lobe mode[J]. International journal of mechanical sciences，1999，41（7）：865-890.

[62] GUILLOW S，LU G X，GRZEBIETA R. Quasi-static axial compression of thin-walled circular aluminium tubes[J]. Int J Mech Sci，2001，43（9）：2103-2123.

[63] ANDREWS K R F，ENGLAND G L，GHANI E. Classification of the axial collapse of cylindrical tubes under quasi-static loading[J]. International journal of mechanical sciences，1983，25（9/10）：687-696.

[64] REID S R. Plastic deformation mechanisms in axially compressed metal tubes used as impact energy absorbers[J]. International journal of mechanical sciences，1993，35（12）：1035-1052.

[65] ABRAMOWICZ W，JONES N. Transition from initial global bending to progressive buckling of tubes loaded statically and dynamically[J]. International journal of impact engineering，1997，19（5/6）：415-437.

[66] CHEN W G，WIERZBICKI T. Relative merits of single-cell，multi-cell and

foam-filled thin-walled structures in energy absorption[J]. Thin-walled structures，2001，39（4）：287-306.

[67] 张宗华，轻质吸能材料和结构的耐撞性分析与设计优化[D]. 大连：大连理工大学，2010.

[68] LI W W，LUO Y H，MING L，et al. A more weight-efficient hierarchical hexagonal multi-cell tubular absorber[J]. Int J Mech Sci，2018，140：241-249.

[69] PAPKA S D，KYRIAKIDES S. Biaxial crushing of honeycombs：Part 1：Experiments[J]. International journal of solids and structures，1999，36（29）：4367-4396.

[70] HONG S T，PAN J，TYAN T，et al. Quasi-static crush behavior of aluminum honeycomb specimens under compression dominant combined loads[J]. International journal of plasticity，2006，22（1）：73-109.

[71] NAGEL G M，THAMBIRATNAM D P. Dynamic simulation and energy absorption of tapered thin-walled tubes under oblique impact loading[J]. International journalof impact engineering，2006，32（10）：1595-1620.

[72] BELYTSCHKO T，WELCH R E，BRUCE R W. Finite element analysis of automotivestructures under crash loadings[J]. In proceedings of IIT research institute. Chicago，America. 1975.

[73] BENSON D J，HALLQUIST J O. The application of DYNA3D in large scale crashworthiness calculations[C]. In proceedings of ASME international computers in engineering conf，Chicago，1984.

[74] JAMAL OMIDI M，CHOOPANIAN BENIS A. A numerical study on energy absorption capability of lateral corrugated composite tube under axial crushing[J]. Int J Crashworthiness，2019，26（2）：147-158.

[75] TIAN L，ZHANG X，FU X. Collapse Simulations of Communication Tower Subjected to Wind Loads Using Dynamic Explicit Method[J].Journal of performance of constructed facilities，2002，29（4-5）：409-421.

[76] REDHE M，FORSBERG J，JANSSON T，et al. Using the response surface methodology and the D-optimality criterion in crashworthiness related problems[J]. Structuralandmultidisciplinary optimization，2002，24（3）：185-194.

[77] CHEN S Y. An approach for impact structure optimization using the robust genetic algorithm[J]. Finite elementsinanalysis and design，2001，37（5）：431-446.

[78] 金汉均，李朝晖，张晓亮，等. 基于遗传算法的凸多面体间碰撞检测算法研究[J]. 华中师范大学学报（自然科学版），2006，40（1）：25-28.

[79] LANZI L，BISAGNI C，RICCI S. Crashworthiness optimization of helicopter subfloor based on decomposition and global approximation[J]. Structural and multidisciplinary optimization，2004，27（5）：401-410.

[80] 王自立，朱学军，顾永宁. 船体结构抗撞性优化设计方法研究[J]. 中国造船，2000，41（2）：34-40.

[81] BØRVIK T，HOPPERSTAD O S，REYES A，et al. Empty and foam-filled circular aluminium tubes subjected to axial and oblique quasistatic loading[J]. Internationaljournal of crashworthiness，2003，8（5）：481-494.

[82] REYES A，HOPPERSTAD O S，LANGSETH M. Aluminum foam-filled extrusions subjected to oblique loading：Experimental and numerical study[J]. International journal of solids and structures，2004，41（5/6）：1645-1675.

[83] AVALLE M，CHIANDUSSI G，BELINGARDI G. Design optimization by response surface methodology：Application to crashworthiness design of vehicle structures[J]. Structuralandmultidisciplinary optimization，2002，24（4）：325-332.

[84] 庄茁. 基于 ABAQUS 的有限元分析和应用[M]. 北京：清华大学出版社，2009.

[85] SANTOSA S P，WIERZBICKI T，HANSSEN A G，et al. Experimental and numerical studies of foam-filled sections[J]. International journal of impact engineering，2000，24（5）：509-534.

[86] 王青春，范子杰. 利用 Ls-Dyna 计算结构准静态压溃的改进方法[J]. 力学与实践，2003，25（3）：20-23.

[87] SUN F F, FAN H L. Inward-contracted folding element for thin-walled triangular tubes[J]. Journalofconstructional steel research, 2017, 130: 131-137.

[88] KIM H S. New extruded multi-cell aluminum profile for maximum crash energy absorption and weight efficiency[J]. Thin-walled structures, 2002, 40（4）: 311-327.

[89] ZHANG X, CHENG G D, ZHANG H. Theoretical prediction and numerical simulation of multi-cell square thin-walled structures[J]. Thin-walled structures, 2006, 44（11）: 1185-1191.

[90] QIU N, GAO Y K, FANG J G, et al. Theoretical prediction and optimization of multi-cell hexagonal tubes under axial crashing[J]. Thin-walled structures, 2016, 102: 111-121.

[91] NAJAFI A, RAIS-ROHANI M. Mechanics of axial plastic collapse in multi-cell, multi-corner crush tubes[J]. Thin-walled structures, 2011, 49（1）: 1-12.

[92] NIKLAS K J, SPATZ H C, VINCENT J. Plant biomechanics: An overview and prospectus[J]. Americanjournalof botany, 2006, 93（10）: 1369-1378.

[93] SARIKAYA M. Biomimetics: Materials fabrication through biology[J]. Proceedings of thenationalacademy of sciences of the United States of America, 1999, 96（25）: 14183-14185.

[94] VINCENT J F V, BOGATYREVA O A, BOGATYREV N R, et al. Biomimetics: Its practice and theory[J]. Journal of theroyal society, interface, 2006, 3（9）: 471-482.

[95] VINCENT J F V, MANN D L. Systematic technology transfer from biology to engineering[J]. Philosophicaltransactions Series A, Mathematical, physical, andengineering sciences, 2002, 360（1791）: 159-173.

[96] LI D, YIN J H, DONG L, et al. Numerical analysis on mechanical behaviors of hierarchical cellular structures with negative Poisson's ratio[J]. Smart mater struct, 2017, 26（2）: 025014.

[97] FAN H L, ZHAO L, CHEN H L, et al. Ductile deformation mechanisms and

designing instructions for integrated woven textile sandwich composites[J]. Composites science and technology，2012，72（12）：1338-1343.

[98] FAN H L，SUN F F，YANG L，et al. Interlocked hierarchical lattice materials reinforced by woven textile sandwich composites[J]. Composites science and technology，2013，87：142-148.

[99] HONG W，FAN H L，XIA Z C，et al. Axial crushing behaviors of multi-cell tubes with triangular lattices[J]. International journal of impact engineering，2014，63：106-117.

[100] LUO Y H，FAN H L. Investigation of lateral crushing behaviors of hierarchical quadrangular thin-walled tubular structures[J]. Thin-walled structures，2018，125：100-106.

[101] LUO Y H，FAN H L. Energy absorbing ability of rectangular self-similar multi-cell sandwich-walled tubular structures[J]. Thin-walled structures，2018，124：88-97.

[102] TRAN T，HOU S J，HAN X，et al. Theoretical prediction and crashworthiness optimization of multi-cell square tubes under oblique impact loading[J]. International journal of mechanical sciences，2014，89：177-193.

[103] HANG H J，KIM C S. Simplified plastic hinge model for reinforced concrete beam-column joints with eccentric beams[J]. Applied sciences，2021，11（3）.

[104] MAMALIS A G，JOHNSON W. The quasi-static crumpling of thin-walled circular cylinders and frusta under axial compression[J]. International journal of mechanical sciences，1983，25（9/10）：713-732.

[105] MAMALIS A G，JOHNSON W，VIEGELAHN G L. The crumpling of steel thin-walled tubes and frusta under axial compression at elevated strain-rates：Some experimental results[J]. International journal of mechanical sciences，1984，26（11/12）：537-547.

[106] SINGACE A A，EL-SOBKY H，PETSIOS M. Influence of end constraints on the collapse of axially impacted frusta[J]. Thin-walled structures，2001，39（5）：

415-428.

[107] ALGHAMDI A, ALJAWI A, ABU-MANSOUR T. Modes of axial collapse of unconstrained capped frusta[J]. Int J Mech Sci, 2002, 44（6）: 1145-1161.

[108] MAMALIS A G, MANOLAKOS D E, IOANNIDIS M B, et al. Finite element simulation of the axial collapse of thin-wall square frusta[J]. International journal of crashworthiness, 2001, 6（2）: 155-164.

[109] NAGEL G M, THAMBIRATNAM D P. A numerical study on the impact response and energy absorption of tapered thin-walled tubes[J]. International journal of mechanical sciences, 2004, 46（2）: 201-216.

[110] ABRAMOWICZ W, WIERZBICKI T. Axial crushing of multicorner sheet metal columns[J]. Journal of applied mathematics, 1989, 56: 113-120.

[111] MAHMOODI A, SHOJAEEFARD M H, SAEIDI GOOGARCHIN H. Theoretical development and numerical investigation on energy absorption behavior of tapered multi-cell tubes[J]. Thin-walled structures, 2016, 102: 98-110.

[112] MIRFENDERESKI L, SALIMI M, ZIAEI-RAD S. Parametric study and numerical analysis of empty and foam-filled thin-walled tubes under static and dynamic loadings[J]. International journal of mechanical sciences, 2008, 50（6）: 1042-1057.

[113] ZHANG X, ZHANG H, WEN Z Z. Axial crushing of tapered circular tubes with graded thickness[J]. Int J Mech Sci, 2015, 92: 12-23.

[114] PAPKA S D, KYRIAKIDES S. In-plane compressive response and crushing of honeycomb[J]. Journal of the mechanics and physics of solids, 1994, 42（10）: 1499-1532.

[115] GIBSON L J, ASHBY M F, HARLEY B A. Cellular materials in natureand medicine[M]. Cambridge: Cambridge University Press, 2010.

[116] ZHANG Q C, YANG X H, LI P, et al. Bioinspired engineering of honeycomb structure-Using nature to inspire human innovation[J]. Progress in materials science, 2015, 74: 332-400.

[117] BANERJEE S. On the mechanical properties of hierarchical lattices[J]. Mechanics of materials，2014，72：19-32.

[118] MOUSANEZHAD D，HAGHPANAH B，GHOSH R，et al. Elastic properties of chiral，anti-chiral，and hierarchical honeycombs：A simple energy-based approach[J]. Theoretical and applied mechanics letters，2016，6（2）：81-96.

[119] SUN G Y，JIANG H，FANG J G，et al. Crashworthiness of vertex based hierarchical honeycombs in out-of-plane impact[J]. Materials &design，2016，110：705-719.

[120] ZHANG Y，LU M H，WANG C H，et al. Out-of-plane crashworthiness of bio-inspired self-similar regular hierarchical honeycombs[J]. Composite structures，2016，144：1-13.

[121] TRAN T，BAROUTAJI A. Crashworthiness optimal design of multi-cell triangular tubes under axial and oblique impact loading[J]. Engineering failure analysis，2018，93：241-256.

[122] QIU N，GAO Y K，FANG J G，et al. Crashworthiness analysis and design of multi-cell hexagonal columns under multiple loading cases[J]. Finite elements in analysis and design，2015，104：89-101.

[123] FANG J G，GAO Y K，SUN G Y，et al. On design of multi-cell tubes under axial and oblique impact loads[J]. Thin-walled structures，2015，95：115-126.

[124] DJAMALUDDIN F，ABDULLAH S，ARIFFIN A K，et al. Optimization of foam-filled double circular tubes under axial and oblique impact loading conditions[J]. Thin-walled structures，2015，87：1-11.

[125] NAGEL G M，THAMBIRATNAM D P. Dynamic simulation and energy absorption of thin-walled tapered tubes under oblique impact loading[J]. International journal of impact engineering，2006，32：1595-1620.

[126] ALKHATIB S E，TARLOCHAN F，EYVAZIAN A. Collapse behavior of thin-walled corrugated tapered tubes[J]. Engineering structures，2017，150：674-692.

[127] QI C，YANG S，DONG F L. Crushing analysis and multiobjective crashworthiness optimization of tapered square tubes under oblique impact loading[J]. Thin-walled structures，2012，59：103-119.

[128] AHMAD Z，THAMBIRATNAM D P，TAN A C C. Dynamic energy absorption characteristics of foam-filled conical tubes under oblique impact loading[J]. International journal of impact engineering，2010，37（5）：475-488.

[129] YANG S，QI C. Multiobjective optimization for empty and foam-filled square columns under oblique impact loading[J]. Internationaljournalof impact engineering，2013，54：177-191.

[130] TARLOCHAN F，SAMER F，HAMOUDA A M S，et al. Design of thin wall structures for energy absorption applications：Enhancement of crashworthiness due to axial and oblique impact forces[J]. Thin-walled structures，2013，71：7-17.

[131] SONG J. Numerical simulation on windowed tubes subjected to oblique impact loading and a new method for the design of obliquely loaded tubes[J]. International journal of impact engineering，2013，54：192-205.

[132] TABACU S. Analysis of circular tubes with rectangular multi-cell insert under oblique impact loads[J]. Thin-walled structures，2016，106：129-147.

[133] YING L，DAI M H，ZHANG S Z，et al. Multiobjective crashworthiness optimization of thin-walled structures with functionally graded strength under oblique impact loading[J]. Thin-walled structures，2017，117：165-177.

[134] LI G Y，XU F X，SUN G Y，et al. A comparative study on thin-walled structures with functionally graded thickness（FGT）and tapered tubes withstanding oblique impact loading[J]. International journal of impact engineering，2015，77：68-83.

[135] GUPTA P K，GUPTA N K. A study on axial compression oftubularmetallic shellshaving combinedtube-conegeometry[J]. Thin-walledstructures，2013，62：85-95.

[136] BONESCHANSCHER M P，EVERS W H，GEUCHIES J J，et al. Long-range

orientation and atomic attachment of nanocrystals in 2D honeycomb superlattices[J]. Science，2014，344（6190）：1377-1380.

[137] ZHENG X Y，LEE H，WEISGRABER T H，et al. Ultralight，ultrastiff mechanical metamaterials[J]. Science，2014，344（6190）：1373-1377.

[138] CHEN D，ZHENG X Y. Multi-material additive manufacturing of metamaterials with giant，tailorable negative Poisson's ratios[J]. Scientificreports，2018，8（1）：9139.

[139] 陈腾腾. 多截面混合的薄壁结构设计及抗冲击性能研究[D].福建：华侨大学，2020.

[140] PHAM M S，LIU C，TODD I，et al. Damage-tolerant architected materials inspired by crystal microstructure[J]. Nature，2019，565（7739）：305-311.

[141] 张伦和. 我国再生铝产业现状及发展对策[J]. 轻金属，2009（6）：3-6.

[142] PUGSLEY A. The large-scale crumpling of thin cylindrical columns[J]. The quarterly journal of mechanics and applied mathematics，1960，13（1）：1-9.

[143] 袁潘，杨智春. 复合材料/铝复合管轴向准静态及冲击压溃的吸能特性[J]. 振动与冲击，2010，29（8）：209-213.

[144] 徐芝纶. 弹性力学-上册[M]. 5 版. 北京：高等教育出版社，2016.

[145] 单辉祖. 材料力学-Ⅰ[M]. 3 版. 北京：高等教育出版社，2009.

[146] 朱文波，杨黎明，余同希. 薄壁圆管轴向冲击下的动态特性研究[J]. 宁波大学学报（理工版），2014，27（2）：92-96.

[147] 王冠. 铝合金薄壁梁结构轻量化设计及其变形行为的研究[D]. 长沙：湖南大学，2013.

[148] 王会霞. 仿竹结构薄壁管设计及其吸能特性研究[D].吉林：吉林大学，2016.

[149] 吕丁. 基于泡沫铝的缓冲吸能结构设计研究[D]. 南京：南京理工大学，2016.

[150] 朱艳青，史继富，王雷雷，等. 3D 打印技术发展现状[J]. 制造技术与机床，2015（12）：50-57.

[151]陈碧敏，黄小娣. 梯度蜂窝力学行为及其多目标优化设计[J]. 机械强度，2024，

46（1）：107-114.

[152] 栗荫帅. 车辆薄壁结构碰撞吸能特性分析与改进[D]. 大连：大连理工大学，2007.

[153] 米林，魏显坤，万鑫铭，等. 铝合金保险杠吸能盒碰撞吸能特性[J]. 重庆理工大学学报（自然科学），2012（6）：1-7.

[154] 林晓虎，杨庆生. 三角形网格圆柱结构的轴向冲击力学性能[J]. 振动工程学报，2013，26（5）：678-686.

[155] 王永红，梁恒，王硕，等. 数字散斑相关方法及应用进展[J]. 中国光学，2013，6（4）：470-480.

[156]YMAGAUCHI I. A laser-speckle srtain gauge[J].Journal of physics E：scientific instrum-ents，1981，14：1270-1273.

[157]KOLSKY H. An lnvestigation of the mechanical properties of materials at very high rates of loading[J]. Proceedings of the physical society of London，1949，B62：676-700.

[158] LU S F，GAO Y S，XIE T B，et al. A novel contact/non-contact hybrid measurement system for surface topography characterization[J]. International journal of machine tools andmanufacture，2001，41（13/14）：2001-2009.

[159]JOHNSON G R，COOK W H. A constitutive model and data for metals subjected to large strains，high strain rates and high temperatures[J]. Eng Fract Mech，1983，21：541-548.

[160] JOHNSON G R，COOK W H. Fracture characteristics of three metals subjected to various strains，strain rates，temperatures and pressures[J]. Engineering fracturemechanics，1985，21（1）：31-48.

[161] DAVIES E D H，HUNTER S C. The dynamic compression testing of solids by the method of the split Hopkinson pressure bar[J]. Journalofthe mechanics and physics of solids，1963，11（3）：155-179.

[162] RAMESH K T，NARASIMHAN S. Finite deformations and the dynamic

measurement of radial strains in compression Kolsky bar experiments[J]. International journal of solids and structures, 1996, 33 (25): 3723-3738.

[163] BERTRAM H. A Method of Measuring the Pressure Produced in the Detonation of High Explosives or by the Impact of Bullets[J]. Philosophical Transactions of the Royal Society of London. Series A, Containing Papers of a Mathematical or Physical Character (1896-1934), 1914, 213: 497-508.

[164] 邱保金, 许迅. 防撞梁结构设计与碰撞性能研究[J]. 包装工程, 2024, 45 (3): 308-316.

[165] 宋子维. 汽车多胞金属-碳纤维复合薄壁管轴向压溃性能研究[D].大连: 大连理工大学, 2019.

[166]宋嘉祺. 冲击地压巷道支架防冲性能及优化设计[D].北京: 北方工业大学, 2020.

[167] 李振, 丁洋, 王陶, 等. 新型并联梯度蜂窝结构的面内力学性能[J]. 复合材料学报, 2020, 37 (1): 155-163.

[168] 刘志芳, 王军, 秦庆华. 横向冲击载荷下泡沫铝夹芯双圆管的吸能研究[J]. 兵工学报, 2017, 38 (11): 2259-2267.

[169] 孙佳睿, 马其华, 甘学辉, 等. 纤维缠绕角度对 CFRP-Al 混合圆管横向受载性能影响[J]. 宇航材料工艺, 2019, 49 (6): 76-81.

[170] 张玲, 陈金海, 欧强. 基于能量法的轴横向荷载作用下单桩受力变形分析[J]. 水文地质工程地质, 2020, 47 (5): 81-91.

[171] ZHU G H, ZHAO Z H, HU P, et al. On energy-absorbing mechanisms and structural crashworthiness of laterally crushed thin-walled structures filled with aluminum foam and CFRP skeleton[J]. Thin-walled structures, 2021, 160: 107390.

[172] 成海涛. CAD 二次开发方法研究与运用[J]. 中阿科技论坛 (中英文), 2020 (12): 53-55.

[173] 苗典远, 国宪孟, 张帅, 等. 基于 ABAQUS 的三维微细铣削有限元仿真分析[J]. 机床与液压, 2021, 49 (8): 172-175.

[174] 尹宇新. 使用 Excel 和 Origin 简易绘制相图的方法[J]. 科学咨询, 2021 (7):

82-83.

[175] 郑健峰. 车轴钢不同模式微动磨损行为研究[D]. 成都：西南交通大学，2010.

[176] 李克兴，林乐. 弹性胶泥缓冲器试验研究情况[J]. 铁道车辆，1996，34（10）：23-24.

[177] 张玉婷，丁榕，左泽宇，等. 一种由圆柱体试件的侧向压缩力-位移关系同时测量材料弹性模量和泊松比的新方法[J]. 实验力学，2019，34（3）：365-372.

[178] 靳明珠，尹冠生，郝文乾，等. 新型多胞管轴向吸能特性的理论和数值研究[J]. 应用力学学报，2021，38（2）：480-489.

[179] 白中浩，王飞虎，郭厚锐. 正八边形多胞薄壁管吸能特性仿真和优化[J]. 湖南大学学报（自然科学版），2015，42（10）：16-22.

[180] 吴明泽，张晓伟，张庆明. 材料和内边界约束对薄壁圆管轴向压缩吸能特性的影响研究[J]. 应用力学学报，2020，37（4）：1415-1421.

[181] 朱西产. 应用计算机模拟技术研究汽车碰撞安全性[J]. 世界汽车，1997（3）：15-16.

[182] 钟志华. 汽车耐撞性分析的有限元法[J]. 汽车工程，1994（1）：1-6.

[183] 刘浩，周宏元，王小娟，等. 泡沫混凝土填充旋转薄壁多胞方管负泊松比结构面内压缩性能[J]. 复合材料学报，2024，41（2）：839-857.

[184] 肖晓春，朱恒，徐军，等. 轴向冲击与偏载下吸能防冲构件吸能特性研究[J]. 中国安全生产科学技术，2023，19（5）：93-100.

[185] 刘海华，周兆阳，刘希芝. 夹芯圆管耐撞性分析及结构优化[J]. 科学技术与工程，2023，23（15）：6419-6424.

[186] 亓昌，崔丽萍，王吉旭，等. 车用动力电池箱夹芯防护结构抗冲击性能仿真[J]. 振动与冲击，2023，42（10）：194-202.

[187] 卢积健，雷正保. 基于拓扑优化与诱导结构的抗撞结构优化设计[J]. 振动与冲击，2023，42（10）：215-220.

[188] 刘朝群，张文鹏. 超弹性记忆合金蜂窝共面冲击特性研究[J]. 工业控制计算机，2023，36（5）：111-112.

[189] 马箫，苗诗梦. 肋板对吸能构件耐撞性的影响及优化设计[J]. 锻压技术，2023，48（5）：314-320.

[190] 王浩源，倪洋溢. 轴向冲击下方形多胞薄壁管的耐撞性研究[J]. 农业装备与车辆工程，2023，61（5）：69-74.

[191] 郭铮，易雪斌，王斌，等. 桥墩泡沫铝基组合防撞装置耗能机理及缓冲效果[J]. 铁道建筑，2023，63（5）：87-93.

[192] 王奕霖，秦卫阳，刘琦. 负泊松比超材料减振结构设计与实验验证[J]. 动力学与控制学报，2023，21（5）：53-59.

[193] 许海亮，高晗钧，郭旭，等. 巷道多向吸能防冲支护结构性能研究[J]. 煤矿安全，2023，54（5）：224-231.

[194] 魏建辉，李旭，黄威，等. 高速冲击载荷下梯度金属泡沫夹芯梁的动态响应与失效[J]. 爆炸与冲击，2023，43（5）：99-109.

[195] 杨富富，林维炜，杨飞雨，等. 基于二重对称剪纸的新型超材料胞元结构的设计与特性分析[J]. 机械工程学报，2023，59（17）：97-108.

[196] 汪婷，李翼良，张代胜，等. 汽车前纵梁结构耐撞性分析及多目标优化设计[J]. 汽车实用技术，2023，48（8）：85-90.

[197] 郎晓明，陈斐洋，阮班超，等. 增材制造曲边蜂窝结构的力学行为和吸能特性[J]. 宁波大学学报（理工版），2023，36（6）：17-23.

[198] 华福祥，苏力争，叶靖. BCHn 折纸超材料三轴准静态压缩和冲击特性仿真分析[J]. 现代机械，2023（2）：22-27.

[199] 蔡玮雯，马其华，甘学辉. 低速冲击载荷下 CFRP-Al 多胞薄壁管的耐撞性[J]. 塑性工程学报，2023，30（4）：187-196.

[200] 曹海波，蒋正平，汪莹. 折纸型蜂窝铝板在桥梁防撞装置中的应用[J]. 江苏科技信息，2023，40（11）：64-67.

[201] 汪洋，蔡萍，邵建华，等. 泡沫铝填充钢管轴向压缩性能和吸能能力研究[J]. 轻金属，2023（4）：47-54.

[202] 朱冬梅，鲁光阳，杜瑶，等. 新型负泊松比梯度结构缓冲性能[J]. 湖南大学学

报（自然科学版），2023，50（10）：203-211.

[203] 高广军，冯推银，张洁，等. 可恢复式液压吸能结构冲击特性研究[J]. 铁道科学与工程学报，2023，20（12）：4721-4731.

[204] 康元春，刘智勇，刘俊峰. 铝/碳纤维复合材料保险杠轻量化设计[J]. 现代制造工程，2023（4）：76-80.

[205] 张武昆，谭永华，高玉闪，等. 多层尺寸梯度面心立方点阵结构力学性能研究[J]. 西安交通大学学报，2023，57（11）：21-30.

[206] 马南芳，邓庆田，李新波，等. 多层内凹蜂窝圆柱壳冲击动力学行为分析[J]. 机械强度，2023，45（2）：423-429.

[207] 吴林华，乐贵高，张震东，等. 玻璃纤维蜂窝管压缩试验及力学性能研究[J]. 青岛科技大学学报（自然科学版），2023，44（2）：55-60.

[208] 肖晓春，朱恒，徐军，等. 含泡沫铝填充多胞方管吸能立柱防冲特性数值研究[J]. 煤炭科学技术，2023，51（10）：302-311.

[209] 杨姝，陈鹏宇，江峰，等. 内凹弧形蜂窝夹芯板低速弹道冲击试验与数值仿真[J]. 振动与冲击，2023，42（6）：255-262.

[210] 李姣，于健，李宇翔. 复合材料波纹腹板梁坠撞试验与数值模拟[J]. 南京航空航天大学学报，2023，55（1）：51-57.

名词索引